不可思议的数

Professor Stewart's
Incredible Numbers

[英] 伊恩·斯图尔特＿＿＿著

何 生＿＿＿译

U0382475

人 民 邮 电 出 版 社

北 京

图书在版编目（CIP）数据

不可思议的数 / (英) 伊恩·斯图尔特
(Ian Stewart) 著；何生译. -- 北京：人民邮电出版
社, 2019.8（2024.6重印）
（图灵新知）
ISBN 978-7-115-51051-8

Ⅰ. ①不… Ⅱ. ①伊… ②何… Ⅲ. ①数－普及读物
Ⅳ. ①O1-49

中国版本图书馆CIP数据核字(2019)第 059528 号

内 容 提 要

本书介绍了各种各样的数：从常见的自然数 0 至 10 到负数，从"简单"的有理数到复杂多变的无理数，从已知最大的质数到最小的无穷大。围绕着这些数，作者不但讲述了每个数背后的故事，更拓展出众多有趣的数学问题。本书适合各种程度的数学爱好者阅读。

◆ 著　　　　[英] 伊恩·斯图尔特
　译　　　　何　生
　责任编辑　戴　童
　责任印制　周昇亮

◆ 人民邮电出版社出版发行　　北京市丰台区成寿寺路 11 号
　邮编　100164　　电子邮件　315@ptpress.com.cn
　网址　https://www.ptpress.com.cn
　北京市艺辉印刷有限公司印刷

◆ 开本：880×1230　1/32
　印张：13.25　　　　　　　　2019 年 8 月第 1 版
　字数：312 千字　　　　　　2024 年 6 月北京第 14 次印刷
　著作权合同登记号　图字：01-2015-6178 号

定价：59.00 元
读者服务热线 : (010) 84084456-6009　印装质量热线 : (010) 81055316
反盗版热线 : (010) 81055315
广告经营许可证 : 京东市监广登字 20170147 号

译者序

生物学研究生物，经济学研究经济，但数学并不只是研究数。除了数，数学的研究对象还包括结构、变化、空间以及信息等概念。因此可想而知，数（字）在数学里是多么重要。

在我翻译《数学万花筒3：夏尔摩斯探案集》的时候，这本书就已经开始招募译者。今年3月，很荣幸能再次成为斯图尔特教授著作的译者。经过几个月的挑灯夜战，这本书终得付梓。在此，我要感谢刘新宇和虞国雄两位老师的辛勤工作，是他们为译稿改正错误、修饰文本，才能让读者们读到这些准确、通顺的文字。我还要感谢家人、好友、师长们在这段时间里对我的关心和帮助。在翻译过程中，我还得到了斯图尔特教授的大力支持，他为我解答了一些令人困惑的写法和知识点，当然，我也帮他找到了一些疏漏。

我不打算在这里重复本书的主要内容，只想提几点在翻译过程中的有趣问题。在最初的译稿里，我将number通译为"数字"，但经过一番思考，我对这个词的翻译做了区分：在数学上表示事物的量的**基本概念**时译为"数"（number的"意"），而用来表示"数"的**文字**或**符号**时译为"数字"或"数码"（number的"形"）。此外，在这本和数有关的书里，关于"ji shu"的同音词非常多，比如计数、记数、奇数、基数、级数以及技术……其中，计数（counting）和记数（number notation）尤其容易混淆，我已经尽量加以区分了，希望读者们看到本书时能够理解。另外，虽然有些时候"素数"听起来更顺耳，但我仍然统一使用"质数""质性"这样的术语。本书的译文中不可避免地还会有各种问题，欢迎读者发送邮件到 dr.watsup@outlook.com 指正。

何生

2019 年 5 月

中文版序

　　我从小就痴迷于数。数当然是数学的基础。在高等数学里，许多其他概念虽然也很重要，但在这些概念里都能找到数。本书就是一本讲述数和它们非凡特性的著作，无论它们是小还是大，也无论它们是整数、分数、小数、实数、复数，甚至是无穷数。

　　在数的所有特性中，最值得关注的一点就是每个数都是不同的个体，它们自身各有特别之处。数与数之间不仅是不一样的，而且是完完全全不同的。比方说 16 和 17，它们差不多一样大，16 之后紧接着的整数是 17。你可能会觉得这两个数的表现会非常相似。在算术中，它们的确如此。将 10 和 16 相加后会得到 26，而将 10 和 17 相加后会得到 27——两个计算结果差不多大，计算方法也一模一样，只是细节略有不同。但是在数学世界里，16 和 17 完全是两码事。16 不但是一个完全平方数（4^2），而且还是四次方数（2^4）。但 17 却两者都不是，事实上，它是一个质数，除了 1 和 17 之外，没有其他整除数。

　　在欧氏几何里，很容易构造一个正十六边形。我们可以先画一个正方形，并使它的 4 个顶点在同一个圆上。接着，在二等分各条边后，以圆心为起点作经过这些等分点的射线，并让它们与圆相交，便可得到正八边形。同理，再次等分正八边形的边并作射线，就能得到正十六边形。

那么，构造正十七边形的情况是怎样的呢？欧几里得没有给出解答。古希腊人知道如何构造正三角形、正五边形，甚至知道把这两种方法相结合就可以得到正十五边形，但他们不知道怎么画正十七边形。在大约2000 年的时间里，世界上甚至没有数学家认为能画出正十七边形。然而在 1786 年，一个名叫卡尔·弗里德里希·高斯的年轻人意识到，因为17 是质数，并且比 2 的 4 次方大 1，所以一定可以构造出正十七边形。并且，他成功地找到了方法。高斯被自己的发现惊呆了，从此致力于成为一名数学家。确切地说，他最终成了有史以来最伟大的数学家之一——这并不奇怪，他发现了其他人在 2000 多年里都一直忽略的一些东西！

所有数都是有趣的，但是，其中的一些数肯定要比其他数更有趣。有些数以其异乎寻常的美丽或惊人的特性脱颖而出。在与圆打交道时，大家遇到的 π 就是最常见的例子，它在数学里随处可见。例如，将 1、4、9、16等无穷多个完全平方数的倒数相加，可以得到如下式子：

$$1+\frac{1}{4}+\frac{1}{9}+\frac{1}{16}+\frac{1}{25}+\cdots$$

它的和是多少呢？ 1735 年，另一位伟大的数学家莱昂哈德·欧拉计算出其结果**正好**等于 $\frac{\pi^2}{6}$。

这个结果和圆有什么关系？

我想，这就是我痴迷于数的原因吧。它们似乎有着自己的一片天地。它们充满了惊喜和无与伦比的美丽瞬间。于是，我决定把自己喜欢的数归集到一起，向各位读者展示数的世界里引人入胜的故事。能与中国读者分享它们的魅力让我尤其高兴。在西方人了解中国数学家的伟大发现之前很久，中国人就已经有了惊人的发现。其中，伟大的学者刘徽就曾在大约公元 263 年计算出比当时其他人更准确的 π 值。

伊恩·斯图尔特

2018 年 4 月 4 日于考文垂

前言

我一直对数很着迷。在我开始上学前很久，妈妈就教我读数和计数。据说，我在上学第一天放学回家后，便抱怨道："我们什么都没学！"我猜想，父母事先告诉过我，我将要学习各种有趣的事物，好让我对这难捱的一天有所准备，而我则把他们说的话太当真了。不过很快，我就开始学习星球和恐龙、如何制作动物石膏模型，以及更多关于数的知识。

如今，我依然痴迷于数，并仍不断地学习数。现在我总是不假思索地指出，数学包含了许多不同的概念，并不只有数。例如，数学还研究形状、模式、概率等，但数是整个学科的基础，而且所有数都是独一无二的。有些数会比其他的更特别一些，它们似乎在数学的许多领域里起着重要作用。在这些数里，最为人所熟悉的莫过于 π，在与圆周有关的问题里，我们与它初次相遇，但在许多看起来和圆周根本没有关系的问题里，它出现的概率也很高。

数大多不会如此重要，但即便是再平常不过的数，你也经常会发现它们有着与众不同的特点。在《银河系搭车客指南》里，42 是"关于生命、宇宙以及一切之终极问题的答案"。[1]道格拉斯·亚当斯说他会选这个数，是因为问了一圈朋友们后，大家都认为这个数最乏味。事实上，我在最后

---

[1] 《银河系搭车客指南》，道格拉斯·亚当斯著，姚向辉译，上海译文出版社，2011 年。

一章会表明，它一点儿也不乏味。

这本书是按这些数本身组织的，尽管它们并没有完全按照数值的顺序排列。书中不仅有第 1 章、第 2 章、第 3 章，还有第 0 章、第 42 章、第 −1 章、第 $\frac{22}{7}$ 章、第 π 章、第 43 252 003 274 489 856 000 章，还会有第 $\sqrt{2}$ 章。毫无疑问，许多没在这里提及的章节编号也都在数轴上。各章都以一个简短的概要开始，概括接下来将要讲述的主题。如果读者偶尔感觉概要含糊不清，或者觉得它在没有任何依据的情况下就要断然给出结论，请大家不要担心：继续往下读，一切都会豁然开朗的。

全书的结构很简单：每章都关注一个有趣的数，并说明它**为什么**有趣。例如，2 之所以有趣，是因为在所有数学和科学领域，2 都能显现奇数和偶数之间的差别；43 252 003 274 489 856 000 之所以有趣，是因为它是鲁比克魔方的排列总数。

既然 42 也在其中，那么它也一定是有趣的——好吧，无论如何，还是有那么一点儿意思的。

在这里，我必须提一下阿洛·格思里那首冗长而又杂乱的歌曲《爱丽丝餐馆里的大屠杀》（*Alice's Restaurant Massacree*），歌曲里大量、反复涉及了倒垃圾的细节。在歌曲第 10 分钟的时候，格思里停下来说道："但是，那并不是我到这里来要对你说的。"最终，你会发现他实际讨论的是什么。那些垃圾不过是他更宏大的故事的一部分。这本书和阿洛·格思里的歌类似：它其实并不只是一本关于数字的书。

数只是切入点，它们带领我们进入与之相关的美妙数学世界。**每个数都是特别的**。当你开始逐个欣赏它们时，它们就像是老朋友。每一个数都有自己的故事可以述说。虽然那个故事经常会引出许多其他数，但真正要紧的是把它们联系在一起的数学。数是这台戏里的角色，但更重要的是这台戏本身。不过，一台戏是不可能没有角色的。

为了让本书避免过于没有条理，我根据数的类型把全书分成若干部分：较小的整数、分数、实数、复数、无穷数，等等。全书是按一定的逻辑顺序写成的，但也有一些不可避免的例外，因此，前面的章节是后面的基础，尽管后面的主题已经完全变了。这种排序方式会影响到数的编排，所以才需要一些调整，其中影响最大的是复数。我在讨论一些更常见的数时会用到复数，所以它们出现得非常早。类似地，如果在某个地方突然出现了一个更高级的话题，只不过是因为那里是唯一合适的地方。如果读者在阅读某些段落时感觉有些困难，那么可以先跳过它，继续往后读，稍后再回过头来看。

本书和我的 iPad 应用程序"不可思议的数"（Incredible Numbers）是一对姊妹。但在阅读本书时，读者不需要用到那个应用程序，反之亦然。事实上，它们之间重复的内容很少。两种介质的功能各不相同，所以它们是互补的。

数真的很不可思议——这里不是说，它们会让你不相信自己的所见所闻，而是有着更积极的意思：数确实是有让人吃惊的地方。不需要做任何计算，你就能体验到它们的不可思议。你能看到数的发展历史，欣赏它们美丽的模式，发现它们的用途，然后惊叹道："我还从来不知道，56 是那么迷人呢！"但数就是这样的。真的是这样的。

其他数也一样，包括 42。

目录

引言 数

.

1、2、3、4、5、6、7……还能有什么比这更简单的吗？然而这就是数，它们可能是最重要的东西，是它们让人类摆脱愚昧、步入文明。

每个数有着属于自己的特点，并且通向数学的各个领域。不过，在逐个研究它们之前，有三大问题值得我们快速地讨论一番：数字是怎么产生的？数的概念是如何发展的？还有，**什么是数**？

数字的起源

在大约35 000年以前的旧石器时代晚期，某个人在一根狒狒的腓骨上刻下了29道刻痕。这根骨头是在位于斯威士兰的列朋波山脉的山洞里发现的，被命名为"列朋波骨"。人们认为它是一根符木，所谓符木就是一种用一连串刻痕记录数字的东西，这些刻痕就像|、||、|||这样。一个朔望月有29.5天，因此这有可能是一种原始的阴历——当然，也可能是女性的月经记录。说实在的，它还可能只是一些随机的刻痕，在骨头上的涂鸦。

1937年，卡尔·阿布索隆在捷克斯洛伐克发现了另一根有55道刻痕的狼骨符木。它距今大约有30 000年。

1960年，比利时地质学家让·德·海因策林·德·布罗古在一处因火山喷发而被掩埋的小渔村里，又发现了一根有刻痕的狒狒腓骨。那个地方如今被称为伊尚戈，位于乌干达和刚果（金）的交界处。这根腓骨距今大约有 20 000 年（图 1）。

对伊尚戈骨最简单的解读认为，它就是一块符木。一些人类学家从中进一步发现了一些算术内容，例如乘法、除法及质数；另一些专家则认为它是一份 6 个月的阴历；还有一些专家则坚称，这些刻痕只不过是为了让它更好地成为骨器手柄。

图 1　伊尚戈骨的正面和反面（比利时布鲁塞尔国家自然科学博物馆藏）

这根骨头真的很奇妙，它上面有三段刻痕。中间那段刻痕用到了数字 3、6、4、8、10、5、7。3 的 2 倍是 6，4 的 2 倍是 8，5 的 2 倍是 10——不过最后一组数字的顺序颠倒了，而数字 7 则完全没有遵从上述规律。左侧刻痕的数是 11、13、17、19，它们是 10 到 20 之间的质数。右侧的数是奇数 11、21、19、9。左侧和右侧的数列之和都等于 60。

想要解释其中蕴含的规律并不容易，因为在任何短小的数列里寻找规律都是很困难的。例如，表 1 列出了隶属巴哈马的 10 座岛的面积。原表格将巴哈马的全部岛按照面积大小排列，这些岛位列第 11 位至第 20 位。我打乱了这 10 座岛的原有顺序，将它们以字母顺序排列。我可以保证，这是我第一次做这样的尝试。诚然，如果这个例子不能说明我的观点，我可以再换一个例子——但既然行得通，我就没换。

表 1

岛　名	面积（平方英里）
贝里岛（Berry）	12
比米尼岛（Bimini）	9
克鲁克德岛（Crooked Island）	93
小伊纳圭岛（Little Inagua）	49
马亚瓜纳岛（Mayaguana）	110
新普罗维登斯岛（New Providence）	80
拉吉德岛（Ragged Island）	14
鲁姆礁（Rum Cay）	30
沙门礁（Samana Cay）	15
圣萨尔瓦多岛（San Salvador Island）	63

你从这些数字"图案"里注意到什么了吗？它们包含了许多具有共同特征的短小序列（图 2）。

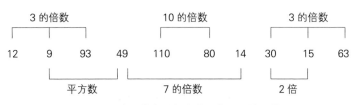

图2 巴哈马的岛面积有着一些明显的规律

首先，整个数列呈现出一种美丽的对称性：两端各 3 个数组成一组，它们都是 3 的倍数；中间一对数是 10 的倍数，并把两个 7 的倍数隔开了。另外，数列里有两个平方数，分别是 9=3² 和 49=7²，同时，这两个数还都是**质数**的平方。还有一对相邻数 15 和 30，一个是另一个的 2 倍。对序列 9, 93, 49 而言，它们都含有数码 9。除了数列 110, 80, 14 以外，所有数都是一大一小地交替出现的。对了！你有没有发现，在这 10 个数里**没有**一个是质数。

说得够清楚了。伊尚戈骨的另一个问题是，人们根本不可能找到额外的证据来支持任何特定的解释。但它的刻痕真的非常奇妙，到处都是数字谜题。这一点是不争的事实。

一万年前，生活在近东地区的人类利用黏土块上的符号记录数，这些符号作为凭证，可能被用来征税或证明所有权。最早的例证是在伊朗扎格罗斯山脉的阿西阿布山区和甘兹达列赫山区发现的。它们是一些形状各异的黏土块，有的上面有符号标记。一个带"＋"的黏土球代表 1 只绵羊，7 个这样的球代表 7 只绵羊。为简单起见，人们会用其他形状的符号代表 10 只绵羊，再用另一种形状的符号代表 10 只山羊，以此类推。考古学家丹妮丝·施曼特–贝塞雷特推测，各种符号代表了当时的基本物品：谷物、动物，还有油。

公元前 4000 年，人们像串项链一样用绳子把黏土块串在一起。但是，添加或取走黏土块可以轻而易举地改变数值，因此，人们引入了一种保障措施。他们把黏土块裹在黏土里，然后再把这黏土壳烘干。事后，只要打破陶土壳，就能知道里面作为凭证的小黏土块有多少（图 3）。从公元前 3500 年开始，为了避免不必要的损坏，美索不达米亚的古代官方机构在陶土壳上刻上符号，列出裹在里面的凭证数量。

后来，某个聪明人突然意识到，既然有这些符号，陶土壳里面的黏土块就变得有些多余了。于是，书面数字符号系统产生了。这是后来所有记数法的源头，数字书写本身可能也源于此。

图 3　乌鲁克文化的陶土壳和作为会计凭证的黏土块（出土自苏萨城）

本书并不是一本历史著作，我将在后面探讨某些特定数时，再讲述相关的记数系统。例如，我会在第 10 章讨论古代和当代的十进制记数法。不过，正如伟大的数学家高斯曾经说过的，重要的是概念，而不是记数法。因此，本书后续章节讲述的是人类不断变化的数（字）的概念，这样会更有意义。因此，我将从快速介绍主要的数系和一些重要术语开始。

不断成熟的数系

人们倾向于认为，数（字）是一成不变的——它是自然世界的一种属性。事实上，数（字）是人类的发明，而且是特别有用的发明，因为它们描绘了大自然的一些重要方面。比如说，你有多少只羊，或者宇宙的年龄有多大。大自然通过不断地抛出新问题，让人类一次又一次地惊诧不已。这些问题的答案有时需要新的数学概念。数学自身偶尔也需要一些有用的新结构。这些问题和需求迫使数学家们时不时地构造出新类型的数，从而扩展了数系。

我们已经看到，数是如何作为一种计数方法而诞生的。在古希腊早期，数是从 2、3、4 开始的。1 很特别，它不是一个"真正的"数。后来，人们发现这种规定其实很愚蠢，这才把 1 也当作数。

接着，分数的引进大踏步地扩充了数系。如果要在一些人中分配东西，分数就会非常有用。如果有 3 个人要平分 2 蒲式耳 [①] 的谷物，那么每人可以分到 $\frac{2}{3}$ 蒲式耳。

---

① 蒲式耳是一种谷物或油料的定量单位，在英国约等于 36 升。——译者注

图 4　左：古埃及象形文字里的 $\frac{2}{3}$ 和 $\frac{3}{4}$；中：瓦吉特之眼；

右：源于瓦吉特之眼的分数象形文字

古埃及人用三种不同的方法表示分数。他们用特别的象形文字表示 $\frac{2}{3}$ 和 $\frac{3}{4}$。他们还用"荷鲁斯之眼"或"瓦吉特之眼"的各个部分来表示 1 除以 2 的前 6 次方（图 4）。最后，古埃及人还发明了一套符号用来表示单位分数，即"1 除以某数"的形式，如 $\frac{1}{2}$、$\frac{1}{3}$、$\frac{1}{4}$、$\frac{1}{5}$ 等。他们用不同的单位分数之和来表示其他分数，例如，$\frac{2}{3} = \frac{1}{2} + \frac{1}{6}$。人们并不清楚古埃及人为什么不把 $\frac{2}{3}$ 写成 $\frac{1}{3} + \frac{1}{3}$，但他们就是没这样写。

数 0 出现得很晚，可能是因为当时几乎用不到它。如果你没有羊，那就没有必要去数或者表示它。最初，0 是作为符号被引进的，人们当时并没有认为 0 也可以当数用。然而，古代中国和古印度数学家在引进负数时（见第 −1 章），0 就不得不被当作数字看待了。例如，$1 + (-1) = 0$，两个数之和毫无疑问也应该是一个数。

数学家把数

$$0, 1, 2, 3, 4, 5, 6, 7, \cdots$$

称为**自然数**。加上负整数后，得到**整数**

$$\cdots, -3, -2, -1, 0, 1, 2, 3, \cdots$$

另外，整数和正、负分数组成**有理数**。

如果一个数大于0，那么它被称为正数；如果一个数小于0，那么它就是负数。因此，每个数（无论它是整数还是分数）都属于正数、负数或0这三种类别中的一种。用来计数的数

$$1, 2, 3, 4, 5, 6, 7, \cdots$$

都是正数。这个约定使"自然数"这个术语变得有点傻，所谓自然数

$$0, 1, 2, 3, 4, 5, 6, 7, \cdots$$

通常指**非负整数**。真不好意思……

在很长一段时间里，数的概念仅止于分数。但古希腊人证明了任意分数的平方都不可能正好等于2。后来，这一证明被表述为"数$\sqrt{2}$不合理"，也就是说，它不合乎道理。古希腊人描述得很烦琐，但他们知道$\sqrt{2}$一定是存在的：根据毕达哥拉斯定理，$\sqrt{2}$是边长为1的正方形的对角线长度。因此，只用有理数没法对付很多问题，人们需要更多的数。于是，古希腊人发明了一种很复杂的几何方法来处理无理数，但并不能令人完全满意。

迈向现代数字概念的下一步，可能要算是小数点和十进制记数法的发明了，人们可以借此高精度地表述无理数。例如，

$$\sqrt{2} \approx 1.4142135624$$

精确到了小数点后10位（从这里开始，符号≈表示"约等于"）。这个表达

式并不精确，实际上，约等于号后面的数的平方等于

$$1.99999999979325598129$$

更近似的数是（精确到小数点后 20 位）

$$\sqrt{2} \approx 1.41421356237309504880$$

但它依然不是精确的。不过，可以从严格的逻辑上认为，$\sqrt{2}$ 是可以被长度无限的小数精确表示的。当然，我们不可能完整地写出这样的表达式，但建立这样的概念让它有意义，还是可以做到的。

无限小数（如果本来位数是有限的，那么可以在它后面添加无穷多个 0）被称为**实数**，这么叫的部分原因是它们与测量大自然的结果相一致，例如长度和重量。测量的精度越高，所需小数的位数也越多；要得到精确值，位数就得无穷多。也许有点讽刺，"真实"是由一个实际上无法写完整的无限符号来表示的。负的实数也是允许的。

直到 18 世纪，再没有其他数学概念被认为是真正的数了。早在 15 世纪，一些数学家就已经在考虑是否可能存在一种新的数——-1 的平方根，也就是说，乘以自己后等于 -1 的数。乍一看，这个想法很疯狂，因为任何实数的平方一定是正数或 0。然而，下决心为 -1 规定一个平方根却被认为是一个好主意。为此，欧拉引进了符号 i——它是英语、拉丁语、法语和德语中"虚构的"一词（如英语中是 imaginary）的首字母，这样命名是为了把它与"老牌"的实数区分开。不过，这导致了神秘主义的泛滥。戈特弗里德·莱布尼茨曾称 i"介于存在和不存在之间"。但是，他的这种观点掩盖了一个重要的事实。实际上，无论是实数还是虚数，它们的逻辑地位是相同的。这些数都是人类用来给现实世界建模的概念，它们本身都不是真实的。

i 的存在迫使人们引进一些如 2+3i 之类的新数，用于做算术。这些数被称为**复数**。在接下来的几个世纪里，无论是在数学还是其他学科领域，复数成了不可或缺的数。这个古怪的事实对多数人而言很陌生，因为人们在学校里不会常常接触到复数。这并不是因为它们不重要，而是因为其概念太复杂，而且应用领域太高级。

数学家用空心字符来表示主要的数系。虽然我后面不会再用到它们，但读者还是应该见识一下。

$\mathbb{N}$：所有自然数 0, 1, 2, 3, … 的集合

$\mathbb{Z}$：所有整数 …, −3, −2, −1, 0, 1, 2, 3, … 的集合

$\mathbb{Q}$：所有有理数的集合

$\mathbb{R}$：所有实数的集合

$\mathbb{C}$：所有复数的集合

这些数系就像俄罗斯套娃一样相互嵌套：

$$\mathbb{N} \subset \mathbb{Z} \subset \mathbb{Q} \subset \mathbb{R} \subset \mathbb{C}$$

在这里，集合论符号 $\subset$ 表示"包含于"。请注意，所有整数都是有理数，如整数 3 就是 $\dfrac{3}{1}$——尽管我们通常不会这样写，但这两种记法都表示同一个数。类似地，所有有理数都是实数，而所有实数也都是复数。较老的数系并入了较新的数系，而不是被替代。

复数并不是数学家们几个世纪以来扩展的数系的终点。例如，还有四元数集 $\mathbb{H}$ 和八元数集 $\mathbb{O}$（见第 4 章）。不过，它们在代数方面的作用要比在算术中更大。在此，我要用无穷数——一个更矛盾的数来结束本节。从哲学上来说，无穷数和传统的数不一样，它不属于任何标准数系，无论是自然数系还是复数系。尽管如此，它和数系还是有一些关系的，它像数但又

不是数。格奥尔格·康托尔在重新考虑最初的问题——计数时，他发现从计数的角度考虑，无穷不但是一个数，而且它们有**不同的大小**。其中，$\aleph_0$ 是所有自然数的数量，而 c 是所有实数的数量——后者更大些，但大多少没什么意义：这取决于人们用什么样的公理系统构建数学。

在我们对更常规的数产生足够多的直觉之前，还是先把无穷数放一放。接下来，让我们谈谈第三个问题。

什么是数？

这听起来是一个简单的问题，实际也是如此。但是问题的答案却不简单。

我们都知道如何使用数。我们也都知道 7 头牛、7 只羊或 7 把椅子是什么。我们都会数到 7。但是，什么是 7 呢？

它并不是符号 7。这个符号是随意选取的，在许多文化里它是不一样的。阿拉伯文化用 ٧，但在中国文化中用"七"，或更正式的"柒"。

它也不是 seven 这个单词，因为它在法语里是 sept，而在德语里是 sieben。

大约在 19 世纪中期，一些专注于逻辑学研究的数学家意识到，尽管人们高高兴兴地用了几千年的数，却没有人真正知道它们是什么。于是，数学家们提出了一个从未被问起的问题：什么是数？

实际上，这个问题要比听上去更棘手。数，不是那种你可以在现实世界中向别人展示的东西。它是抽象的概念，是人类心智的产物——它源自真实世界，但它其实并不是真实的。

这听起来或许会令人不安，但数并不是唯一具有这种特征的事物。另一个大家比较熟悉的例子就是"钱"。我们都知道如何付钱和找零，也知道如何兑换钱。因此，我们会认为"钱"就是在口袋或钱包里的硬币和纸币。不过，事情并没有那么简单。如果我们刷信用卡，那就不会接触硬币或纸币。这时，交易信号通过缆线传到发卡公司，最终到达银行，而银行账号上的数字——我们的、商户的以及发卡公司的账号上的数字都会发生改变。5 英镑的纸币上曾经印着一句话："我保证根据持票人的需要向其支付总额 5 英镑。"这张纸币根本就不是钱，它只是付钱的承诺。很久以前，人们可以拿这张纸币去银行兑换黄金——黄金被认为是**真正的钱**。如今，所有银行都只会兑付另一张 5 英镑。然而，黄金其实也不是钱，它只是钱的物理表现。黄金的价值并不固定，这就是证据。

那么，钱是一个数吗？当然。但是，只在特定的法律环境下，它才是。在一张纸上写"$1,000,000"并不能让你成为百万富翁。钱之所以是**钱**，是由人类的习俗决定的，这些习俗包括如何用数字表示钱、如何用钱币来交换商品或别的钱。重要的是你怎么践行习俗，它们本身是什么并不重要。钱是一个抽象概念。

数同样也是个抽象概念。但这并不是一个好答案，因为**所有**数学概念都是抽象概念。因此，一些数学家一直在思考，哪**一种**抽象概念可以定义"数"。1884 年，德国数学家戈特洛布·弗雷格发表了专著《算术基础》（*The Foundations of Arithmetic*），为"数"制定了基本原则。10 年后，他进一步尝试将这些原则归结为更基础的逻辑规则。他的《算术基本规则》（*Basic Laws of Arithmetic*）一书分为两卷，1893 年出版了第一卷，1903 年出版了第二卷。

弗雷格从计数过程开始讨论。他没有将关注点放在数字上，而是着重讨论了人们计数的对象。如果把 7 只茶杯放在桌子上，并计数为"1、2、

3、4、5、6、7"，那么重要的似乎是数字。但弗雷格不这么认为，他觉得茶杯更重要。计数之所以有用，是因为我们有一组想计数的茶杯。如果是不同的组，有可能会得出不同的数字。弗雷格称这些组为**类**（class）。当我们去计数这样的类包括有多少茶杯时，便在茶杯的类和数字符号 1、2、3、4、5、6、7 之间建立了对应（图 5）。

图 5 茶杯和数字之间的对应

类似地，如果是茶碟的类，那么我们也会建立一个对应（图 6）。

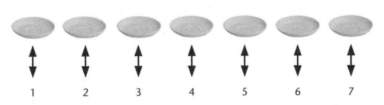

图 6 茶碟和数字之间的对应

一旦建立了对应，我们便可以断定，茶碟的类所包含的茶碟数量与茶杯的类所包含的茶杯数量相同。我们甚至知道，这个数量是 7。

这听起来似乎并无特别之处，但弗雷格意识到这其中有着深刻的内涵。在不使用符号 1、2、3、4、5、6、7 以及不知道茶杯和茶碟数量的情况下，我们可以证明，茶碟的类所包含茶碟的数量与茶杯的类所包含茶杯的数量相同。这就足以在茶碟的类和茶杯的类之间建立对应（图 7）。

图 7 在茶杯和茶碟之间建立对应并不需要数字

从技术上讲，这种对应称为"一一对应"：每只茶杯正好对应一个茶碟，而每个茶碟也正好对应一只茶杯。如果漏数或重复数了茶杯，那么计数就会失败。我们称这种技术规范为一个对应。

顺便说一句，你或许疑惑为什么小学生要花时间把一组奶牛与一组小鸡相"搭配"，并在图画之间画上对应线段，其实这都要怪弗雷格。某些教育工作者希望（并可能仍在希望），这种方法能提升孩子们对数字的直觉。但我倒是觉得，这样做虽然强调了逻辑，却忽略了心理因素，让"基本"的简单含义变得含糊。不过，我在这里就不重燃数学教育的战火了[①]。

弗雷格断定，一个对应所匹配的类就是我们认为的"数"。计数一个类

---

① "数学教育的战火"指的是新、旧两派因对学校教育持有不同意见，在美国和欧洲曾展开过激烈讨论。旧派认为要沿袭传统，新派则认为集合论比学习数字更基础。在数学逻辑上，新派的意见是正确的，但在心理学上却没有任何意义，它所倡导的并不是数学教育的"基础"，它对专业数学而言很重要，但大多数人用不上。——译者注

有多少东西，不过就是拿一个标准类去匹配它，而这个标准类的成员就是由传统符号1、2、3、4、5、6、7等构成的。当然，用什么符号是由不同文化决定的。然而，弗雷格并不认为数的概念应该取决于文化，因此，他提出了一种完全不使用任何符号的方法。确切地说，弗雷格发明了一种在所有文化里都相同的通用超级符号。但你无法把它写下来，它纯粹是概念上的东西。

弗雷格首先指出，类的成员自身也可以是一个类——它们不是必须如此，但也没什么可以阻止这件事。一箱罐装烤豆子就是最常见的例子：箱子里的成员是罐子，而罐子里的成员是豆子。因此，用一个类作为另一个类的成员没什么问题。

通过对应，数字"7"能与任何类联系起来，只要这些类可以和茶杯的类相匹配，当然，也可以和对应的茶碟或由符号1、2、3、4、5、6、7组成的类相匹配。从这些类中选取一个特定的类，然后称之为数。这种做法很武断，既不够优雅，也不能令人满意。为什么不干脆把这些类全都用上呢？如此一来，"7"可以被定义为**所有类的类**，而这种类与所有刚刚提到的所有类都是对应的。这样，我们才能通过确认给定的类是否属于所有类的类，来判断这个给定的类是否有7个成员。为方便起见，我们把这个"所有类的类"标记为"7"，——即便我们不这么做，这个类自身也是有意义的。所以，弗雷格把数与一个随便为它起的名字（或匹配的符号）区分开了。

接下来，他定义了什么是数：它是所有类的类，而这种类与给定的类是对应的（因此，它们也相互对应）。这种类就是我方才说的"超级符号"。如果你顺着这个思路继续思考下去，就会发现这个想法实在是妙极了。事实上，它并不是为数选一个名字，而是从概念上把**所有可能的名字**捏成了一个单一的对象，之后，再把它作为数的名字。

这种方法管用吗？你可以在第 $\aleph_0$ 章找到答案。

第一篇
较小的整数

在所有数里，人们最熟悉的莫过于从1到10这几个自然数。

每个数都是独立的个体。它们各自有着不同寻常之处，使它们能独树一帜。

欣赏这些"不寻常"，能让我们感受到这些数亲切、友好和有趣的地方。

很快，你也会成为一名数学家。

第 1 章

不可分割的单位

在自然数里，最小的正数是 1。它是算术里不可分割的单位：唯一不能由两个更小的正整数相加得到的正整数。

数的基础概念

1 是我们计数的起点。给定任何自然数，我们可以通过加 1 得到下一个数：

$$2=1+1$$
$$3=(1+1)+1$$
$$4=((1+1)+1)+1$$

以此类推。其中，括号表示需要优先计算的部分。在上述加法中，改变计算顺序没有关系，所以括号通常可以省略。不过刚开始时还是小心为妙。

根据这些定义和代数基本规则（这在正式的逻辑推演中必须详细说明），我们甚至可以证明著名的定理"2+2=4"。证明只需要一行：

$$2+2=(1+1)+(1+1)=((1+1)+1)+1=4$$

在 20 世纪，当一些数学家努力将数学的基础建立在坚实的逻辑基础之上时，他们也用了相同的思想，但由于技术原因，他们是从 0 开始的（见第 0 章）。

数 1 表达了一个重要的数学思想——**唯一性**。如果只有**一个**数学对象具有某种特定属性，那么具有这一特定属性的对象就是唯一的。例如，2 是唯一的偶质数。唯一性非常重要，因为它可以证明，某些不可思议的数学对象其实是我们早就知道的东西。例如，如果我们可以证明某个未知正整数 n 既是偶数又是质数，那么 n 就一定等于 2。再举一个复杂点的例子，正十二面体是唯一由五边形面构成的正多面体（见第 5 章）。因此在数学里，如果遇到一个正多面体由正五边形面构成，那就不需要做进一步验证，我们立刻就能知道它一定是正十二面体。关于正十二面体的所有其他性质也就都能用上了。

乘一表

没有人会抱怨必须得学乘一表："一一得一，一二得二，一三得三……"任何数乘以 1 或者除以 1，其结果都是这个数本身：

$$n \times 1 = n \qquad n \div 1 = n$$

有这种特性的数只有 1。

因此，1 的平方、立方以及所有更高次方，都等于 1：

$$1^2 = 1 \times 1 = 1$$

$$1^3 = 1 \times 1 \times 1 = 1$$

$$1^4 = 1 \times 1 \times 1 \times 1 = 1$$

以此类推。除 1 之外，其他拥有这个特性的数只有 0。

正因如此，当 1 作为系数出现在公式里的时候，在代数上它通常会被省略。比如，我们用 $x^2 + 3x + 4$ 代替 $1x^2 + 3x + 4$。另一个可以这样处理的数只有 0，不过它更彻底：我们将 $0x^2$ 这一项全部省略，用 $3x + 4$ 代替 $0x^2 + 3x + 4$。

1 是质数吗？

1 曾经是质数，但现在不是了。这个数本身并没有变化，但是关于"质数"的定义改变了。

有些数可以用另外两个数相乘得到，如 6=2×3，25=5×5。这种类型的数被称为**合数**。而另一些数不能通过这种方式得到，它们被称为**质数**。

根据这个定义，1 是质数——直到 150 年前，这都是一个标准规定。不过，人们发现把 1 作为一个特例会更方便。如今，人们认为 1 既不是质数也不是合数，它是一个**单位**。我会简单解释一下为何如此，但需要先做一点铺垫。

质数序列的开始几项是

$$2\ 3\ 5\ 7\ 11\ 13\ 17\ 19\ 23\ 29\ 31\ 37\ 41\ 43\ 47$$

除了一些非常简单的规律，它们看起来非常不规则。除了 2 以外，所有的质数都是奇数，因为所有偶数都能被 2 整除。在质数中，只有数 5 能以 5 结尾，并且也没有以 0 结尾的，因为所有这样的数都能被 5 整除。

每个大于 1 的自然数都能用质数的乘积来表示。这个过程被称为**分解质因数**，在表达式里的质数被称为这个数的**质因数**。并且，如果不考虑质数出现的顺序，每个数只有一种分解质因数的方法。例如：

$$60=2×2×3×5=2×3×2×5=5×3×2×2$$

等等。得到 60 只有重新排列这四个质数。比方说，不可能把 60 写"7× 某数"的质因数分解。

这种性质被称为"质因数分解的唯一性"。它似乎很直观，但除非你已经取得了数学学位，否则，如果说有人曾为你证明过这一点，我都会觉得很吃惊。欧几里得在《几何原本》里记了一个证明。欧几里得一定意识到了这种唯一性既不直观也不简单，因为他自己亲自做了一遍证明。对更一般化的类数系来说，它甚至是不成立的。但这种唯一性在普通算术域中是正确的，同时在数学武器库里，它也是非常有用的武器。

2 到 31 的质因数分解如下：

2（质数）	3（质数）	$4=2^2$	5（质数）	$6=2\times3$
7（质数）	$8=2^3$	$9=3^2$	$10=2\times5$	11（质数）
$12=2^2\times3$	13（质数）	$14=2\times7$	$15=3\times5$	$16=2^4$
17（质数）	$18=2\times3^2$	19（质数）	$20=2^2\times5$	$21=3\times7$
$22=2\times11$	23（质数）	$24=2^3\times3$	$25=5^2$	$26=2\times13$
$27=3^3$	$28=2^2\times7$	29（质数）	$30=2\times3\times5$	$31=31$（质数）

把 1 当作特例的主要原因在于，如果把 1 当作质数，那么质因数分解就不唯一了。例如，$6=2\times3=1\times2\times3=1\times1\times2\times3\cdots$很明显，这种约定产生了一个尴尬的结果，那就是 1 没有质因子。然而，1 仍然是质数的乘积，只是方式很奇怪——它是质数的"空集"的乘积。也就是说，如果将一个质数的空集（没有任何质数）乘在一起，就会得到 1。这听起来有点疯狂，但对这样的约定而言，它是有合理的理由的，因为如果你类似地将**一个**质数和"空集"乘在"一起"，那么你会得到那个质数本身。

第 2 章

奇数和偶数

偶数能被 2 整除，但奇数不行。因此，2 是唯一的偶质数。它是两个平方数之和：$2 = 1^2 + 1^2$。其他具有这种性质的质数都是除以 4 后，正好余 1 的数。由两个平方数相加得到的数的特征，是由这个数的质因数决定的。

计算机中使用的二进制算术建立在以 2 而不是 10 为底的幂之上。包含了未知数平方的二次方程可以用平方根求解。

奇偶特性可以拓展到排列，所谓排列是一种重排对象的方法。在排列里，奇偶各占一半。我还会介绍一个很棒的应用，简单证明了一种有趣的益智游戏是无解的。

奇偶性（奇数/偶数）

在整个数学领域，奇数和偶数之间的区别是数的最重要的区别之一。

让我们先看看自然数 0, 1, 2, 3, ⋯，其中，偶数是

$$0 \ 2 \ 4 \ 6 \ 8 \ 10 \ 12 \ 14 \ 16 \ 18 \ 20 \cdots$$

奇数是

$$1 \ 3 \ 5 \ 7 \ 9 \ 11 \ 13 \ 15 \ 17 \ 19 \ 21 \cdots$$

一般而言，一个整数如果是 2 的倍数，那它就是偶数；而一个整数如果不是

2 的倍数，那它就是奇数（图 8）。0 是偶数，因为它是 2 的倍数，即 0×2，这或许和一些数学老师认为的不一样。

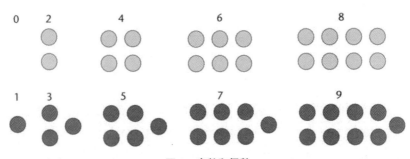

图 8 奇数和偶数

　　奇数除以 2 的余数是 1（余数非零且小于 2，所以只能是 1）。因此，代数上将偶数写成 2n（n 是自然数），奇数写成 2n+1（在这里，当 n = 0 时，也可以证明 0 是偶数）。为了将"奇数"和"偶数"的概念拓展到负数，人们允许 n 是负整数。于是，−2、−4、−6 等是偶数，而 −1、−3、−5 等是奇数。

　　奇数和偶数沿着数轴交替出现（图 9）。

图 9 奇数和偶数沿着数轴交替出现

奇数和偶数有一个令人愉快的性质，那就是无论数是几，它们都遵循一些简单的算术规则：

偶数 + 偶数 = 偶数　　　　偶数 × 偶数 = 偶数

奇数 + 奇数 = 偶数　　　　奇数 × 奇数 = 奇数

偶数 + 奇数 = 奇数　　　　偶数 × 奇数 = 偶数

奇数 + 偶数 = 奇数　　　　奇数 × 偶数 = 偶数

因此，如果某人说 13×17=222，那么不用计算，你就可以知道他算错了。因为，奇数 × 奇数 = 奇数，但 222 是偶数。

最小且唯一的偶质数

质数从 2 开始，因此 2 是最小的质数。它还是唯一的偶质数，因为所有偶数都能被 2 整除。如果一个偶数大于等于 4，那么它可以表示成两个更小的数相乘，所以它是合数。这些简单而又直观的性质，使得 2 在所有数里具有独一无二的地位。

平方和定理

1640 年的圣诞节，杰出的业余数学家皮埃尔·德·费马给修道士马林·梅森写了一封信，他在信中提出了一个有趣的问题：哪些数可以写成两个完全平方数之和？

所谓一个数的**平方**是指，将这个数乘以自己得到的数。所以 1 的平方是 $1×1=1$，2 的平方是 $2×2=4$，3 的平方是 $3×3=9$，以此类推。n 的平方我们写成 n^2。所以，$0^2=0$，$1^2=1$，$2^2=4$，$3^2=9$，以此类推。

0 到 10 的平方如下：

0 1 4 9 16 25 36 49 64 81 100

所以，在不甚有趣的 0 和 1 之后的第一个完全平方数是 4。

人们之所以用"平方"这个词，是因为当我们把点摆放到正方形里，这些数就会出现（图 10）。

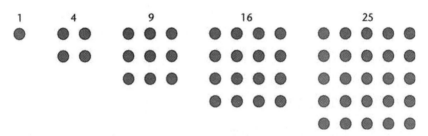

图 10　正方形

把一对平方数加在一起，很容易得到平方数本身——只要把 0 加到一个平方数上就行，但我们有时也可以得到一些像下面这样的新数：

1+1=2	4+1=5	4+4=8
9+1=10	9+4=13	16+1=17

它们都不是平方数。而且，许多数甚至都没出现，例如，3、6、7、11。

表 2 列出了 0 到 100 之间所有的两个平方数之和。要得到非黑体的数，只需将其对应的最上面一行的黑体数字和最左面一列的黑体数相加，例如，25+4=29。所有大于 100 的数在这里都忽略不计。

表 2

	0	1	4	9	16	25	36	49	64	81	100
0	0	1	4	9	16	25	36	49	64	81	100
1	1	2	5	10	17	26	37	50	65	82	
4	4	5	8	13	20	29	40	53	68	85	
9	9	10	13	18	25	34	45	58	73	90	
16	16	17	20	25	32	41	52	65	80	97	
25	25	26	29	34	41	50	61	74	89		
36	36	37	40	45	52	61	72	85	100		
49	49	50	53	58	65	74	85	98			
64	64	65	68	73	80	89	100				
81	81	82	85	90	97						
100	100										

初看很难找到什么规律，但它的确有一个规律，而且费马找到了。秘密就在于要把列表里的数写成对应的质因数。由于 0 和 1 是例外，撇开 0 和 1 后，我们得到：

$\underline{2 = 2}$　　　　　$4 = 2^2$　　　　　$\underline{5 = 5}$　　　　　$8 = 2^3$

$9 = 3^2$　　　　$10 = 2 \times 5$　　　$\underline{13 = 13}$　　　$16 = 2^4$

$\underline{17 = 17}$　　　$18 = 2 \times 3^2$　　$20 = 2^2 \times 5$　　$25 = 5^2$

$26 = 2 \times 13$　　$\underline{29 = 29}$　　　$32 = 2^5$　　　$34 = 2 \times 17$

$36 = 2^2 \times 3^2$　　$\underline{37 = 37}$　　　$40 = 2^3 \times 5$　　$\underline{41 = 41}$

$45 = 3^2 \times 5$　　$49 = 7^2$　　　$50 = 2 \times 5^2$　　$52 = 2^2 \times 13$

$\underline{53 = 53}$　　　$58 = 2 \times 29$　　$\underline{61 = 61}$　　　$64 = 2^6$

$65 = 5 \times 13$　　$68 = 2^2 \times 17$　　$72 = 2^3 \times 3^2$　　$\underline{73 = 73}$

$74 = 2 \times 37$　　$80 = 2^4 \times 5$　　$81 = 3^4$　　　$82 = 2 \times 41$

$85 = 5 \times 17$　　$\underline{89 = 89}$　　　$90 = 2 \times 3^2 \times 5$　$\underline{97 = 97}$

$98 = 2 \times 7^2$　　$100 = 2^2 \times 5^2$

在这里，我在质数下面都划了横线，因为它们是问题的关键。

有一些质数没有出现，它们是 3、7、11、19、23、31、43、47、59、67、71、79 和 83。你能像费马一样找到这些遗漏的数的共同之处吗？

这些质数都是 4 的倍数减去 1。例如，23＝24－1，而 24＝6×4。质数 2 也在这个列表里——同样，它也是一个例外。在列表里，**所有**奇质数都比 4 的倍数大 1，例如，29＝28＋1，而 28＝7×4。并且，符合这种规律的前几个质数都在列表中，如果继续往下写，似乎也没有漏网的。

所有奇质数比 4 的倍数要么少 1，要么大 1，也就是说，它们符合公式 $4k-1$ 或 $4k+1$（k 是自然数）。唯一的偶质数是 2。因此，所有质数必定符合下列情况之一：

- 等于 2；
- 符合公式 $4k+1$；
- 符合公式 $4k-1$。

没有出现在两个平方数之和的列表里的那些质数，正好都符合公式 $4k-1$。

这些质数都能作为列表里的数的**因数**出现，比如，3 就是 9、18、36、45、72、81 和 90 的因数。不过，所有这些数实际上都是 9 的倍数，也就是 3^2 的倍数。

如果按这个思路继续研究该列表，就会发现一个简单的规律。费马在信里宣称，他已经证明了：对由两个平方数相加而得到的非零整数而言，它们的每个**恰好**符合 $4k-1$ 的质因数都是偶数次方的。这里最难的是证明每个符合 $4k+1$ 的质数都是两个平方数之和。1632 年，阿尔贝·吉拉尔也做了同样的猜想，但没有证明。

　　列表里有一些例子，但还是让我们先检查一下费马提出的这一宏大的命题。数 4001 显然符合 $4k+1$，只要把 k 设为 1000。同时，4001 也是一个质数。根据费马的理论，它一定是两个平方数之和。但是哪两个呢？

　　我们可以从 1^2，2^2，3^2 等数开始硬算，看看是否可以得到另一个平方数。开始的几个算式如下：

　　$4001-1^2=4000$　不是平方数

　　$4001-2^2=3997$　不是平方数

　　$4001-3^2=3992$　不是平方数

　　……

其中一个计算式是

　　$4001-40^2=2401$　是 49 的平方，

因此

　　$4001=40^2+49^2$

在这个例子中，费马的理论成立。

　　显然，49^2+40^2 是唯一解。通过从 4001 减去一个平方数后，成功求得另一个平方数是小概率事件，看起来完全是在碰运气。但是，费马解释了为什么这并不是碰运气。他还知道，如果 $4k+1$ 是一个质数，那么只有一种方法能把它分成两个平方数。

　　能简单、有效地找到合适的数的通用方法并不存在。高斯给出了一个公式，但它不太实用。因此，证明只是说明了符合要求的平方数是**存在的**，但它没有提供一个快速计算的方法。那个证明的技术性太强，并且需要储备大量知识，我在这里就不解释了。数学的魅力之一就在于，一个简单的真命题并不总有一个简单的证明。

二进制系统

传统的数系被称为"十进制"（decimal），这是因为它以 10 作为基底，而拉丁语的 10 是 decem。因此，它由 10 个数码 0~9 组成，各个数码的值在从右往左每进一位时乘以 10。所以 10 的意思是"一十"，100 是"一百"，1000 是"一千"，以此类推（见第 10 章）。

类似的记数系统可以以任何不小于 2 的整数作为基底。在这些不同的记数系统中，最重要的要算是以 2 作为基底的**二进制**了。它只有两个数码，即 0 和 1，每个数码的值在从右往左进一位时翻倍。在二进制中，10 的意思是"2"，100 是"4"，1000 是"8"，10000 是"16"，以此类推。

如果想计算不是 2 的正整数次方的数，我们就需要将 2 的不同指数次方相加。例如，23 在十进制中等于

$$16+4+2+1$$

其中用了一个 16、一个 4、一个 2 以及一个 1，没有用到 8。所以，用二进制记数的话，23 变成了

$$10111$$

表 3 列出了前几个二进制数和十进制数之间的转换关系。

表 3

十进制	二进制	十进制	二进制
0	0	11	1011
1	1	12	1100
2	10	13	1101
3	11	14	1110
4	100	15	1111
5	101	16	10000
6	110	17	10001
7	111	18	10010
8	1000	19	10011
9	1001	20	10100
10	1010	21	10101

　　例如，要将数字 20 对应的二进制数 10100 进行"转换"，我们需要把它写成 2 的各个指数次方：

$$1 \quad\quad 0 \quad\quad 1 \quad\quad 0 \quad\quad 0$$
$$16 \quad 8 \quad 4 \quad 2 \quad 1$$

在 2 的各指数次方对应的位置上，出现 1 的是 16 和 4，把它们相加得到 20。

历史

　　在大约公元前 500 年到公元前 100 年之间，古印度学者宾伽罗用诗体写了一本名为《宾伽罗经》（*Chandaḥśāstra*）的书。他在书里列出了由长短音节组成的不同组合，并用表格对这些组合做了分类，用现在的话来说，就是用 0 表示短音节、用 1 表示长音节。例如：

00 = 短音节 – 短音节

01 = 短音节 – 长音节

10 = 长音节 – 短音节

11 = 长音节 – 长音节

这里使用了二进制符号，但宾伽罗并没有用他的符号进行运算。

古代中国的占卜书《易经》用 64 组 6 条横线作为预言符号。这 6 条横线要么是完整的一根（阳），要么断成两段（阴）。这种横线组被称为**别卦**，每个别卦由两组**单卦**上下叠成。六十四卦原本用作预言未来。最早，卦师将一种蓍草茎扔到地上，然后根据规则确定该看哪个别卦。后来，人们将蓍草改成了三枚铸钱。

如果我们用 1 代表完整的横线（阳），用 0 代表断开的横线（阴），每个别卦相当于 6 位二进制数。例如，图 11 左边显示的别卦就是 010011。根据占卜的方法，它是第六十卦（节），代表"结合""限制"或"节制"。标准的解释如下（不要问我为什么，因为我完全不懂）。

节：兑下坎上。上卦为坎，坑穴，代表水。下卦为兑，喜悦，代表湖泽。

彖：节，亨。苦节，不可贞。节代表亨通。以节制为痛苦则无法坚持。

象：泽上有水，节。君子以制数度，议德行。湖上有水，象征节制。因此君子应建立基本规范，检视高尚道德和正确行为的本质。

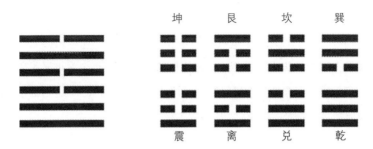

图 11　左：一个别卦；右：8 种单卦

尽管《易经》也出现了二进制的模式，但同样没有运算。在托马斯·哈里奥特的著作里，出现了更多的二进制符号的数学结构。他留下了数千页未出版的手稿，其中有一页里记录了一个列表，列表开始如下：

$$1 \quad 1$$
$$2 \quad 2$$
$$3 \quad 2+1$$
$$4 \quad 4$$
$$5 \quad 4+1$$
$$6 \quad 4+2$$
$$7 \quad 4+2+1$$

直至

$$30 \quad 16+8+4+2$$
$$31 \quad 16+8+4+2+1$$

很明显，哈里奥特明白二进制记数的基本原理。然而，这个列表的上下文是一长串表格，而这些表格只是枚举各种对象如何才能以不同的方式组合，也没有运算。

1605 年，弗朗西斯·培根解释了如何将字母表中的字母编码成一串二进制数码，这个做法很接近于把它们当作数字。1697 年，莱布尼茨在写给不伦瑞克公爵鲁道夫的信中提议制作一种"纪念币或奖章"，这封信让二进制最终成为算术符号（图 12）。

图 12　莱布尼茨的二进制奖章

奖章的设计将数字 0~15 的二进制表示做成表格，并配以"**自无导出万物，一足矣**"的铭文。从数学上来说，莱布尼茨指出了如果人们拥有符号 0（无），只要再奉上 1，就能得到任意的数（万物）。但是他还加了一句带有宗教意味的话：唯一的神可以由无创造出万物。

奖章并没有被制作出来，但它的设计却具有重大意义。直至 1703 年，莱布尼茨一直在研究二进制数学，并在法国《皇家科学院备忘录》上发表了论文《关于二进制算术的说明》。他写道："我花了许多年研究出一种最简单的方法来替代十进制，它只需要两个数。"他指出，二进制的算术规则非常简单，甚至没有人会忘记。但他也说，由于二进制形式的数字要比十进制长 4 倍，所以并不实用。莱布尼茨还颇有先见之明地预言："用两个数字进行计算，对科学而言更基础，它会带来新的发现。"他还说："这种表示数字的方法对各种运算都会有帮助。"

这就是他的想法——用二进制数进行计算，你只需知道如下规则：

$$0+0=0 \qquad\qquad 0\times0=0$$

$$0+1=1 \qquad\qquad 0\times1=0$$

$$1+0=1 \qquad\qquad 1\times0=0$$

$$1+1=0 \text{ 进 } 1 \qquad\qquad 1\times1=1$$

当你知道这些简单的规则时，只需使用与普通算术类似的方法，就能对任意两个二进制数做加法和乘法。当然，你也可以做减法和除法。

数字化计算

我们知道，莱布尼茨的观点是正确的——二进制应该是"科学的基础"。二进制系统最初只是一头数学怪物，然而数字化计算机的发明改变了这一切。数字电子技术是以"有"或"没有"电信号这两种简单的状态作为基础的。如果我们用 1 和 0 来符号化这两种状态，那么选用二进制的理由就变得更加显而易见。原则上，我们也能用十进制系统制造计算机，比方说 0 伏、1 伏、2 伏等电信号分别代表数码 0 到 9。不过，当进行复杂计算时，这就会产生错误，因为它不够明确，比如，一个 6.5 伏的电信号到底是代表电压稍高时的数码 6，还是电压较低时的数码 7 呢？如果只使用两种区别很大的电压，那么通过确保误差远小于两种电压的差别，就能消除这种模棱两可的情况。

利用当今的生产工艺，人们已经有可能制造出可靠的三进制（基底为3）计算机，或者用更大的进制来代替二进制。但是，人们已经基于二进制研制了大量技术，并且，作为计算的一部分，将二进制转换为十进制也非常容易，因此与传统的二进制系统相比，其他进制并不会带来足够多的好处。

排列的奇偶性

在排列理论里，奇偶之间的差异非常重要，所谓排列是指对一个序列进行重排的方式，这个序列可以是数字、字母或其他数学对象。如果某个序列包含了 n 个对象，那么所有可能的排列总数是阶乘

$$n! = n \times (n-1) \times (n-2) \times \cdots \times 3 \times 2 \times 1$$

因为第一个对象有 n 种选择，第二个有 $n-1$ 种，第三个有 $n-2$ 种，以此类推（见第 26! 章）。

排列分为两种：**偶排列**和**奇排列**。偶排列交换偶数对对象的顺序；奇排列交换奇数对对象的顺序。下面我将简要说明它们的细节。在这里，"偶"或"奇"是指排列的**奇偶性**。

在 $n!$ 个可能的排列里，奇偶正好对半开。（除非 $n=1$，在这种情况下，只有偶排列，没有奇排列。）因此，当 $n \geq 2$ 时，有 $\frac{n!}{2}$ 个偶排列、$\frac{n!}{2}$ 个奇排列。

我们可以用图来理解偶排列和奇排列之间的区别。例如，假设一个排列（记为 A）序列开始为

$$1, 2, 3, 4, 5$$

重排顺序后得到

$$2, 3, 4, 5, 1$$

数字序列的移动如图 13 所示。

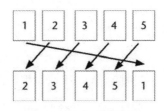

图 13　排列 A 的示意图

类似地，如果序列为

$$2, 3, 4, 5, 1$$

重排顺序后得到

$$4, 2, 3, 1, 5$$

那么，数字的移动如图 14 所示。

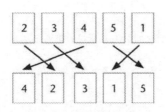

图 14　排列 B 的示意图

我们称这个排列为 B。请注意，开始的序列不一定是标准的数字顺序。这里的重点不是顺序本身，而是**如何变化**。

组合排列

我们可以将两个排列组合（或合并）成一个新的排列。为了组合出一个新排列，我们先按照第一个排列将序列重排，然后把得到的结果按照第二个排列重排。将上面两个示意图合在一起，可以很容易理解这个步骤。

图 15 里的上排箭头和下排箭头分别代表了排列 A 和排列 B。为了把它们组合起来（合并后称为 AB），我们可以先按对应箭头的路径重排，再把中间层数字隐藏。这样便可得到图 16。

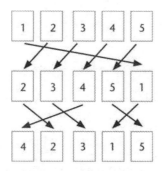

图 15　排列 A 后紧接着排列 B 的示意图

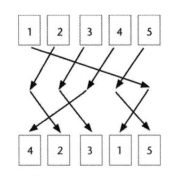

图 16　排列 AB 的示意图（拉直箭头前）

最后，把箭头拉直后，得到图 17。

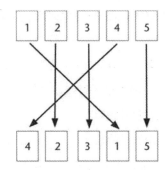

图 17　排列 AB 的示意图（箭头拉直后）

这个排列将序列

$$1, \; 2, \; 3, \; 4, \; 5$$

重排成了

$$4, \; 2, \; 3, \; 1, \; 5$$

交叉数和奇偶性

在排列 A 中，长箭头穿过了另外 4 个箭头。我们称这种排列的**交叉数**为 4，记作 $c(A) = 4$。排列 B 的交叉数为 3，因此 $c(B) = 3$。它们的组合 AB 的交叉数为 5，因此 $c(AB) = 5$。

在箭头拉直前，AB 的交叉数为 7。它是 A 和 B 的交叉数之和，即 $4 + 3 = 7$。把箭头拉直后，位于右侧的两个交叉消失了。这两个箭头相互交叉，所以它们又穿了回来。因此，第二次交叉"抵消"了第一次。

一般而言，这种情况是正确的。如果将任意两个排列 A 和 B 组合成 AB，那么在拉直箭头之前，AB 的交叉数等于 A 的交叉数加上 B 的交叉数。当箭头拉直后，新的交叉数不变，或者减去一个偶数。因此，尽管 $c(AB)$ 不一定等于 $c(A) + c(B)$，但两者的差总是一个**偶数**。这意味着 $c(AB)$ 的奇偶性与 $c(A) + c(B)$ 一样。

如果 $c(A)$ 是偶数，那么我们称排列 A 是偶的，如果 $c(A)$ 是奇数，那么 A 就是奇的。因此，排列 A 的**奇偶性可以**是"奇"或"偶"。

- 偶排列交换偶数对符号的顺序；
- 奇排列交换奇数对符号的顺序。

这意味着，当我们组合排列时，会有以下规则：

- 偶组合偶得到偶；
- 奇组合奇得到偶；
- 偶组合奇得到奇；
- 奇组合偶得到奇。

这就像奇数和偶数的加法一样。这些讨喜的性质在数学中被广泛应用。

十五谜题

排列的奇偶性看起来非常技术化,然而它们有许多应用。其中最令人惊奇的要数由美国人诺伊斯·查普曼发明的一种智力游戏,它在美国、加拿大和欧洲曾风靡一时。商人马赛厄斯·赖斯把它做成一种宝石谜题,而一位名叫查尔斯·佩维的牙医为此悬赏求解。这个游戏也被称为"老板谜题""十五游戏""神秘方块"或"十五谜题"。

游戏由 15 块可以滑动的方块组成,所有方块被标以数字 1 至 15,其中 14 和 15 在初始排列时没有按照数字顺序摆放,并且在右下角有一个空格(图 18 左)。游戏的目标是把方块不停地滑到空格里(空格也相应地改变位置),最终使所有方块都按正确顺序排列(图 18 右)。

开始…… 　　　　　　　　　　……目标

图 18

这个谜题也经常被认为是美国著名的谜题专家山姆·劳埃德发明的,他在 1886 年通过悬赏 1000 美元让它火了一把。不过,劳埃德很确信没人能领走奖金，因为威廉·约翰逊和威廉·斯托里在 1879 年就证明了十五谜题无解。

谜题的关键点在于，如果把空格当作第 16 块"虚拟方块"，那么任何一种方块位置都可以被视为原始位置的一个排列。原始位置是只有一对方块（14 和 15）交换位置的，要完成目标状态需要一个奇排列。但是，游戏要求空格最终回到它最初的位置，这使得符合游戏规定的滑动只能是偶排列。

因此，对符合规定的滑动而言，从给定的初始状态开始，正好只能完成 16! 个排列的一半，即 10 461 394 944 000 个排列。反复尝试、试错再多次也只能完成可实现的排列的一小部分，这很容易让人们相信，只要不断尝试，最终总有可能会碰巧解出谜题。

二次方程

数学家通过代数方程的阶来区分它们，所谓"阶"是指未知数的最高次方。方程

$$5x - 10 = 0$$

的阶是 1，因为 x 只出现了一次方。方程

$$x^2 - 3x + 2 = 0$$

的阶是 2，因为 x 出现了二次方（平方），并且没有更高次方。以此类推，方程

$$x^3 - 6x^2 + 11x - 6 = 0$$

的阶是 3。

阶数较小的方程都有特定的英文名称：

- 1 阶方程 = 线性方程（linear）
- 2 阶方程 = 二次方程（quadratic）
- 3 阶方程 = 三次方程（cubic）
- 4 阶方程 = 四次方程（quartic）
- 5 阶方程 = 五次方程（quintic）
- 6 阶方程 = 六次方程（sextic）

面对一个方程，我们的主要任务是求解，即找到未知数 x 的一个或多个值，使等式成立。线性方程 $5x-10=0$ 的解是 $x=2$，因为 $5\times2-10=0$。二次方程 $x^2-3x+2=0$ 的一个解是 $x=1$，因为 $1^2-3\times1+2=0$，不过它还有一个解 $x=2$，因为 $2^2-3\times2+2=0$ 也成立。三次方程 $x^3-6x^2+11x-6=0$ 有 3 个解，它们分别是 $x=1$，2 或 3。（实数）解的数量总小于等于阶数。

线性方程很容易求解，人们掌握通用的求解方法已有几千年的历史。求解方法比符号代数出现得还早，但由于没有可靠的证据，所以我们不知道究竟有多早。

阶数为 2 的二次方程稍微难一些。但早在 4000 年前的古巴比伦人就已经知道求解的方法了。接下来，我还将在第 3 章、第 4 章和第 5 章分别讨论三次方程、四次方程和五次方程。

古巴比伦的解法

图 19　古巴比伦数学泥板

1930 年，数学史专家奥托·纽格伯尔辨别出古巴比伦泥板记录的内容是如何求解二次方程（图 19）。

在这里，我们先要了解一些古巴比伦记数法。古巴比伦人使用的基底不是 10，而是 60。因此，如果用古巴比伦记数法（他们在泥板上用楔形文字表示数码，见图 20）书写十进制中的 2015 将是

$$2 \times 60^3 + 0 \times 60^2 + 1 \times 60^1 + 5 \times 60^0$$

即

$$2 \times 216\,000 + 0 \times 3600 + 1 \times 60 + 5 \times 1 = 432\,065$$

他们加上 $\dfrac{1}{60}$、$\dfrac{1}{3600}$ 等分数的倍数来表示小数位。历史学家们将古巴比伦的

数字重新写成了如下形式：

$$2,0,1,5$$

同时，他们还使用分号";"来表示小数点。例如

$$14,30;15 = 14 \times 60 + 30 + \frac{15}{60} = 870\frac{1}{4}$$

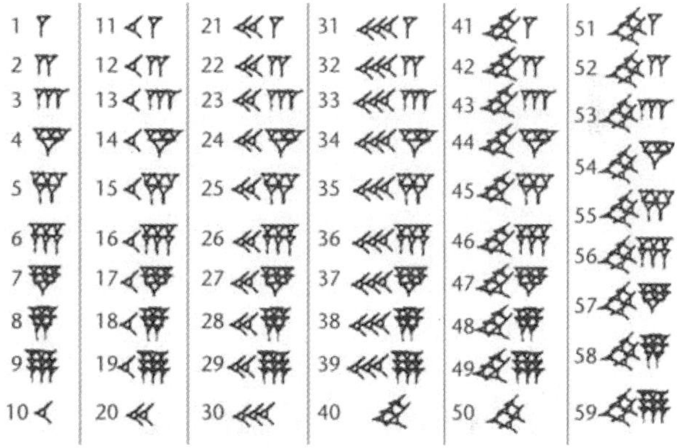

图 20　用古巴比伦楔形符号表示的数字 1 至 59

现在，我们开始讨论二次方程。在一块 4000 多年前的古巴比伦泥板上有一个问题："如果正方形的面积减去边长等于 14,30，求这个正方形的边长。"这个问题涉及未知数的平方（正方形的面积）以及未知数本身，因此它可以归结为二次方程。泥板解释了如何得到答案（表 4）。

表 4

古巴比伦的说明	现代记法
将 1 减半，得到 0;30	$\dfrac{1}{2}$
将 0;30 乘以 0;30，得到 0;15	$\dfrac{1}{4}$
将该数加上 14,30，得到 14,30;15	$(14 \times 60 + 30) + \dfrac{1}{4} = 870\dfrac{1}{4}$
得到的数是 29;30 的平方	$870\dfrac{1}{4} = \left(29\dfrac{1}{2}\right) \times \left(29\dfrac{1}{2}\right)$
将 0;30 与 29;30 相加	$29\dfrac{1}{2} + \dfrac{1}{2}$
得到结果等于 30，即正方形的边长	30

其中，最复杂的步骤是第 4 步，需要找到平方是 $870\dfrac{1}{4}$ 的数（即 $29\dfrac{1}{2}$）。$29\dfrac{1}{2}$ 是 $870\dfrac{1}{4}$ 的平方根。开平方是求解二次方程的主要工具。

上面的演示是古巴比伦数学的典型例子。它用具体的数字进行描述，但方法本身是通用的。如果按部就班地替换数字，沿用相同的步骤，你也可以求解其他二次方程。如果用现代代数记法，将数字替换成符号，那么一般的二次方程为

$$ax^2 + bx + c = 0$$

利用古巴比伦的方法可以得到解

$$x = \frac{-b \pm \sqrt{b^2 - 4ac}}{2a}$$

你可能发现了，这就是我们在学校里学过的公式。

第 3 章

三次方程

最小的奇质数是 3。三次方程的未知数有 3 次方（立方），它可以使用立方根和平方根求解。空间是三维的。用尺规作图是不可能把一个角三等分的。正好只有三种正多边形可以密铺平面。有八分之七的数是三个平方数之和。

最小的奇质数

最小的质数是 2，它是个偶数。接下来就是 3，它是最小的**奇**质数。因为 $3k$（k 是任意整数）可以被 3 整除，所以剩下的质数都满足 $3k+1$ 或 $3k-1$。不过，与 3 有关的趣事还有很多，我打算把与质数有关的内容放到第 7 章再讲。

三次方程

在意大利文艺复兴时期，有一项了不起的数学成就：人们发现了用包含立方根和平方根的代数公式求解一般三次方程的方法。

文艺复兴时期是一段知识变革和创新的时期。当时的数学家们也不例外，他们下决心要打破古典数学的限制。第一项重大突破就是找到了求解三次方程的方法。有好几个数学家找到了不同形式的求解方法，但他们都保守着秘密。最后，吉罗拉莫·卡尔达诺（也被称为杰尔姆·卡当）在其伟大的代数专著《大术》（*Ars Magna*）里把这些解法公开了。在卡尔达诺出版这本专著后，别人指控他窃取了他人的秘密——这并非不可能。卡尔达诺大约在 1520 年破产，于是，他利用自己在数学上的才华提高了赌博的胜率，转而将其作为经济来源。卡尔达诺是一位天才，但也是个无赖。不过，我们将会看到，他确实也有合理的借口"耍无赖"。

事情是这样的。1535 年，安东尼奥·菲奥尔和尼科洛·丰塔纳（他还有一个昵称"塔尔塔利亚"，是"结巴"的意思）参加了一场公开的竞赛，他们相互让对方求解三次方程。最终，塔尔塔利亚压倒性地战胜了菲奥尔。在当时，由于负数尚未被认可，因此三次方程被分为三种不同的类型。菲奥尔只知道如何求解其中的一种。其实，塔尔塔利亚最初也只会求解另外一种，但在竞赛前夕，他弄明白了如何求解所有类型。于是，塔尔塔利亚让菲奥尔求解一种他肯定不会的方程，从而彻底打败对手。

卡尔达诺在编写代数著作时，听说了这个竞赛。他觉得菲奥尔和塔尔塔利亚知道怎样求解三次方程。一想到这一史无前例的发现可能会大大地提升自己著作的影响力，卡尔达诺便请求塔尔塔利亚告诉自己求解方法。最终，塔尔塔利亚透露了这个秘密。他事后宣称，卡尔达诺已经承诺永远不会将其公之于众。但在卡尔达诺的《大术》一书里出现了这个方法，所以，塔尔塔利亚指控卡尔达诺剽窃。

然而，卡尔达诺有自己的解释——就算他曾做出过承诺，他也有足够的理由来规避这一点。他的学生洛多维科·费拉里发现了如何求解四次方程（见第 4 章），于是，卡尔达诺也希望把这一成果收入到书里。但是，费拉里的方法依赖于求解一个与之相关的三次方程，因此，卡尔达诺如果不发表塔尔塔利亚的方法，那就不可能发表费拉里的成果。这一定是件令人沮丧的事情。

后来他才知道，菲奥尔是西皮奥·德尔费罗的学生，据传他已经解决了全部三种三次方程，但只把其中一种类型的解法秘密传给了菲奥尔。德尔费罗未发表的论文归安尼巴莱·德尔纳韦所有。于是，卡尔达诺和费拉里于 1543 年前往博洛尼亚向德尔纳韦请教，并在论文里找到了求解这三种三次方程的方法——传言所说不假。这使得卡尔达诺能够得体地宣称，他发表的是德尔费罗的方法，而不是塔尔塔利亚的。

但塔尔塔利亚仍然觉得被欺骗了，于是长篇大论地抨击卡尔达诺。费拉里向其发出公开辩论的挑战，并毫不费力地取得了胜利。此后，塔尔塔利亚再也没有真正地恢复自己的名誉。

当给定 a 和 b 时，对于三次方程的特殊情况 $x^3 + ax + b = 0$ 而言，我们可以用现代符号写出卡尔达诺的解法。（如果有 x^2 项，可以用技巧消除它，因此这种情况其实可以代表所有方程。）方程的解为：[①]

$$x = \sqrt[3]{-\frac{b}{2} + \sqrt{\frac{b^2}{4} + \frac{a^3}{27}}} + \sqrt[3]{-\frac{b}{2} - \sqrt{\frac{b^2}{4} + \frac{a^3}{27}}}$$

它包括了立方根和平方根。在此我就不展开令人头大的细节了。数学是那么巧妙和优雅，这类代数则需要慢慢品味，你可以很容易地在教科书或网上找到它。

---

① 三次方程一般有 3 个根，这一公式只给出了其中一个。——译者注

空间的维度

欧氏几何研究两种不同的空间：将所有东西都严格限制在一张平整的纸上的平面几何，以及空间的立体几何。平面是二维的，点的位置可以由两个坐标 (x, y) 确定。我们生活的空间是三维的，点的位置由 3 个坐标 (x, y, z) 确定。

换言之，平面（像书里的一页纸或计算机屏幕一样的垂直放置）有两个相互独立的方向：左右和上下。空间有三个相互独立的方向：左右、前后和上下。

在长达两千多年的时间里，数学家们（和其他所有人）假设三维是最高的维度。他们确信不可能存在四维空间（见第 4 章），因为没有可以让第 4 个方向存在的空间。如果你认为有，那么请到那里动一动。然而，这种确信在现实物理空间和抽象数学的可能性之间造成了混乱。

根据正常人的直觉，空间的规则似乎与欧氏三维立体几何非常吻合。不过，我们的直觉受限于邻近的区域，根据爱因斯坦的理论，欧氏几何与大尺度物理空间的几何结构并不完全一致。在超越物理，进入数学概念的抽象世界时，我们很容易随心所欲地定义"空间"的维度数量——只需引入更多的坐标就行了。例如，在四维空间里，点是由 4 个坐标 (w, x, y, z) 确定的。我已经无法把它们画出来了——至少用常规方法是行不通的，但这只是物理空间和人类直觉的限制，并不是数学的限制。

值得一提的是，事实上，我们也不可能画出三维空间，因为纸张和计算机屏幕也是二维的。然而，尽管用于感光的视网膜其实也是二维的，但人类的视觉系统可以把二维投影想象成三维对象。因此，对人类而言，在平面上画三维图形的投影就已经够了——这几乎就是每只眼睛看到的世界。

你也可以发明类似的方法在纸上"画"四维图形，但这些图形需要许多解释，并且想要习惯它们，还需一点儿练习才行。

物理学家们最终意识到，在空间和时间上确定一个事件需要 4 个坐标，而不是 3 个：常规的 3 个坐标用来确定空间位置，第 4 个用来确定事件发生的时间。英国历史上的"黑斯廷斯战役"发生的位置大致在今天英国的 A271 和 A2100 公路交会处附近，即萨塞克斯南海岸的黑斯廷斯西北部。那个地点的经纬度提供了两个坐标。而战役是在地面上发生的，因此还有一个坐标表示海拔多少米——它是第 3 个空间坐标。于是，我们可以精确地在地球上确定它的位置。（在这里，我忽略了地球围绕太阳的公转、太阳在银河系里的旋转、银河系向仙女座的 M31 星系的运动，以及整个本星系群正被大吸引体①所吸引。）

不过，如果今天去那里，你不可能看到英国国王哈罗德二世击退诺曼底公爵威廉二世的场面，这是因为你所处的时间坐标不对。你需要第 4 个数字——1066 年 10 月 14 日，来确定这场战役的空间和时间。

因此，尽管物理空间只有三维，但时空有四维。

如果超过一般人的感知，空间也有可能和它看起来的不一样。当研究太阳系或其他星系时，爱因斯坦展示了在非常大的尺度下，空间是可以被引力弯曲的。这种几何结构和欧氏几何是不一样的。如今，在针对亚原子粒子的非常小的尺度下，物理学家们猜想空间还有额外的六或七维，只不过它们可能被卷曲得太紧，以至于人们无法察觉（见第 11 章）。

---

① 天文学家在 1986 年发现的天体，它的直径有 3 亿光年、质量相当于 1 万多个银河系。——译者注

不可能三等分角和倍立方体

在欧几里得的《几何原本》里，有大量几何问题的解答，但这本书里也有一些问题没有答案。比如，欧几里得给出了只用传统工具二等分角的方法——用一把没有刻度的尺和一把圆规将一个角分成相等的两部分（见第 $\frac{1}{2}$ 章），但他没有提供只用传统工具三等分角，即如何把一个角分成相等三部分的方法。他知道如何由一个立方体得到体积 8 倍于它的另一个立方体——只需将每条棱放大一倍，但他同样没有提供由一个立方得到体积 2 **倍**于它的立方体的方法，这个问题也被称为倍立方体问题。欧几里得最大的遗漏可能是"化圆为方"：求一个正方形，其面积等于一给定圆的面积（见第 π 章）。用现代术语来说就是：给定单位长度的线段，用几何作图得到长度为 π 的线段。

这就是三大"古代几何作图问题"。古人通过发明各种新工具来解决这些问题，但他们仍然不确定这些新工具是否真的有必要。能否只使用直尺和圆规来解决这三大问题呢？

最终人们证明，这三大问题是不能只用直尺和圆规来解决的。化圆为方问题特别难（见第 π 章）。另外两个问题依赖于数字 3 的一个特性：它不是整数的二次方。

用倍立方体问题来解释，可以更容易说明解题的基本思路。棱长为 x 的立方体体积为 x^3。因此，我们只需要求解方程 $x^3 = 2$。这很容易求解，答案是 2 的立方根：

$$\sqrt[3]{2} = 1.25992104989487316 4767\ldots$$

然而，它可以只用直尺和圆规画出来吗？

　　高斯在他经典的数论著作《算术研究》（*Disquisitiones Arithmeticae*）里提到，在给定单位长度的情况下，任何可以通过尺规作图得到的长度，都可以表示为求解一连串二次方程后得到的代数表达式。借助一些代数知识可以证明，这种长度必须是一个整系数的二次方程的解。粗略地说，每多一个二次方程都能使方程的阶数翻倍。

　　接下来是重点。方程 $x^3 = 2$ 的解是 2 的立方根，它是三阶的。因为它**不是 2 次方的**，所以这个长度无法通过尺规作图得到。皮埃尔·旺策尔把高斯过于琐碎的细节精炼了一下，在 1837 年写出了完整的证明。这里有一个技术要点：三次方程必须是"不可约的"，即没有有理数解。因为 $\sqrt[3]{2}$ 是无理数，这样就很容易处理了。

　　旺策尔用类似的方法还证明了无法三等分角。如果考虑等分 60° 角，利用三角学和代数学知识，我们可以得到三次方程

$$x^3 - 3x - 1 = 0$$

因为它的解也是无理数，所以尺规作图是不可能实现三等分角的。

可以密铺平面的正多边形数量

　　只有三种正多边形可以密铺平面：正三角形、正方形和正六边形（图 21）。

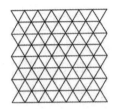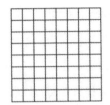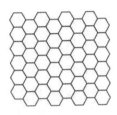

图 21　三种密铺平面的方法：正三角形、正方形和正六边形

证明很简单。正 n 边形内角的度数等于

$$180-\frac{360}{n}$$

前几个正多边形内角的度数分别是（表 5）：

表 5

n	$180-\dfrac{360}{n}$	形状名称
3	60	正三角形
4	90	正方形
5	108	正五边形
6	120	正六边形
7	128.57	正七边形
8	135	正八边形

接下来考虑这些多边形的密铺。在任意一个角上，都会有若干块图形相接，因此，这些多边形内角的度数必须是 360° 被某个整数整除后的值。于是，可能的度数如下（表 6）：

表 6

n	$\dfrac{360}{n}$	形状名称
3	120	正六边形
4	90	正方形
5	72	不是正多边形角的度数
6	60	正三角形
7	51.43	不是正多边形角的度数

　　请注意，在表 5 中，当边的数量 n 增加时，内角的度数也变大了，但在表 6 中，当 n 增加时，角的度数却在变小。从 7 开始，表 6 中角的度数都小于 60°。因此，接下来再也无法密铺了。

　　另一种解释是，3 个正五边形会留有空隙，但 4 个又会有重叠；2 个正八边形（或边数大于等于 7 的正多边形）会留有空隙，但 3 个也会有重叠（图 22）。所以，只有正三角形、正方形和正六边形可以正好拼在一起，完成密铺。

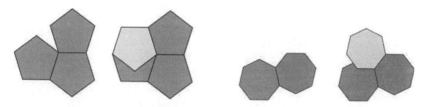

图 22　左图：3 个正五边形会留空隙；4 个会重叠。
　　　　右图：2 个七边形会留空隙；3 个会重叠。边数大于等于 8 时情况相同

三个平方数之和

许多自然数不是 2 个平方数之和（见第 2 章），那么 3 个平方数之和的情况是怎样的呢？大多数（不是全部）的自然数能写成 3 个平方数之和。前几个不能由 3 个平方数相加得到的数是：

7	15	23	28	31	39	47	55
60	63	71	79	87	92	95	103

同样，在这些数中也有一个规律，但这个规律也很难被发现。阿德里安 – 马里·勒让德于 1798 年发现了它。他指出，3 个平方数相加得到的数，恰好是那些**不是**形如 $4^k(8n+7)$ 的数。上面列出的那些不能由 3 个平方数相加得到的数都满足这种形式。例如，如果 $n=0$ 且 $k=0$，可以得到 7；如果 $n=0$ 且 $k=1$，可以得到 28，以此类推。勒让德的结论是正确的，但他的证明存在一个漏洞，它被高斯在 1801 年补上了。

不难证明，形如 $4^k(8n+7)$ 的数**不是** 3 个平方数之和。所有平方数除以 8 的余数一定是 0、1 或 4。因此，3 个平方数之和的余数可以通过任意选取这 3 个数相加得到，即余数可能是 0、1、2、3、4、5 和 6，但不包括 7。这说明，形如 $8n+7$ 的数需要 3 个以上的平方数。4^k 的证明稍微难一点。最难的是证明所有其他数的确是 3 个平方数之和。

当 n 变得非常大时，在小于 n 且可以由 3 个平方数相加得到的数的比值趋近于 $\frac{7}{8}$。当 n 很大时，系数 4^k 并不足以影响这个比值，继而使极限值发生变化，也就是说，在除以 8 以后的 8 个余数里，只有一个数是例外。

第 4 章

平方

在 0 和 1 之后的第一个完全平方数是 4。所有在平面上的地图用四种颜色着色，就能让地图上任意相邻区域的颜色不同。所有正整数都是 4 个平方数之和。在允许负整数的情况下，人们猜想它们也是 4 个立方数之和。包含未知数的四次方的四次方程，可以用立方根和平方根求解（四次方根就是平方根的平方根）。基于 4 个独立的量的四元数，符合**几乎**所有常规代数法则。第四维可以存在吗？

完全平方数

数 4=2×2 是一个完全平方数（见第 2 章）。平方数在数学里占据着非常重要的地位。毕达哥拉斯定理指出，在直角三角形中，最长边的平方等于另外两条边的平方和。因此，平方数是基础，特别是在几何领域。

平方数有许多隐含的规律。请看下面这些连续平方数的差：

$$1-0=1$$
$$4-1=3$$
$$9-4=5$$
$$16-9=7$$
$$25-16=9$$

这些数字是什么数呢？它们都是奇数，比如：

$$1 \quad 3 \quad 5 \quad 7 \quad 9$$

另一个有趣的规律则是上面的直接推论：

$$1=1$$

$$1+3=4$$

$$1+3+5=9$$

$$1+3+5+7=16$$

$$1+3+5+7+9=25$$

如果我们将不大于某个特定数的所有奇数相加，得到的会是一个平方数。

有一种用点表示的方法（图 23 左）能帮助大家理解为什么上述两个结论都成立，而且还能说明它们之间有什么样的联系。当然，我们也可以通过代数方法来证明。

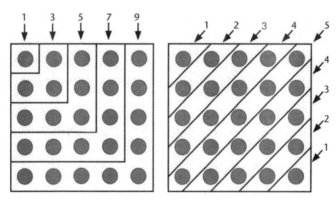

图 23　左图：1+3+5+7+9；右图：1+2+3+4+5+4+3+2+1

平方数还有一个漂亮的规律：

$$1=1$$
$$1+2+1=4$$
$$1+2+3+2+1=9$$
$$1+2+3+4+3+2+1=16$$
$$1+2+3+4+5+4+3+2+1=25$$

它同样也可以用点来帮助理解（图 23 右）。

四色定理

　　大约 150 年前，有一些数学家开始研究地图。他们研究的内容不是如何制作精确的世界地图，或是怎样在一张纸上画出圆球体之类的传统问题，而是总体上一些非常模糊的地图问题。其中一个问题是，该怎样着色，才能使拥有公共边界线的各区域颜色不同。

　　有些地图不需要很多颜色。国际象棋的棋盘状方块能构成一种十分规则的地图，它只需要两种颜色，即通常的黑色和白色。由圆相互重叠构成的地图也只需要两种颜色[1]。但当各区域不那么规则时，两种颜色就不够了。

　　例如，在由 50 个州组成的美国地图中，显然，如果每个州作为一块区域，并用一种颜色，那么 50 种颜色一定能行，但是用的颜色可以更少。我们试着为各块区域着色，看看最少需要几种颜色。这里需要明确一个技术细节：如果州与州之间仅仅交于一点，比如科罗拉多州和亚利桑那州，那么只要你愿意，它们是允许使用相同颜色的。因为，它们没有公共**边界线**。[2]

---

[1]　参见《数学万花筒 3：夏尔摩斯探案集》，人民邮电出版社，2017 年。——译者注

[2]　这时，您可能需要想象一幅美国地图，为便于读者理解，请登录图灵社区，阅读译者写的相关文章《美国地图中的四色定理》。——译者注

同样以美国地图为例，还可以再说明一些简单的通用原则。阿拉斯加州和夏威夷州实际上没什么用，因为它们和其他州完全分开：我们可以给它们随便用什么颜色。更重要的是，我们显然需要至少 3 种颜色。因为犹他州、怀俄明州和科罗拉多州必须都使用不同的颜色，它们两两之间都有公共边界线。

我们要为这 3 个州选取 3 种颜色。只要是不同的，无所谓是什么颜色。因此可以假设犹他州用黑色、怀俄明州用深灰色、科罗拉多州用中灰色。

为了论证的需要，我们假设地图的剩余部分也只用这 3 种颜色。那么，内布拉斯加州要用黑色的，因为它与深灰色和中灰色区域有公共边界线。这将使得南达科他州必须得用中灰色。继续使用这个规则，可以把蒙大拿州、爱达荷州、内华达州、俄勒冈州和加利福尼亚州都涂上颜色，这些新着色区域的颜色都只有唯一的可能。

与亚利桑那州接壤的各州用到了中灰色、深灰色和黑色。因为到目前为止，所有颜色都是由相邻各州的颜色决定的，所以整幅地图无法只用 3 种颜色。因此，我们需要用到第 4 种颜色——也就是浅灰色——才能继续。

除了阿拉斯加州和夏威夷州，还有 48 个州需要着色，有可能在某个州需要第 5 种颜色，甚至是第 6 种……谁知道呢？然而，用 4 种颜色改变了整个游戏。具体而言，之前分配的某些颜色是可以修改的（例如，怀俄明用浅灰色）。颜色的选择不再是必须唯一确定的因素，因此整个问题变得更难分析。然而，只要猜测合理，并且遇到问题时调整颜色，我们仍可以继续。最终，存在一种着色方案，它只有 3 个浅灰色州：亚利桑那州、西弗吉尼亚州和纽约州。虽然这里有 50 个州，但我们仍然可以只用 4 种颜色为整幅地图完成着色。

还有一个技术要点：密歇根州被密歇根湖隔开，变成两块不相连的区域。虽然在这里它们都用了深灰色，但是不相连的区域有时候会需要更多颜色。这在完整的数学理论里是需要考虑的，但是此处不太要紧。

美国地图不算特别复杂，我们可以想象那种有几百万块区域、每块区域都歪歪扭扭，而且到处有许多突出部分的地图。可能它们会需要更多种颜色。然而，考虑过这些可能性的数学家们形成了一种坚定的信念，那就是不管地图有多复杂，绝对不会需要多于 4 种颜色。无论地图是画在平面上还是球面上，只要是连着的区域，4 种颜色就够了。

四色问题简史

四色问题起源于 1852 年。当时，年轻的南非数学家和生物学家弗朗西斯·格斯里正在尝试为英国地图上的郡县着色。他发现似乎 4 种颜色总是够的，于是他问弟弟弗雷德里克这是否是一个已知的事实。弗雷德里克又去请教杰出而又古怪的数学家奥古斯都·德摩根。德摩根也不知道，因此他写信给另一位更著名的数学家威廉·罗恩·哈密顿爵士。然而哈密顿也不清楚，老实说，他似乎也不感兴趣。

1879 年，阿尔弗雷德·肯普律师发表了一篇自认为证明了 "4 种颜色就够了" 的论文。然而，珀西·希伍德在 1889 年发现肯普犯了一个错误。他指出，按照肯普的方法可以证明 5 种颜色总是够的。随后，这个问题便沉寂了一个世纪。答案就在 4 和 5 之间，但没有人知道究竟是哪个。其他数学家沿用了肯普的方法，但他们很快就发现这种方法需要大量烦琐的计算。最终，沃尔夫冈·哈肯和肯尼斯·阿佩尔利用计算机解决了这个问题。4 种颜色总是够的。

由于这一开创性的工作，数学家们开始习惯于计算机辅助。当然，数学家仍然**更倾向于**纯粹使用人脑，但多数人不再认为这是必须的。直到 20世纪 90 年代，在阿佩尔和哈肯的证明里还有许多让人觉得不安的内容。于是在 1994 年，尼尔·罗伯逊、丹尼尔·桑德斯、保罗·西摩尔和罗宾·托马斯决定用同样的基本策略和简化了的条件来重做整个证明。如今的计算机的运算速度已经非常快，整个证明只需要在家用计算机上运行几个小时就能被验证。①

四平方数定理

在第 2 章和第 3 章，我们分别看到了 2 个平方数之和以及 3 个平方数之和的性质。然而，对 4 个平方数之和而言，你不再需要关心相加所得的数的性质了。所有数都是可以的。

每多一个平方数都能得到更多数，所以，4 个平方数之和至少应该能填补一些空缺。实验表明，从 0 到 100 的**所有**数都可以用 4 个平方数之和得到。例如，尽管 7 不是 3 个平方数之和，但它可以是 4 个平方数之和：

$$7=4+1+1+1$$

这些实验能成功，可能是因为用的数太小了。说不定更大的数会需要 5 个、6 个乃至更多的平方数呢？答案是否定的。再大的数也只需要 4 个平方数。数学家们曾寻找过对所有正整数都成立的证明。1770 年，约瑟夫·路易·拉格朗日找到了一个证明。

---

① 关于四色定理问题和计算机证明，请参阅《计算进化史》（人民邮电出版社，2017年）。——编者注

四立方数猜想

人们猜测 4 个立方数也有类似的定理，不过它需要一个额外的条件：正负立方数都可以使用。因此，这个猜想变成了："所有整数都是 4 个整数的立方之和。"所谓整数，在这里可以是正整数、负整数或零。

1770 年，爱德华·华林在他的《代数沉思录》(*Meditationes Algebraicae*) 里首次尝试将四平方数定理推广到立方数。他在没有证明的情况下断言，所有整数都可以由 4 个平方数、9 个立方数、19 个四次方数，以及其他高次方数组成。他假设相关数只能是正整数或零。这个断言后来被称为"华林问题"。

负数的立方也是负数，于是产生了新的可能性。例如

$$23 = 2^3 + 2^3 + 1^3 + 1^3 + 1^3 + 1^3 + 1^3 + 1^3 + 1^3$$

需要 9 个正立方数，但是如果允许负数的话，则只需要 5 个：

$$23 = 27 - 1 - 1 - 1 - 1 = 3^3 + (-1)^3 + (-1)^3 + (-1)^3 + (-1)^3$$

事实上，23 可以只用 4 个立方数表示：

$$23 = 512 + 512 - 1 - 1000 = 8^3 + 8^3 + (-1)^3 + (-10)^3$$

当允许用负数时，一个很大的正数可以正好被另一个很大的负数抵消。因此，原则上相关的立方数可以比目标数大很多。例如，如下所示，我们可以用 3 个立方数表示 30：

$$30 = 2\,220\,422\,932^3 + (-283\,059\,965)^3 + (-2\,218\,888\,517)^3$$

但不同于正数，我们不可能通过有限次的系统化尝试来解决这类问题。

实验使得一些数学家猜想，**所有**整数都是 4 个整数的立方和。不过，虽然没人能证明，但例证非常多，并且人们也已经取得了一些进展。只要能够证明所有正整数都成立就够了（当然，立方数可以是正数和负数），因为有 $(-n)^3 = -n^3$。所有由立方数相加得到的正整数 m，只需要改变每个立方数的符号，就可以得到 $-m$。通过计算机计算，人们验证了所有不大于一千万的正整数都是 4 个立方数之和。1966 年，捷米亚年科证明了，只要不是 $9k \pm 4$ 的数，就都可以由 4 个立方数表示。

甚至，不能用 4 个**正**立方数或**零**相加表示的数的数量也可能是有限多的。2000 年，让 – 马克·德苏耶尔、弗朗索瓦·埃内卡尔、贝尔纳·朗德罗和古斯蒂·普图·普尔纳巴猜想，不能如此表示的最大数是 7 373 170 279 850。

四次方程

卡尔达诺与三次方程的故事（见第 3 章）也涉及了四次方程，这种方程的未知数最高达到了 4 次方：

$$ax^4 + bx^3 + cx^2 + dx + e = 0$$

卡尔达诺的学生费拉里解决了这种方程。完整的公式可以参见

http://en.wikipedia.org/wiki/Quartic_function

如果你去看一下，就会明白为什么我不在这里把它们列出来。

费拉里求解四次方程的方法与一个相关三次方程有关。因为拉格朗日是第一个说明为什么求解对应的三次方程可行的数学家，所以如今它被称为"拉格朗日预解式"。

四元数

我在前言里曾提到，通过发明新的数的类型，不断扩大数系，人们最终定义了 -1 的平方根，把数系拓展到了复数（见第 i 章）。复数在物理学有着广泛的应用。但它受到的限制很大——所有方法都被限制在二维平面上。然而，空间是三维的。19 世纪，数学家们尝试研究一种三维数系以拓展复数。在当时，这似乎是个好主意，但无论他们怎么尝试都没什么效果。

才华横溢的爱尔兰数学家威廉·罗恩·哈密顿对发明一种可以使用的三维数系尤其感兴趣，他在 1843 年有了一些灵感。他搞清楚了创造这种数系所面临的两个不可避免的阻碍：

■　三维不可行；

■　必须放弃一条算术标准规则，也就是乘法的交换律，即 $ab = ba$。

在灵感产生的时候，哈密顿正在沿着一条运河的纤道步行前往爱尔兰皇家科学院。当时，他的脑海里正翻滚着恼人的三维数系难题。突然，哈密顿意识到三维不可行，不过**四维**倒是可以，但是，必须得放弃乘法的交换律。

这真是一个灵光闪现的时刻。洞察这一惊人的事实后，哈密顿停了下来，在一座石桥上刻下了下列公式：

$$i^2 = j^2 = k^2 = ijk = -1$$

他称这个数系为**四元数**，因为它们有四个分量。其中的三个是 i, j, k，另外一个是实数 1。一个典型的四元数就像

$$3 - 2i + 5j + 4k$$

它由四个实数作为系数（在这里是 3、–2、5、4）。对这样的"数"做加法很简单，乘法也很容易——只要使用哈密顿刻在桥上的公式就可以了。你所需要的只是那些公式的一些结论，即：

$$i^2 = j^2 = k^2 = -1$$

$$ij=k \qquad jk=i \qquad ki=j$$

$$ji=-k \qquad kj=-i \qquad ik=-j$$

另外，所有数乘以 1 都保持不变。

请注意，例如 ij 和 ji 是不相等的，所以不符合交换律。

尽管在一开始，你可能会不习惯没有交换律，但这并不会造成严重的问题。你只需在写和计算的时候注意这些顺序。在当时，一些新的数学领域正在出现，它们也不符合交换律。因此，这个概念并非首创，当然也就不是令人难以接受的了。

哈密顿觉得四元数很奇妙，但其他大多数数学家起初认为它有些古怪。结果证明，四元数对解决三维（或四维）空间的物理问题并不是很有用。虽然四元数并非一无是处，但它缺乏像复数在二维空间里那样的广泛性和通用性。哈密顿曾利用 i、j 和 k 构造三维空间，并取得了一些成果，但它后来被矢量代数所取代。矢量代数在应用数学等科学领域里成了标准。不过，四元数在纯数学领域还是非常重要的，它们也被应用于计算机图形学，为在空间里旋转对象提供了简便的方法。它们还和四平方数定理之间存在着一些有趣的关系。

哈密顿并没有把四元数叫作"数"，因为在那时出现了许多不同的类数代数系统。四元数是如今被称为"可除代数"中的一个例子。所谓可除代数是指可以进行加、减、乘、除（不能除以 0），并且遵循几乎所有算术基本规则的代数系统。四元数集合的符号是 $\mathbb{H}$（四元数的英文是 quaternion，但 $\mathbb{Q}$ 早已代表有理数集，所以就用哈密顿名字的首字母来代表它）。

实数、复数和四元数的维度分别是 1、2 和 4。在这个序列中，下一个数显然应该是 8。那么，有没有 8 维的可除代数呢？答案当然是肯定的。八元数，也被称为凯莱数，就是这样的代数系统。它的符号是 $\mathbb{O}$。不过，又有一个算术规则被取消了，那就是结合律 $a(bc) = (ab)c$。并且，这个序列就此终结——不存在 16 维的可除代数。

近来，四元数和八元数重新走进了人们的视线，因为它们与量子力学和基本粒子物理关系密切。这个物理领域的关键是物理定律的对称性，而这两种代数系统正好有着重要且不同寻常的对称。例如，如果将 i、j 和 k 记作 j、k 和 i，那么四元数的规则保持不变。进一步研究证明，只要适当地组合 i、j 和 k，事实上它们是可以替换的。由此生成的对称与三维空间的旋转之间有着非常紧密的关系。制作电子游戏的图形软件常常利用四元数来实现这一目的。八元数在七维空间里的旋转情况与之类似。

四维

自古以来，人们就已经认识到物理空间是三维的（见第 3 章）。在很长一段时间里，人们觉得存在四维空间或更高维度空间的假设很可笑。然而到了 19 世纪，这一传统观念被越来越多地反思，许多人对四维空间的可能性开始产生兴趣。这些人里不光有数学家，甚至不仅有科学家，还有哲学家、神学家、相信鬼魂的通灵师，以及一些骗子。第四维为上帝、亡灵或鬼魂提供了貌似合理的存在空间。它们并不在这个宇宙，而就在隔壁，轻轻松松就能往来其间。江湖骗子们用诡计"证明"他们能进入这一新维度。

　　大于三维的"空间"概念或许可以拥有合乎逻辑的解释——无论它们是否与真实世界一致。这一概念首先发端于数学，这还要感谢像哈密顿的四元数那样的新发现。在 19 世纪早期，人们已经没必要在三维空间里止步不前了。想一想坐标吧。在平面上，任何点的位置都可以仅由两个实数 x 和 y 组成的坐标 (x, y) 表示（图 24）。

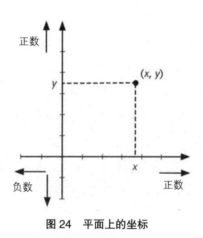

图 24　平面上的坐标

　　想要表示三维空间，只需在前后方向上加入第 3 个坐标 z。于是，可以得到三个实数 (x, y, z)。

　　对于画几何图形而言，这似乎就是终点了。但是，写 4 个数 (w, x, y, z) 却很容易。同样，5 个、6 个数也一样，只要有足够的时间和纸，甚至可以写 100 万个数。最终，数学家们意识到，可以用 4 个数去**定义**一个抽象的"空间"，只要这样定义，那么这个空间就是四维的。如果用 5 个坐标，就可以得到 5 维空间，以此类推。这类空间甚至还有一个合理的几何概念，它的定义与二维和三维的毕达哥拉斯定理类似。在二维空间，该定理定义了点 (x, y) 和点 (X, Y) 之间的距离是

$$\sqrt{(x-X)^2 + (y-Y)^2}$$

在三维空间，类似的点 (x, y, z) 和点 (X, Y, Z) 之间的距离是

$$\sqrt{(x-X)^2 + (y-Y)^2 + (z-Z)^2}$$

据此，两个四维坐标 (w, x, y, z) 和 (W, X, Y, Z) 之间的距离貌似比较合理的定义应该是

$$\sqrt{(w-W)^2 + (x-X)^2 + (y-Y)^2 + (z-Z)^2}$$

这说明，构造出来的这些几何不仅自洽，而且与欧氏几何非常相似。

在这里，基本概念是通过代数化地使用 4 个坐标定义的，这保证了它们具有逻辑意义。然后，利用与二维和三维相似的代数公式做类似的**解释**，使它们具有了几何"意义"。

例如，在平面上，单位正方形的 4 个顶点的坐标分别是

$$(0, 0)\ (1, 0)\ (0, 1)\ (1, 1)$$

它们是由 0 和 1 构成的所有可能的 2 个数字组合。在空间里，单位立方体顶点的坐标分别是

$$(0, 0, 0)\ (1, 0, 0)\ (0, 1, 0)\ (1, 1, 0)$$
$$(0, 0, 1)\ (1, 0, 1)\ (0, 1, 1)\ (1, 1, 1)$$

它们是由 0 和 1 构成的所有可能的 3 个数字组合。类似地，一个四维空间里的**超立方体**用到了由 0 和 1 构成的所有可能的 4 个数字组合

$$(0, 0, 0, 0)\ (1, 0, 0, 0)\ (0, 1, 0, 0)\ (1, 1, 0, 0)$$
$$(0, 0, 1, 0)\ (1, 0, 1, 0)\ (0, 1, 1, 0)\ (1, 1, 1, 0)$$
$$(0, 0, 0, 1)\ (1, 0, 0, 1)\ (0, 1, 0, 1)\ (1, 1, 0, 1)$$
$$(0, 0, 1, 1)\ (1, 0, 1, 1)\ (0, 1, 1, 1)\ (1, 1, 1, 1)$$

这个形状的另外一个通用名字叫**四次元立方体**（见第 6 章）。

我们可以根据这个定义对生成的对象进行分析。它很像一个立方体，只不过维度更高。例如，立方体是用 6 个正方形拼出来的形状；类似地，超立方体是由 8 个正方体拼出来的。

遗憾的是，由于物理空间是三维的，因此我们不可能做出一个真正的超立方体模型。这个问题就像是我们无法在一张纸上画出真正的立方体一样。不过，我们可以画一种"投影"来替代它，就如同摄影作品或艺术家在平坦的纸面和画布上作画一样。我们可以沿着立方体的某些棱边将其切开，然后再把它展平，从而得到一个由 6 个正方形组成的类似于十字架的图形（图 25）。

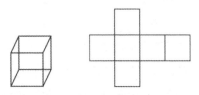

图 25　立方体。左图：在二维空间的投影；右图：展开后可以得到 6 个正方形的面

对超立方体的处理方式也相仿。我们可以画出它在三维空间的投影，

这个投影是立体的，但也可以用线段把它画在平面上。我们还可以将其"展开"成 8 个立方体"面"。我承认，要理解如何在四维空间里将这些立方体"折起来"有点困难，但超立方体的顶点坐标可以说明问题（图 26）。

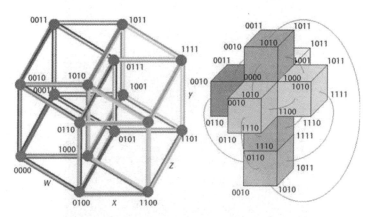

图 26　超立方体。左图：投影到二维空间；右图：展开后可以得到 8 个立方体"面"。0 和 1 组成的数字串代表坐标

超现实主义艺术大师萨尔瓦多·达利用类似没有折起来的超立方创作了几个作品，其中最具代表性的是 1954 年创作的《受难日》（也称《圣体超立方》，见图 27）。

图 27　达利的《受难日》

第 5 章

毕达哥拉斯斜边

毕达哥拉斯三角形是指有一个角是直角且所有边的边长都是整数的三角形。最简单的毕达哥拉斯三角形长边为 5，另外两条边分别是 3 和 4。存在 5 种正多面体。五次方程是一种未知数有五次方的方程，它**无法**用五次方根或其他次方根求解。平面和三维晶格不存在五重旋转对称，因此这种对称不会出现在晶体中。不过，它可以出现在四维空间的晶格里，也能出现在一种被称为准晶体的奇特结构中。

最小毕达哥拉斯三元组的斜边

毕达哥拉斯定理指出了直角三角形的最长边（烦人的斜边）与另外两条边之间有着简洁而又漂亮的关系：**斜边的平方等于另外两条边的平方和**。

在西方，这个定理传统上是以毕达哥拉斯命名的，但实际上，它的历史很含糊。古巴比伦泥板表明，古巴比伦人知道这个定理的时间远早于毕达哥拉斯。毕达哥拉斯之所以能得到这个荣誉，是因为他组建了一个数学学派——毕达哥拉斯学派，这个学派认为"万物皆数"。该学派的人在写东西时，把各式各样的数学定理都归功于毕达哥拉斯学派，并延伸到毕达哥拉斯本人，但人们并不知道哪些数学内容是毕达哥拉斯本人发现的。我们甚至不知道毕达哥拉斯学派是否会证明"毕达哥拉斯的"定理，还是他们只不过认为它成立而已。或者，更有可能的是，他们有令人信服的证据，但并不符合今天人们对所谓"证明"的要求。

毕达哥拉斯定理的证明

已知第一个关于毕达哥拉斯定理的证明见于欧几里得的《几何原本》。这个证明相当复杂，它涉及一个被英国维多利亚时期的学生们称为"毕达哥拉斯裤衩"的图形，之所以这样称呼，是因为它看起来就像一条挂在晾衣绳上的内裤（图28）。已知的证明差不多数以百计，其中的大部分都使定理更容易理解。

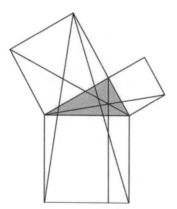

图 28　毕达哥拉斯裤衩

有一种数学拼图游戏是最简单的证明之一。先将任意直角三角形复制4份，然后把它们拼到一个正方形里。一种拼法可以让斜边组成一个正方形

（图 29 左）；而在另一种拼法里，则可以看到由另外两条边分别构成了两个
正方形（图 29 右）。显然，左图正方形的面积与右图两正方形面积之和是
相等的。

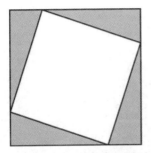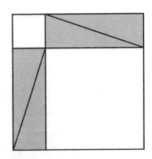

图 29　左图：由斜边组成的正方形（加上 4 个三角形）。右图：由另外两条
　　　　边分别构成的正方形（加上 4 个三角形）。最后把三角形都去掉

另一种拼图证明方法被称为佩里加尔分割（图 30）。

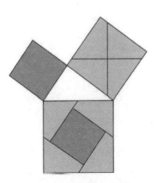

图 30　佩里加尔分割

还有一种利用规则密铺的证明方法（图31）。它很可能是毕达哥拉斯学派或某位先贤最初发现这个定理的原因。如果你仔细观察一个斜正方形是如何覆盖另外两个正方形的，那么就会发现大正方形做怎样的分割后，可以重新拼成两个较小正方形。你还能发现，直角三角形的3条边长分别是3种正方形的边长。

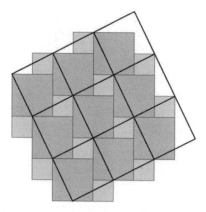

图31　利用规则密铺证明

其他还有一些用相似三角形或三角学的巧妙证明，已知至少有50种完全不同的证明方法。

毕达哥拉斯三元组

毕达哥拉斯定理在数论领域引出了一个富有成果的概念：寻找代数方程的整数解。一个毕达哥拉斯三元组是指由3个整数a, b, c构成的一组

数，使得

$$a^2 + b^2 = c^2$$

这个三元组在几何上定义了一个边长都是整数的直角三角形。

在毕达哥拉斯三元组中，斜边最小值等于 5。它的另外两条边分别是 3 和 4。它们满足

$$3^2 + 4^2 = 9 + 16 = 25 = 5^2$$

第二小的斜边等于 10，因为

$$6^2 + 8^2 = 36 + 64 = 100 = 10^2$$

不过，这两个三角形基本上是一样的，将第一个三角形的边长扩大一倍就是第二个。第三小的斜边等于 13，它与前两个完全不同

$$5^2 + 12^2 = 25 + 144 = 169 = 13^2$$

欧几里得知道存在无穷多种完全不同的毕达哥拉斯三元组，他给出了一个公式来找到所有这样的三元组。后来，亚历山大的丢番图又对欧几里得的方法做了简化，不过它们的本质是一样的。

任意取两个整数，构造步骤如下：

- 将这两个数相乘后再乘以 2；
- 将这两个数平方后相减；
- 将这两个数平方后相加。

以上得到的 3 个数就是毕达哥拉斯三角形的 3 条边长。

例如，假设选取的数是 2 和 1，于是有：

- 将这两个数相乘后再乘以 2，$2 \times 1 \times 2 = 4$；
- 将这两个数平方后相减，$2^2 - 1^2 = 3$；
- 将这两个数平方后相加，$2^2 + 1^2 = 5$。

以上可以得到著名的 3-4-5 三角形。如果将选取的数改成 3 和 2，那么有：

- 将这两个数相乘后再乘以 2，$3 \times 2 \times 2 = 12$；
- 将这两个数平方后相减，$3^2 - 2^2 = 5$；
- 将这两个数平方后相加，$3^2 + 2^2 = 13$。

以上可以得到第二著名的 5-12-13 三角形。继续将选取的数改成 42 和 23，那么可以得到：

- 将这两个数相乘后再乘以 2，$42 \times 23 \times 2 = 1932$；
- 将这两个数平方后相减，$42^2 - 23^2 = 1235$；
- 将这两个数平方后相加，$42^2 + 23^2 = 2293$。

而这个 1235-1932-2293 三角形就没什么人听说过了。但这些数是满足要求的：

$$1235^2 + 1932^2 = 1525\,225 + 3\,732\,624 = 5\,257\,849 = 2293^2$$

丢番图的方法最后还有一个补充，这个补充其实之前就提到过：先算出满足要求的 3 个数，然后再另外任选一个整数，将其分别乘以那 3 个数。这样，所得的仍是毕达哥拉斯三元组，例如，3-4-5 三角形就可以通过乘以 2 变成 6-8-10 三角形，或者，乘以 5 变成 15-20-25 三角形。

上述方法也可以用代数式表示。假设 u、v 和 k 都是整数（且 $u > v$），那么直角三角形的直角边分别等于

$$2kuv \text{ 和 } k(u^2 - v^2)$$

其中斜边等于

$$k(u^2+v^2)$$

还有别的方法可以表示这个基本概念，但它们都万变不离其宗。用它可以得到所有毕达哥拉斯三元组。

正多面体

正多面体恰好只有 5 种。

普通的立体图形（多面体）是有有限多个平（坦）面的立体形状。面和面相交而成的线称为棱边；棱和棱相交而成的点称为顶点。

《几何原本》的高潮部分，是关于**恰好只有** 5 个正多面体的证明。在所谓的正多面体中，所有面都是相同的正多边形（角的大小相同、边的长短一样），而且每个顶点均由各个面以相同的排列围成。这 5 种正多面体（也叫正立体图形）分别是（图 32）：

- 正四面体，有 4 个正三角形面、4 个顶点，以及 6 条棱边；
- 正立方体（正六面体），有 6 个正方形面、8 个顶点，以及 12 条棱边；
- 正八面体，有 8 个正三角形面、6 个顶点，以及 12 条棱边；
- 正十二面体，有 12 个正五边形面、20 个顶点，以及 30 条棱边；
- 正二十面体，有 20 个正三角形面、12 个顶点，以及 30 条棱边。

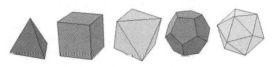

图 32　5 种正多面体

正多面体存在于自然界中。1904 年，恩斯特·海克尔发表了一些被称为"放射虫"的微小生物体的图画，它们就像是 5 种正多面体（图 33）。不过，海克尔也许修饰得有点过头了，所以它们不可能是真正的生物。前 3 种正多面体也会在晶体中出现。尽管有时候会发现**不规则**十二面体的晶体，但正十二面体和正二十面体的晶体并不存在。正十二面体还会见于准晶体中，准晶体除了原子不能形成周期性晶格之外，其他性质和晶体类似。

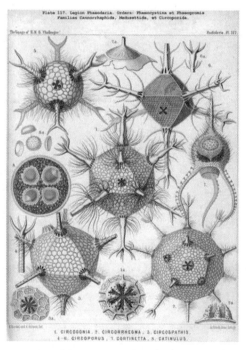

图 33 海克尔绘制的放射虫，形状像正多面体

在卡纸上裁出一组相连的面——这种图形也被称为多面体**网格**，然后沿棱边折叠，最后把对应的棱边粘在一起，把它做成正多面体模型，这是一件很有趣的事情。如图 34 所示，你可以在每组对应的棱边中选一侧增加些褶边用于涂抹胶水，这样组装时会比较方便，或者，你也可以使用胶带。

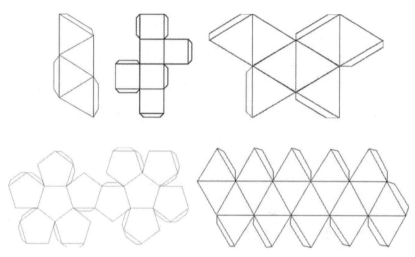

图 34 正多面体网格

五次方程

不存在可以求解任意 5 阶方程（五次方程）的代数公式。

一般的五次方程如下所示：

$$ax^5 + bx^4 + cx^3 + dx^2 + ex + f = 0$$

问题在于，如何找到求解方程的公式（方程的解最多有 5 个）。根据求解二次、三次和四次方程的经验，人们认为应该有求解五次方程的公式，它可能会包含五次方根、立方根和平方根。而这种公式极有可能非常复杂。

然而，这种预期最终被证明是错的。事实上，根本不存在这样的公式——至少不能通过对系数 a、b、c、d、e 和 f 运用加、减、乘、除和开方得到这样的公式。因此，数字 5 确实拥有与众不同之处。这个例外有着很深层次的原因，人们花了很久才搞明白。

这个问题很难显露出来。它存在的第一个征兆是，当数学家尝试寻找这样的公式时，不管他多么聪明，总会失败。有一段时间，所有人都假设它是存在的，只不过因为公式过于复杂，没有人能正确地把它写成代数式。然而，终于有些数学家开始怀疑它是否存在了。最后，尼尔斯·亨德里克·阿贝尔在 1823 年成功地证明了它并不存在。此后不久，埃瓦里斯特·伽罗瓦找到了判断任意次方程是否存在这类公式的方法——不管是五次、六次、七次，还是其他次方程。

最终的结果是，数字 5 很特别。人们可以对阶数是 1、2、3 和 4 的代数方程求解（使用不同的 n 次方根），但对阶数是 5 的方程**行不通**。这种明显的规律失效了。

毫无疑问，阶数大于 5 的方程情况也很糟糕，它们也面临着相同的问题：求解的公式不存在。但这并不意味着没有解，而且也不是说不可能找到非常精确的数值解。它只是说，传统代数工具是有局限性的。这就像用尺规作图无法完成三等分角一样。答案是**存在的**，但是用规定的方法不足以把它表示出来。

晶体局限定理

晶体在二维和三维空间里不存在五重旋转对称。

在晶体中的原子成晶格状排列。所谓"晶格"是一种在几个独立的方向上周期性重复的结构。例如，墙纸图案是沿着纸张卷起的方向重复的，但它常常也在斜向上重复，不过，周期性可能会在两张墙纸之间中断。墙纸实际上像是二维晶体。

在平面上，一共有 17 类不同的墙纸图案（见第 17 章）。它们的区别在于对称方式不同，即在严整地移动图案后，正好能完全覆盖原始图案的方式。其中一类被称为旋转对称，这种对称需要在一个点（旋转中心点）上按某个固定角度旋转。

旋转对称的阶数是指让一切都回到起点时，所必须旋转的次数。例如，旋转 90° 的阶数是 4。在晶体晶格的所有旋转对称中，5 这个数字很奇特，因为它不存在。阶数是 2、3、4 和 6 的旋转对称图案都是存在的，但不可能有五重旋转对称。所有阶数大于 6 的旋转对称也不存在，但第一个缺口出现在 5。

三维空间里的晶体形状也是如此（图 35）。在三维里，晶格在 3 个独立方向上重复。有 219 种不同的对称类型，如果认为某个形状的镜像与原始形状是不同的，也就是不包含反射对称的话，会有 230 种。在三维旋转对称中，存在的阶数也是 2、3、4 和 6，**不包括** 5。这种情况被称为"晶体局限定理"。

在四维空间里，五重对称晶格是存在的，并且只要维度足够高，任意给定阶数的晶格都可以存在。

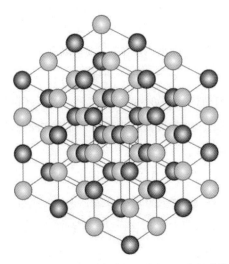

图 35　食盐的晶体晶格。黑色球体：钠离子；浅色球体：氯离子

准晶体

尽管五重旋转对称不可能出现在二维或三维晶格中，但它可以出现在一些稍微不规则的结构里，这种结构被称为准晶。根据开普勒的初期研究，罗杰·彭罗斯发现在平面上存在一种五重对称的一般类型。人们称其为**准晶体**。

准晶体存在于自然界中。1984 年，丹尼尔·舍希特曼发现一种铝锰合金可以形成准晶体。晶体学家们最初表示怀疑，但当该发现被确认后，舍希特曼便于 2011 年获得了诺贝尔化学奖。2009 年，卢卡·宾迪带领的一支研究团队在俄罗斯科尔亚克山脉的矿石中发现了准晶体，它是由铝、铜和铁组成的。如今，这种矿石被称为"二十面石"（图 36）。人们通过大量的光谱分析测量出不同的氧同位素的比例，发现这种矿石并非源于地球。矿石大约成形于 45 亿年前，当时太阳系正在形成。在这一期间的大部分时间里，这块矿石都在小行星带上，直到某个干扰改变了它的轨道，使其最终坠落到地球上。

图 36　左图：两种完美的五重对称的准晶体之一。
右图：铝、钯、锰二十面准晶体的原子模型

第6章

吻接数

6是真因数之和等于其自身的最小的数：6=1+2+3。平面上的吻接数是6。蜂巢是由6条边组成的，它是正六边形。有6种四维正多胞形——它们与正多面体类似。

最小的完全数

古希腊人根据因数将整数分成三类。

- **盈数**：数的"真"因数（不包含该数本身的因数）之和大于其自身。
- **亏数**：数的真因数之和小于其自身。
- **完全数**：数的真因数之和等于其自身。

前几个数的情况见表7。

表7

数	真因数之和	类　型
1	0（没有真因数）	亏数
2	1	亏数
3	1	亏数
4	1+2=3	亏数

（续）

数	真因数之和	类　型
5	1	亏数
6	1+2+3=6	完全数
7	1	亏数
8	1+2+4=7	亏数
9	1+3=4	亏数
10	1+2+5=8	亏数
11	1	亏数
12	1+2+3+4+6=16	盈数
13	1	亏数
14	1+2+7=10	亏数
15	1+3+5=9	亏数

在这个表中，所有 3 种类型的数都有，但它也显示了亏数要比另外两种数更常见。1998 年，马克·德莱格利斯证明了这种论述的一个精确形式：当 n 任意大时，在 1 和 n 之间的亏数比例趋近于 0.7520 到 0.7526 之间的某个常数，而盈数的比例则在 0.2474 到 0.2480 之间。早在 1955 年，汉斯 - 约阿希姆·卡诺尔德就曾证明，完全数的比例趋近于 0。因此，在所有数里，大约有四分之三是亏数，四分之一是盈数，完全数则几乎没有。

前两个完全数分别是

$$6=1+2+3$$

$$28=1+2+4+7+14$$

因此，最小的完全数是 6，最小的盈数是 12。

古人接着又找到了两个完全数，它们是 28 和 496。到公元 100 年，尼科梅切斯找到了第 4 个完全数，即 8128。大约 1460 年，一位无名氏的手稿里出现了第 5 个完全数 33 550 336。1588 年，彼得罗·卡塔尔迪找到了第 6 个和第 7 个完全数：8 589 869 056 和 137 438 691 328。

早在这些工作之前，欧几里得曾给出构成完全数的一个规则，用现代记法表示为：如果 $2^n - 1$ 是质数，那么 $2^{n-1}(2^n - 1)$ 是完全数。上面提到的完全数分别对应于 n = 2, 3, 5, 7, 13, 17, 19。形如 $2^n - 1$ 的质数被称为**梅森质数**，它是以修道士马林·梅森命名的（见第 $2^{57885161} - 1$ 章）。

欧拉证明了所有偶完全数都符合上述公式。然而，2500 年过去了，数学家们没有找到过任何奇完全数，但也没有证明这种数不存在。如果当真存在这样的数，那么它至少有 1500 位，并且至少有 101 个质因数，而且其中至少有 9 个质因数是不同的。其中最大的质因数至少要有 9 位。

吻接数

平面上的**吻接数**是指给定圆的大小，用相同大小的圆与之相接，相接圆的最大数量。这个数等于 6（图 37）。

图 37　平面上的吻接数是 6

证明这个问题只需用到初等的几何知识。

三维空间的吻接数是指在给定球体大小的情况下，用相同大小的球体与之相接，相接球体的最大数量。这个数等于 12（见第 12 章）。它的证明要复杂得多，而且在很长一段时间里，人们并不知道 13 个球体是否也可行。

蜂巢

蜂巢是由正六边形"密铺"而成的，它们可以严丝合缝地覆盖平面（见第 3 章）。

根据**蜂巢猜想**，蜂巢的形状是在把平面分割成封闭区域时，所需周长最短的图形（图 38）。这个猜想古已有之，例如公元前 36 年的古罗马学者马库斯·特伦修斯·瓦罗就曾提出过。它的历史甚至可以追溯到大约公元前 325 年的古希腊几何学家亚历山大的帕普斯。

图 38　左图：用正六边形密铺；右图：蜜蜂的蜂巢

蜂巢猜想如今已经成了一个定理：托马斯·黑尔斯在 1999 年证明了它。

四维正多胞形的数量

古希腊学者证明了，在三维空间里恰好只有 5 种正多面体（见第 5 章）。那么，非三维空间的情况如何呢？第 4 章曾指出，我们可以利用坐标定义任意维数学空间。事实上，四维空间是由 4 个实数组成的四元坐标 (x, y, z, w) 构成的。在这样的空间里，可以有像自然界一样的距离概念。这一概念是基于毕达哥拉斯定理的简单类比得到的，因而我们可以很方便地讨论长度、角度、类球体、类圆柱体、类圆锥体，等等。正因如此，在四维乃至更高维度里提出与正多面体类似的图形问题，是完全合理的。但这个问题的答案却令人吃惊。

在二维空间里，有无穷多种正多边形：大于等于 3 的整数都有对应的正多边形。在 5 维或更高维度的空间里，都仅存在 3 种正多胞形，它们分别类似于正四面体、立方体和正八面体。但在四维空间里，存在 6 种正多胞形（表 8）。

表 8

名　　称	胞的数量	面的数量	棱边数量	顶点数量
正五胞形	5 个正四面体	10	10	5
正八胞形	8 个立方体	24	32	16
正十六胞形	16 个正四面体	32	24	8
正二十四胞形	24 个正八面体	96	96	24
正一百二十胞形	120 个正十二面体	720	1200	600
正六百胞形	600 个正四面体	1200	720	120

表 8 中的前 3 个正多胞形分别类似于正四面体、立方体和正八面体。正五胞形也被称为四单形，正八胞形也叫四维超立方体或四次元立方体，而正十六胞形的另一个名字则是四维正轴体。另外 3 种正多胞形是四维空间所特有的。

因为没有四维的纸，我在这里能展示出这些图形投影到平面上的大致样子，就已经满足了（图 39）。

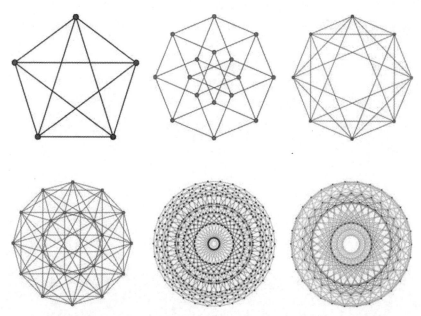

图 39　投影到平面上的 6 种正多胞形。从左往右，从上往下依次是：正五胞形、正八胞形、正十六胞形、正二十四胞形、正一百二十胞形和正六百胞形

路德维希·施拉夫利对正多胞形做了分类。他于 1855 年至 1858 年发表了一些结果，剩下的部分在他去世后（1901 年）才发表。从 1880 年到 1900 年，另外还有 9 位数学家独立地得到了类似结果。他们中有一位名叫阿丽西亚·布尔·斯托特，她是数学家和逻辑学家乔治·布尔的女儿，"多胞形"这个术语就是她第一个使用的。她在很小的时候就已经掌握了四维几何，这可能是因为她的姐姐玛丽嫁给了查尔斯·霍华德·辛顿。辛顿是一位生活经历丰富多彩（犯过重婚罪）、对四维空间充满激情的人。阿丽西亚凭自己的能力，利用纯欧几里得方法研究了多胞形横截面的情况：它们是高度复杂的对称多面体。

第 7 章

第 4 个质数

7 是第 4 个质数——现在是时候解释质数有什么用，以及它们为什么那么有趣了。在大多数关于整数相乘的问题里，质数都会出现。它们是所有整数的"基础构件"。我们在第 1 章看到，所有大于 1 的整数要么是质数，要么可以由两个或两个以上质数相乘得到。

7 与一个长期未解决的问题有关，该问题涉及阶乘。7 还是在为环面上的地图着色时，使其相邻区域颜色不同所需的最小颜色数量。

寻找因数

1801 年，高斯写了一本关于数论的高级教材《算术研究》。高斯是他所处的时代里最好的数论专家，也是有史以来顶级的数学家之一。在那些高级论题中，高斯指出有两个非常基本的问题至关重要："将质数与合数区分开，以及把后者分解成质因数，是算术里最重要也是最有用的问题。"

要解决这两个问题，最简单的做法是依次尝试所有可能的因数。例如，如果要确定 35 是否为质数，且如果它不是质数，则需找到它的因数，我们需这样处理：

$$35 \div 2 = 17 \text{ 余 } 1$$

$$35 \div 3 = 11 \ 余 \ 2$$

$$35 \div 4 = 8 \ 余 \ 3$$

$$35 \div 5 = 7 \ 余 \ 0$$

因此，$35 = 5 \times 7$，而我们知道 7 是质数，所以分解质因数就完成了。

整个过程可以稍做改进。如果我们事先有质数表，那么仅需尝试那些是质数的除数就够了。例如，当我们知道 2 无法整除 35，那么就能知道 4 也不能整除。类似的 6 和 8 等所有偶数也是如此。

我们还可以在尝试到该数的平方根时，就停止继续寻找。为什么呢？一个典型的例子是数 4283，它的平方根大约等于 65.44。如果我们将两个都大于 65.44 的数相乘，结果将会大于 65.44×65.44，即大于 4283。因此，无论 4283 怎样分解成两个（或更多）因数，至少有一个数会小于等于它的平方根。事实上，它在这里必须小于等于 65，即省略掉平方根的所有小数部分。

因此，我们可以通过尝试从 2 到 65 之间的质数，来找到 4283 的所有因数。如果有一个质数能整除 4283，那么就能对得到的商继续做因数分解——这个商是小于 4283 的。如果碰巧，没有一个小于 65 的质数能整除 4283，那么 4283 就是质数。

如果用相同的方法对 4183 做因数分解，已知它的平方根是 64.67，我们必须尝试所有不大于 64 的质数。而质数 47 是可以整除 4183 的：

$$4183 \div 47 = 89$$

结果，我们发现 89 也是质数。事实上，我们早就知道了，因为 4183 不能被 2、3、5 和 7 整除，所以 89 也不能被 2、3、5 和 7 整除。但 89 的平方根是 9.43，而所有小于 9 的质数只有这些。因此，我们找到了质因数分解

$4183 = 47 \times 89$。

这个过程尽管简单，但是对大数而言没什么用。例如，对以下数做因数分解

$$11\ 111\ 111\ 111\ 111\ 111$$

我们不得不尝试所有不大于其平方根 105 409 255.3 的质数。它所包含的质数多得可怕——精确地说，一共有 6 054 855 个。最终，我们会找到质因数 2 071 723，分解因数后得到

$$11\ 111\ 111\ 111\ 111\ 111 = 2\ 071\ 723 \times 5\ 363\ 222\ 357$$

不过，如果手工计算的话，得花很长时间。

当然，人们也可以使用计算机。但对这类计算而言，基本的规律是，如果手工处理适度的大数变得很困难的话，那么对计算机而言，在处理足够大的数时，也会变得很难。当数从 17 位变成 50 位时，甚至连计算机也无法正常执行如此系统化的搜索任务。

费马小定理

幸好还有更好的办法。有几种有效方法不需要通过寻找因数就能判断质数。一般来说，这些方法对大约 100 位的数是有效的，然而基于数的实际情况，解决问题的难度差异很大，所以，位数的影响只是一个粗略的估计。相比之下，今天的数学家还没有有效、快速的方法可以对**任意**大的合数进行分解因数。我们只要能找到一个因数就足够了，因为除以这个因数后，可以重复同一过程。但在最糟糕的情况下，这种过程花费的时间会很长，以至于没什么实际用处。

在质性检验中，不需要通过寻找质因数就能证明一个整数是合数，只

需证明它没能通过质性检验即可。质数有一些特别的性质，我们可以检验给定的数是否具有这些特性，如果没有，那么它就不可能是质数。这有点像往气球里吹气后看它是否漏气，从而寻找它的漏洞。如果气球瘪了，那就是有漏洞——但这个测试并不能告诉我们气球上漏洞的精确位置，因此，证明存在漏洞要比找到它容易。对于因数来说，也是一样的道理。

最简单的质性检验是费马小定理。为了说清楚，我们先解释一下模运算，有时它也被称为"时钟运算"，因为数不断地循环，就像在钟面上的数字一样。选取一个数——在 12 小时制的指针式钟表上，这个数就是 12，将其定义为模数。接下来，在整数的所有运算里，凡是遇到 12 的倍数，都可以把它们替换成 0。例如，5×5=25，由于 24 是 12 的 2 倍，因此减去 24 后可以得到 5×5 = 1（模 12）。

高斯在《算术研究》里引入了模运算，如今它被广泛地应用于计算机科学、物理学、工程学和数学。它很美妙，因为几乎所有的常规算术规则仍然有效。主要区别在于，你不能总将一个数除以另一个数，即使余数并不是 0。模运算也很有用，因为它提供了一种整洁的方法来处理可除性问题：哪些数可以被选定的模数整除？如果不能被整除的话，余数又是几？

费马小定理指出，如果选定任意质数 p 为模数，同时取任意不是 p 的倍数的数 a，那么 a 的 $(p-1)$ 次方在模 p 后，结果等于 1。

例如，假设 $p=17$，$a=3$。那么根据定理，如果用 3^{16} 除以 17，余数会等于 1。检验如下：

$$3^{16}=43\ 046\ 721=2\ 532\ 160\times17+1$$

心智正常的人恐怕不会想对很大的数做这种计算。幸亏有一个既聪明又快速的方法可以处理这类计算：只要对数反复乘方后，再把合适的结果乘起来即可。

关键是，**如果答案不等于 1，那么选取的模数一定是一个合数**。因此，费马小定理展现了作为质数的一个必要条件，成了一种高效检验方法的基础。这种方法不需要找到因数就能检验质性。其实，这或许就是这种方法如此高效的原因。

然而，费马的检验方法并非万无一失：有些合数是可以混过检验的。这些数里最小的是 561。2003 年，雷德·奥尔福德、安德鲁·格兰维尔和卡尔·波默朗斯证明了存在无穷多个这样的例外，它们被称为"卡迈克尔数"（Carmichael number）。到现在为止，最有效且不会出错的质性检验方法是由伦纳德·阿尔德曼、波默朗斯和罗伯特·鲁梅利发明的。它用到的数论知识要比费马小定理复杂得多，但两者也有共同之处。

2002 年，马宁德拉·阿格拉沃与他的学生尼拉·卡亚勒和尼廷·萨克塞纳发现了一个大体上比"阿尔德曼 – 波默朗斯 – 鲁梅利"测试还要快的质性检验方法，因为其计算拥有"多项式时间"复杂度。也就是说，如果一个数有 n 位，该算法的运行时间最多与 n^{12} 成正比。如今，我们已经知道其运行时间可以减少到 $n^{7.5}$。然而，这个算法的好处要到位数 n 大约等于 10^{1000} 时才会显现。在已知的宇宙里，没有空间可以写下这么大的数。

质数与编码

质数在密码学领域非常重要。密码学是一门研究保密编码的科学。密码在军事领域很重要（见第 26 章），不过，商业公司和个人也是有秘密的。例如，没人希望犯罪分子能在我们使用互联网时盗用我们的银行账户或信用卡。

为了降低这类风险，最常用的方法是加密——将信息变成密码。著名的 RSA 密码系统就用到了质数，它是由特德·里韦斯特、阿迪·沙米尔和伦纳德·阿德尔曼在 1978 年发明的 [1]。RSA 密码系统涉及的质数很大，大约有 100 位。它有一个很了不起的特点：用于把消息变成密码的过程是可以公开的。不能公开的是如何解密消息的过程。这一过程需要用到一些额外的信息，而这些信息是需要保密的。

任何消息都很容易转换成数字。例如，为每个字母分配一个两位的代码，然后再把它们全部连起来。假设我们让 A=01，B=02，以此类推；而 27 以上的数字代表标点符号和空格。于是有

MESSAGE → M E S S A G E

→ 13 05 20 20 01 07 05

→ 13052020010705

编码是将给定消息变成另外一条消息的方法。不过，因为任何消息都是一串数字，所以编码也可以被视为将一个给定数字变成另一个数字的方法。现在，数学家可以上场了，因为数论知识可以用来编码。

RSA 系统先选择两个质数 p 和 q，比方说，选定的每个质数都有 100 位。通过质性检验，在计算机上很容易找到这种大小的数。把它们乘在一起得到 pq。消息变成密码的公开方法，就是把消息先变成数字，然后基于数 pq 进行计算（见随后的"技术细节"）。但是，从密码变回消息则需要知道 p（这样一来，通过计算也很容易得到 q）。

然而，如果你不告诉别人 p 是多少，那么除非他可以算出 p 是几，否

---

① 这三个人的名字原文是 Ted Rivest、Adi Shamir 和 Leonard Adleman，所以该密码系统被命名为 RSA。——译者注

则就无法解密消息。但这需要对一个 200 位的数 pq 做因数分解，只要不是你选的 p 和 q 太糟糕，即便使用现有最强大的超级计算机也做不到。如果设置编码的人遗失了 p 和 q，那么他就和其他人处境相同了。换句话说，他自己也没办法解密。

技术细节

先取两个大质数 p 和 q。计算 $n = pq$，以及 $s = (p-1)(q-1)$。再选择一个介于 1 和 s 之间的数 e，并使它和 s 没有公因数。（有一种颇为有效的算法可以寻找两个数的公因数，那就是欧几里得算法。它可以追溯到古希腊，并记载于欧几里得的《几何原本》①。）接着，把 n 和 e 公之于众，我们称 e 为**公钥**。

模运算告诉我们，在 1 和 s 之间存在唯一的数 d，使得 de 除以 s 后余 1，即 $de \equiv 1 \bmod s$。通过计算可以得到数 d。p、q、s 和 d 是需要保密的。我们称 d 为**私钥**。

前面说过，为了将消息变成密码，需要先把消息表示成数字 m。如果有必要，可以把一个长消息分割成几段，再按顺序发送各段数字。然后计算 $c \equiv m^e \bmod n$。这样，就完成了消息加密，现在可以把它发送给接收者了。这里用到的加密规则可以安全地公开。基于 e 的二进制展开，存在一种快速计算 c 的方法。

接收者知道私钥 d，他可以通过计算 $c^d \bmod n$ 来解密消息。根据数论里的一个基本定理（它是费马小定理的一个简单推论）可知，其结果和原始消息 m 是一样的。

---

① 参见《数学万花筒 3：夏尔摩斯探案集》。——原注

间谍想要解密消息就必须在不知道 s 的情况下算出 d。这相当于要知道 $p-1$ 和 $q-1$，也就是 p 和 q。为了得到它们，间谍就不得不分解因数 n。但是 n 太大了，所以不可行。

这种编码也被称为**陷门编码**——掉进陷门很容易（把消息变成密码），想要爬出来却很难（解密消息），除非得到特别的帮助（私钥）。数学家们不能肯定这种密码绝对安全，因为有可能存在一种快速分解大数的因数的方法，只是人们还没有聪明到能发现它。（也有可能存在其他计算 d 的方法，如果得到 d，就能算出 p 和 q，这样也会有找到因数的有效方法。）

即使密码在理论上是安全的，间谍也有可能用别的方法得到 p 和 q，比如盗窃，或是收买、威胁知道秘密的人。所有密码都存在这类问题。实际上，RSA 系统仅用于加密数量有限的重要消息，例如，用它给别人发送密钥，而这些密钥则用来解开更简单的密码。

布罗卡尔问题

如果把从 1 到 n 的所有整数乘在一起，就可以得到 "n 的阶乘"，记作 $n!$。阶乘是 n 个对象按顺序排列的方法的数量（见第 26! 章）。

前几个阶乘是：

1!=1	6!=720
2!=2	7!=5040
3!=6	8!=40 320
4!=24	9!=362 880
5!=120	10!=3 628 800

如果对这些数加 1，可以得到

1!+1=2	6!+1=721
2!+1=3	7!+1=5041
3!+1=7	8!+1=40 321
4!+1=25	9!+1=362 881
5!+1=121	10!+1=3 628 801

人们发现，其中有 3 个完全平方数，它们是

$$4!+1=5^2 \qquad 5!+1=11^2 \qquad 7!+1=71^2$$

虽然再没有发现这样的数，但也没人能证明不存在更大的 n，使得 $n!+1$ 是一个完全平方数。1876 年，亨利·布罗卡尔提出猜测，7 是否就是符合这个特性的最大数字，因此，这个问题也被称为"布罗卡尔问题"。后来，保罗·埃尔德什猜测"不存在"更大的完全平方数。2000 年，布鲁斯·伯恩特和威廉·高尔韦证明，当 n 小于 10 亿时，不存在其他解。1993 年，马里乌斯·奥夫霍特证明，只存在有限多个这样的解，但该证明仅在假设一个尚未解决的重要数论猜想成立时才正确，而这个猜想就是 ABC 猜想，请参见拙作《伟大的数学问题》（*The Great Mathematical Problems*）[①]。

环面上的七色地图

　　珀西·希伍德研究了更一般化的四色问题（见第 4 章），他把地图放在了更复杂的表面上。

　　在球面上，问题与其在平面上的答案相同。想象一幅在球面上的地图，将其旋转，直至北极出现在一块区域内。如果除去北极，就可以把这个带

---

① 这两个猜想见该书第 17 章，"ABC 猜想"也可参考《数学万花筒 3：夏尔摩斯探案集》。——译者注

孔的球面展开，得到一个在拓扑上与无穷平面等价的空间。包含北极的那块区域成为包围住地图其余部分的一块无穷大区域。

不过，还有其他更有趣的表面，比如类似甜甜圈的单孔环面或有好几个这样的孔的环面（图 40）。

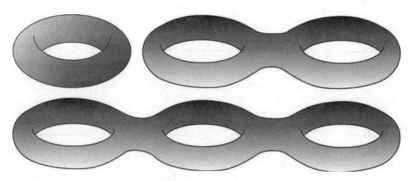

图 40　环面、二孔环面和三孔环面

这里用到了一种有助于环面可视化的方法，让分析变得简单。如果我们沿着两条闭曲面剪开，就能把环面展开成一个正方形（图 41）。

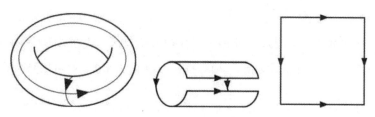

图 41　将剪开的环面展开成一个正方形

这种变换改变了环面的拓扑，但我们可以通过将对边上相应的点看成是同一个点，来解决这个问题（如图 41 箭头所示）。这就是巧妙之处。我们不需要真的把正方形卷起来后，把对应的边连接到一起。倘若我们能记住处理边的规则，那么，只需研究平整的正方形就够了。所有在环面上的操作，例如画曲线，在正方形上都有精确的对应关系。

希伍德证明了，对于环面上的地图而言，7 种颜色既是必需的，也是足够的。图 42 说明了 7 种颜色是必须的——如前所述，图中用正方形代表环面。这种表示方法需要注意的一点是，各区域是如何在对边上匹配的。

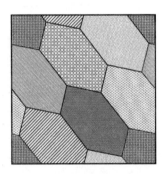

图 42　环面上的地图需要 7 种颜色

我们还知道，有的表面像环面，但它们有更多的孔。孔的数量也称为亏格，用字母 g 表示。希伍德猜想，有 g 个孔（$g \geq 1$）的环面，所需的颜色数量为对下列公式结果向下取整

$$\frac{7 + \sqrt{48g + 1}}{2}$$

当 g 的取值范围从 1 到 10 时，上述公式的计算结果分别是

7　8　9　10　11　12　12　13　13　14

　　希伍德在证明一般化五色定理时发现了这个公式。他证明了，对于任意表面而言，公式计算所得的颜色数量总是足够的。此后很多年，一个大问题一直没能解决：关于颜色数量是否可以更小？亏格数较小的例证表明，希伍德的猜测很可能是对的。1968 年，经过漫长的研究，格哈德·林格尔和约翰·扬斯在自己和其他人的工作基础上，补全了证明猜想成立的最后细节。他们的方法基于一些种类特别的网络，其复杂程度足以写上一整本书。

第8章

斐波那契立方数

8 是第一个非平凡 ① 的立方数，同时也是斐波那契数。还有别的斐波那契立方数吗？在考虑立方数时，费马提出了他那个著名的"最后定理"。索菲·热尔曼就其中某一类特殊情况做出了重大贡献，她是最伟大的女数学家之一。安德鲁·怀尔斯在费马提出猜想的 350 多年后，终于完成了证明。

（在1之后的）第一个立方数

一个数的立方数是将该数乘以自身两次得到的那个数，例如，2 的立方数是 $2 \times 2 \times 2 = 8$。数 n 的立方数记作 n^3，开始的几个立方数是：

n	0	1	2	3	4	5	6	7	8	9	10
n^3	0	1	8	27	64	125	216	343	512	729	1000

费马大定理

在至少 300 多年里，立方数曾引发了人们的一连串思考。

大约在 1630 年，费马发现将两个非零立方数相加后，似乎无法生成一个新的立方数。（如果可以使用 0，那么对任意 n 而言，有 $0^3 + n^3 = n^3$。）他

---

① 在数学里，"非平凡"是重要、特殊、不是显然就能得到的意思。——译者注

曾阅读过丢番图写的古典代数学名著《算术》的 1621 年版本。他在自己的那本书的边缘写道："不可能把一个立方数分成两个立方数，也不可能把一个四次方数分成两个四次方数。而且更一般地，任何次方大于 2 的数都不可能分成两个相同次方的数。关于这一点，我确信已经发现了一种美妙的证法，可惜这里空白的地方太小，写不下。"

费马所宣称的证明，用代数语言表示为方程式

$$x^n + y^n = z^n$$

在整数 n 大于等于 3 时，不存在非零的整数解。

如今，这个命题被称为"费马大定理"，它首次见于费马的儿子萨米埃尔在 1670 年出版的一个《算术》版本里，该版本包含了他父亲的旁注（图 43）。

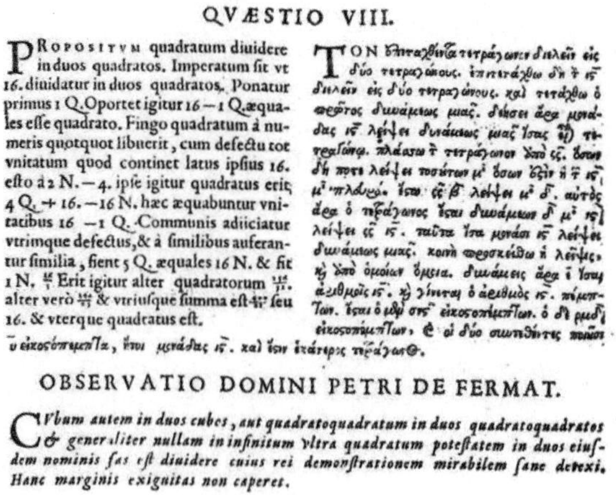

图 43　费马的旁注，发表于他儿子编辑的丢番图《算术》版本里，这段旁注的标题为"由皮埃尔·德·费马大师点评"

费马可能是在知道了毕达哥拉斯三元组（两个整数的平方之和等于另一个平方数）后，才对这个问题发生兴趣的。一个熟悉的例子是 $3^2 + 4^2 = 5^2$。存在无穷多组这样的三元组，并且，很早以前人们就已经知道了它的通式（见第 5 章）。

就算费马当真完成了证明，也没有人发现过它。我们确实知道，费马成功地证明了四次方的情况。该证明用到了四次方是一种特殊的平方的事实——它是平方的平方，并把这类问题与毕达哥拉斯三元组联系在了一起。类似的概念还说明，想要证明费马大定理，可以假设指数 n 不是 4 就是奇质数。在接下来的两个世纪里，只有 3 个质数被证明符合费马大定理，它们分别是 3、5 和 7。欧拉在 1770 年证明了立方的情况；大约在 1825 年，勒让德和彼得·古斯塔夫·勒热纳·狄利克雷证明了五次方的情况；而七次方则是由加布里埃尔·拉梅在 1839 年证明的。

索菲·热尔曼在人们称为"第一类"费马大定理的领域里取得过重大进展，在这类费马大定理中，n 是质数，并且不能除 x、y 和 z。热尔曼证明了"索菲·热尔曼定理"：如果 p 是小于 100 的质数，且满足 $x^p + y^p = z^p$，那么 xyz 可以被 p^2 整除。这只是一项远未完成的更宏大计划的一部分。事实上，热尔曼证明的东西远不止于此，但那些结果更技术化。她在证明里用到了一种质数，如今被称为索菲·热尔曼质数，即 $2p+1$ 也是质数的质数 p。前几个索菲·热尔曼质数是

2　3　5　11　23　29　41　53　83　89　113　131　173　179　191

而已知最大的索菲·热尔曼质数是

$$18\ 543\ 637\ 900\ 515 \times 2^{666667} - 1$$

它是由菲利普·布利顿在 2012 年发现的。人们猜想，这种质数有无穷多，但尚未证明。索菲·热尔曼质数在加密和质性检验方面都有用武之地。

在费马提出费马大定理的 350 多年后，安德鲁·怀尔斯于 1995 年证明了它是成立的。他在证明里用到的方法远远超越了费马那个时代的人所掌握的、或费马可能发明的知识。

卡塔兰猜想

1844 年，比利时数学家欧仁·卡塔兰提出了一个关于数字 8 和 9 的有趣问题："先生，我请求您在贵刊上公布一个我认为是正确的命题，尽管我还没能完全证明它——但其他人可能会成功。除了 8 和 9 之外，两个连续的整数不可能都是正整数的幂。或者说，对方程式 $x^m - y^n = 1$ 而言，如果未知数是正整数（大于 1），那么它只有一组解。"

这个命题后来被称为卡塔兰猜想。2002 年，普雷达·米赫伊列斯库利用代数数论里的先进方法完成了证明。

第6个斐波那契数，也是唯一的非平凡斐波那契立方数

1202 年，比萨的莱奥纳多写了一本名叫《算盘书》（*Liber Abbaci*）的算术著作，将印度－阿拉伯数字 0 至 9 介绍给了欧洲人。书里还有一个与兔子有关的有趣问题。问题是从一对幼兔开始的。一季过后，每对幼兔会长成年，并且每对成年兔子会产下一对幼兔。假设兔子都是长生不老的，若干季后，兔子的数量会怎么增长（图 44）？

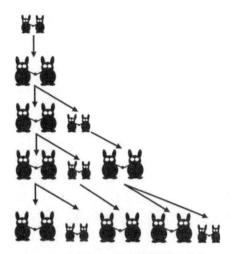

图 44　斐波那契兔子模型里的前几代

　　莱奥纳多指出，兔子的数量遵循以下模式增长

1 1 2 3 5 8 13 21 34 55 89 144

该模式遵循从第三个数起，每个数等于它前面两个数之和，例如，2=1+1，3=1+2，5=2+3，8=3+5，13=5+8，以此类推。莱奥纳多后来得到了一个昵称，叫作斐波那契（"波那契的儿子"的意思）。自从卢卡斯[①]在 1877 年讨论过这个序列后，序列里的各项就开始被称为斐波那契数。人们时常会在序列的最前面加一个额外的 0，把它当作第 0 个斐波那契数。因为 0+1=1，所以数列生成的规则仍然适用。

　　这个模型当然不符合实际情况，而它本来也没这样设计。在斐波那契的书里，这只是一个关于数的可爱的问题。被称为莱斯利模型的现代泛化

---

① 卢卡斯数列与斐波那契数列类似，但它的初始项 $L_1=1$，$L_2=2$。——译者注

模型更符合实际情况，并且，它在真实的生物种群里已有实际应用。

斐波那契数的性质

数学家们长期以来都对斐波那契数十分着迷。它与黄金分割数 ϕ 有着密不可分的联系。考虑到 ϕ 的基本性质是 $\frac{1}{\phi} = \phi - 1$，可以证明第 n 个斐波那契数 F_n 恰好等于

$$\frac{\phi^n - (-\phi)^{-n}}{\sqrt{5}}$$

它等于离 $\frac{\phi^n}{\sqrt{5}}$ 最近的整数。因此，斐波那契数之间的比例约等于 ϕ，这表明，它们以指数级增长——就像某个固定数的指数次方。

斐波那契数还有许多规律。例如，选取 3 个连续项，比如 5、8、13，可得 $5 \times 13 = 65$，$8^2 = 64$，它们的差等于 1。更一般地，它符合公式

$$F_{(n-1)}F_{n+1} = F_n^2 + (-1)^n$$

另外，将连续的斐波那契数相加，结果满足

$$F_0 + F_1 + F_2 + \cdots + F_n = F_{n+2} - 1$$

例如

$$0 + 1 + 1 + 2 + 3 + 5 + 8 = 20 = 21 - 1$$

还有一个不出名的公式，它将非零斐波那契数的倒数相加

$$\frac{1}{1} + \frac{1}{1} + \frac{1}{2} + \frac{1}{3} + \frac{1}{5} + \frac{1}{8} + \frac{1}{13} + \cdots$$

这个"斐波那契倒数常数"的值大约是 3.35988566243，里夏尔·安德烈–

让南证明了它是一个无理数，也就是不能用分数精确表示。

有许多斐波那契数是质数。前几个斐波那契质数是 2、3、5、13、89、233、1597、28 657 和 514 229。目前已知最大的斐波那契质数长达数千位。人们还不知道是否存在无穷多个斐波那契质数。

最后再介绍一下近期才刚解决的一个非常难的问题：有哪些斐波那契数是完全乘方数？ 1951 年，W. 永格伦证明了第 12 个斐波那契数 $144 = 12^2$ 是唯一的非平凡斐波那契平方数。哈维·科恩在 1964 年给出了另外一种证明。（虽然对所有 n 而言，0 和 1 是 n 次方数，但人们对它们并不感兴趣。）第 6 个斐波那契数是 $8 = 2^3$，H. 伦敦和 R. 芬克尔斯坦在 1969 年证明了 8 是唯一的非平凡斐波那契立方数。2006 年，Y. 比若、M. 米尼奥特和 S. 西克塞克证明了在斐波那契数里，完全乘方数（大于一次方）**只有** 0、1、8 和 144。

第 9 章

幻方

最小的非平凡幻方有 9 格。如果只使用正多边形且正多边形的每个顶点排列相同，那么一共可以有 9 种密铺平面的方法。一个矩形可以被分割成 9 个大小不同的正方形。

最小的幻方

幻方是一种数字的方形阵列（通常使用 1、2、3 等数，直至某个上限），它满足每行、每列、每条对角线的数字之和相等。幻方在数学上没有什么特别重要的意义，但它非常有趣。最小的幻方（不考虑最简单的仅包含一个数字 1 的 1×1 幻方）是 3×3 的正方形，它使用数字 1 到 9。

最早的幻方出现在古老的中国传说里，传说因为洪水泛滥，大禹祭祀洛河水神。当时，有一只神龟浮出洛河，龟壳上刻着一幅奇特的数学图案——这就是洛书，一个用点代表数字、画在 3×3 网格上的幻方（图 45 和图 46）。

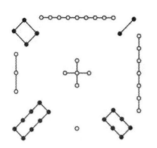

图 45　左图：洛书；右图：现代版本

THE MYSTIC TABLET.[13]

图 46　左图：藏传洛书；右图：大禹

　　我们不妨假设幻方使用 1 到 9 这 9 个数字各一次（这是一个普通假定，除非你有更好的选择），那么在不考虑旋转和反射的情况下，洛书是唯一可行的幻方排列。它的**幻和**，即每行、每列、每条对角线的和，等于 15。幻方还有一些其他规律：比如，所有偶数都在 4 个角上；过中心点相对的两个数字之和总是 10。

幻方的大小被称为幻方的阶。洛书的阶是 3，而一个 n 阶幻方有 n^2 格，通常会包含数 1 到 n^2。

其他古代文明，比如古波斯和古印度，对幻方也很有兴趣。公元 10 世纪，在古印度卡朱拉侯的一座神庙的墙上记录了一个 4 阶幻方。像其他 4 阶幻方一样，这个幻方使用了数字 1 到 16，其幻和等于 34（图 47）。

$$
\begin{array}{cccc}
7 & 12 & 1 & 14 \\
2 & 13 & 8 & 11 \\
16 & 3 & 10 & 5 \\
9 & 6 & 15 & 4
\end{array}
$$

图 47　公元 10 世纪的 4 阶幻方

还有许多种不同的 4 阶幻方——假如不考虑旋转和反射的话，总共有 880 种。5 阶幻方的种类更多，共有 275 305 224 种。人们还不知道 6 阶幻方确切有多少种，但一般认为，它大约有 1.7745×10^{19} 种。

德国画家阿尔布雷希特·丢勒在他的版画作品《梅伦科利亚一世》（*Melencolia I*）里放了一个 4 阶幻方，该作品还包含了一些其他数学元素。这个幻方是经过挑选的，因此在它最下面一行的中间出现了年份 1514[①]（图 48）。

①　1514 年是该作品的创作年份。——译者注

图 48 左图:《梅伦科利亚一世》。
右图: 幻方的细节。请注意最下面中间的年份 1514

所有大于等于 3 阶的幻方都是存在的, 1 阶最简单, 但没有 2 阶幻方。有一种构造幻方的通用方法, 但它取决于 n 是奇数、奇数的 2 倍, 还是 4 的倍数 (图 49)。

对 n 阶幻方而言, 其幻和为 $\dfrac{n(n^2+1)}{2}$。这是因为, 所有格子里的数之和是 $1+2+3+\cdots+n^2$, 这个式子等于 $\dfrac{n^2(n^2+1)}{2}$。又由于幻方可以分成 n 行, 而每行都有相同的和, 所以幻和等于上式除以 n。

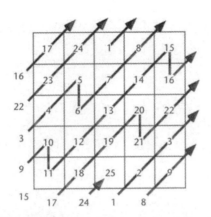

图 49　构造奇数阶幻方的通用方法：1 居最上一行的正中央，按照箭头方向依次斜填 2、3、4……向上出框界时，就从框的最下方开始向上写；向右出框界时，就从框的左边开始向右写；一旦方框里有数字，就填在它下方的方框里

阿基米德密铺

　　如果使用一种以上的正多边形，并且在每个角上的排列完全相同，那么一共有 9 种密铺方法。这种密铺被称为"阿基米德密铺"，也称作"统一密铺"或"半正则密铺"（图 50）。

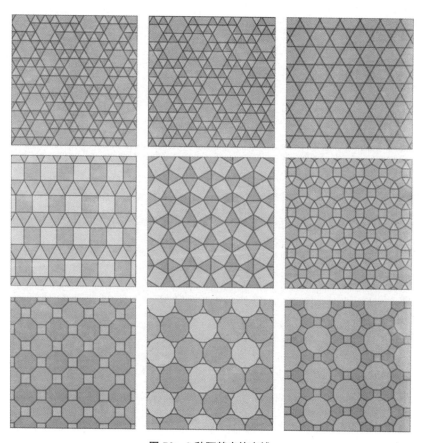

图50　9种阿基米德密铺

正方矩

　　把一个正方形分成9个大小相同的小正方形，这很容易，只要沿每条边按三等分切开即可。用不相同的正方形拼成边长为整数的矩形，所需的正方形最小数量也是 9 个，但要找到这样的拼法则难得多。

我们知道，长方形地板可以用相同大小的正方形拼成——只要它的边长是正方形边长的整数倍。但是，如果要求使用大小完全**不同**的正方形，情况会是怎样呢？ 1925 年，兹比格涅夫·莫龙发表了第一个"正方矩"，该矩形用到了 10 个正方形，它们的边长分别是 3、5、6、11、17、19、22、23、24 和 25。不久之后，他又找到了一个只用 9 个正方形的矩形，其边长分别 1、4、7、8、9、10、14、15 和 18（图 51）。

那么，能不能用不同的正方形拼出一个**正方形**呢？很长一段时间里，人们认为这不可能。但是，罗兰·施普拉格在 1939 年找到了一种用 55 个不同正方形拼出一个正方形的方法。1940 年，当时在英国剑桥大学三一学院读本科的伦纳德·布鲁克斯、塞德里克·史密斯、阿瑟·斯通和威廉·图特发表了一篇论文，文章是关于电路网络的——这种网络用正方形的大小编码，并研究了如何把这些正方形组合起来。利用这个方法，他们得到了更多拼法。

1948 年，西奥菲勒斯·威尔科克斯找到了用 24 个正方形拼出正方形的方法（图 52 左）。在当时，人们认为这种拼法用到的正方形数量已经是最少了，然而，阿德里亚努斯·杜伊杰斯廷利用计算机在 1962 年发现了一种只要 21 个正方形的拼法，并且证明了 21 个才是最少的（图 52 右）。这些正方形的大小分别是 2、4、6、7、8、9、11、15、16、17、18、19、24、25、27、29、33、35、37、42 和 50。

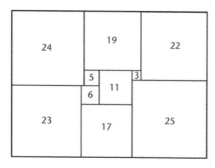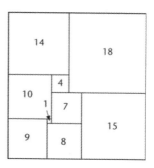

图 51　左图：莫龙的第一个正方矩。右图：他改进后的版本，用了 9 个正方形

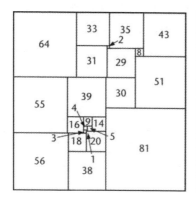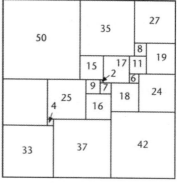

图 52　左图：威尔科克斯用 24 个正方形实现的正方形。
右图：杜伊杰斯廷用了 21 个正方形

1975 年，所罗门·戈洛姆提出了一个问题：使用 1、2、3、4 等整数各一次，能否不留空隙地密铺无穷平面？这个问题直到近期才被解决，詹姆斯和弗雷德里克·亨勒在 2008 年找到了一个非常巧妙的证明，其结果显示，问题的答案是"可以"。

第 10 章

十进制系统

我们用来书写数字的十进制，其基底为 10，这可能是因为我们有 10 根手指——它们对应了 10 个数码。还有以别的数为基底的进制，其中的一部分（尤其是 20 进制和 60 进制）曾被某些古代文明使用过。10 既是三角形数又是四面体数。与欧拉猜测的不同，存在两种 10×10 的正交拉丁方。

用十计数

如今，我们使用的记数法被称为"十进制"，这是因为它以 10 为基底。Decem 在拉丁语中是"十"的意思。在这个记数系统中，使用十个不变的符号：

$$0 \quad 1 \quad 2 \quad 3 \quad 4 \quad 5 \quad 6 \quad 7 \quad 8 \quad 9$$

来表示个位、十位、百位、千位等。这些符号的含义与其在数字里的位置有关，例如，数字 2015 的各个符号表示：

$$
\begin{aligned}
5 \quad &\text{个} \\
1 \quad &\text{十} \\
0 \quad &\text{百} \\
2 \quad &\text{千}
\end{aligned}
$$

这里的重点是，它们使用 10 的连续次方：

$$10^0 = 1$$
$$10^1 = 10$$
$$10^2 = 100$$
$$10^3 = 1000$$

我们已经惯于使用这种记数法，因此会理所当然地觉得这不过是一些简单的"数字"，而且 10 作为数在数学上一定有着特别之处。然而，类似的记数方法可以用不小于 2 的整数作为基底。所以，尽管 10 的确很特别（这在后面会提到），但它在记数方面并不特殊。

计算机使用以下几种基底：

2　二进制（见第 2 章），符号是 0 1

8　八进制，符号是 0 1 2 3 4 5 6 7

16　十六进制，符号是 0 1 2 3 4 5 6 7 8 9 A B C D E F

以 12 为基底的十二进制曾被认为优于十进制，因为 12 可以被 2、3、4 和 6 整除，而 10 只能被 2 和 5 整除。玛雅人以 20 为基底，古巴比伦人以 60 为基底（见第 0 章）。

我们可以把十进制数 2015 分解成

$$2 \times 1000 + 0 \times 100 + 1 \times 10 + 5 \times 1$$

或直接写成指数形式

$$2 \times 10^3 + 0 \times 10^2 + 1 \times 10^1 + 5 \times 10^0$$

这种记数系统也被称为位值制记数法，因为符号的含义由它的位置决定。

如果以 8 为基底，同样的符号表示

$$2\times 8^3 + 0\times 8^2 + 1\times 8^1 + 5\times 8^0$$

用我们熟悉的十进制，它的值等于

$$2\times 512 + 0\times 64 + 1\times 8 + 5\times 1 = 1037$$

因此，用不同的基底去理解相同的符号，会得到不同的数值。

让我们再看一个不常用的基底：7。在奥佩罗贝特尼斯三号星球（Apellobetnees III）上的外星居民都有 7 条尾巴，而且他们用尾巴计数，因此，他们的记数系统只有数码 0 至 6。于是，他们会把地球人的 7 写成 10，而当他们写到 66 时，其实代表我们的 48。以此类推，对于我们的 49，他们会写成 100。

也就是说，奥佩罗贝特尼斯族的数字 $\overline{abcd}$ 转换到十进制的结果是

$$a\times 7^3 + b\times 7^2 + c\times 7^1 + d\times 7^0 = 343a + 49b + 7c + d$$

经过一些练习，即使**不**在这个记数系统和十进制之间做转换，你也能用它做外星人的加法。你需要知道诸如 "4+5=2 进 1" 这样的规则（因为十进制中的 9 等于七进制中的 12）。除了这一点，其他规则看起来都很眼熟。

记数的历史

早期文明使用的记数系统和我们今天使用的区别很大。古巴比伦人使用 60 进制，他们用楔形符号表示 60 个数码（见第 0 章）。古埃及人用特别的符号代表 10 的各次方，并重复它们以得到其他数字。古希腊人用他们的字母代表数字 1 至 9、10 至 90、100 至 900（图 53）。

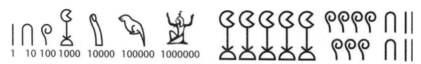

图 53　左图：古埃及人的数字符号；右图：用古埃及象形文字表示数字 5724

如今的位值制记数法，以及我们使用的 10 个数码符号 0 至 9，大约诞生于公元 500 年的印度，不过它还有更早的前身。这段历史很复杂，涉及的年代很有争议，也很难确定。

1881 年，在巴基斯坦巴克沙利附近发现了写在桦树皮上的巴克沙利手稿，它是已知最早的印度数学文献（图 54）。专家们确定其所属年代约为公元前 2 世纪到公元 3 世纪。人们认为这是某份更早的手稿的副本。它用不同符号表示数码 0 到 9。婆罗米数字可以追溯到公元 200 到 300 年，但它不是一种位值制记数法。为此，它有额外表示 10、100、1000 的倍数的符号，并基于某些规则将这些符号组合成诸如 3000 之类数字。

后来的"印度教"数字就源于婆罗米数字。公元 6 世纪，古印度数学家阿耶波多以几种不同的形式使用了这些数字。婆罗摩笈多在公元 7 世纪把 0 作为独立的数字使用，并发明了包含 0 的算术规则。

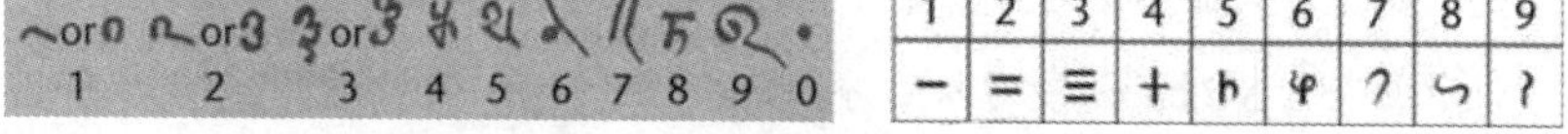

图 54　左图：巴克沙利手稿上的符号；右图：婆罗米文数字

印度数字后来被传播到了中东地区。在这个过程中，古波斯数学家花拉子密（《印度数字的计算法》，825 年）和阿拉伯数学家肯迪（《论印度数字的使用》，约 830 年）起到了尤其重要的作用（图 55）。后来，印度数字又随着花拉子密著作的拉丁译本被带到欧洲。

欧洲	0	1	2	3	4	5	6	7	8	9
阿拉伯 – 印度	.	١	٢	٣	٤	٥	٦	٧	٨	٩
东阿拉伯 – 印度 （波斯语和乌尔都语）	.	١	٢	٣	۴	۵	۶	٧	٨	٩
梵文 （印地语）	०	१	२	३	४	५	६	७	८	९
泰米尔语		௧	௨	௩	௪	௫	௬	௭	௮	௯

图 55　阿拉伯数字和印度数字

在欧洲，第一本为了推广这种记数系统而特地创作的著作，是斐波那契在 1202 年写的《算盘书》。他称这种记数法为印度方法。但是，由于这种记数法与花拉子密的关系太紧密，因此尽管花拉子密著作的标题上也写着印度数字，但它还是被称为"阿拉伯数字"。又因为许多欧洲人是从阿拉伯化的柏柏尔人那里接触到这种数字的，所以这个名称又被强化了。

这些符号是过了一段时间后才稳定下来的。在中世纪的欧洲，出现过几十种变体。即使现在，不同文化使用的符号也不一样（图 56）。

西方国家	0	1	2	3	4	5	6	7	8	9
阿拉伯语	٠	١	٢	٣	٤	٥	٦	٧	٨	٩
波斯语	٠	١	٢	٣	۴	۵	۶	٧	٨	٩
汉语 *	〇	一	二	三	四	五	六	七	八	九
汉语大写	零	壹	贰贰	叁叁	肆	伍	陆陆	柒	捌	玖
蒙古语	0	9	۶	۲	0	۷	۷	6	9	۴
藏语	٥	٩	٦	٤	٤	٧	٧	٧	٧	٧

图 56　一些现代数字符号（ * 日本和韩国也使用这种汉语数字）

小数点

　　斐波那契的《算盘书》里包含了一种我们至今仍在使用的记号——在分数中的短横线，例如用 $\frac{3}{4}$ 代表四分之三。印度记法也有类似的记号，但没有短横线，它似乎是由阿拉伯人引进的。斐波那契广泛地使用了这个记号，但同一根短横线可以由不同分数共用。

　　今天，我们实际上很少使用分数。小数替代了它们，例如，我们把 π 写成 3.14159。就某种意义而言，小数诞生于 1585 年，在那年，西蒙·斯蒂文成了奥兰治亲王"沉默者"威廉的儿子、拿骚的莫里斯的家庭教师。为了找到精确的计算方法，斯蒂文选择了印度－阿拉伯记数法，但他也意识到分数过于累赘。

古巴比伦人在他们的 60 进制系统里，通过用合适的数位代表 $\frac{1}{60}$ 的各次方，来有效地表示分数，这使得今天在时间和角度中使用的分和秒也都如此。在古巴比伦记数法的现代化形式里，数字 6;15 代表 $6+15\times\left(\frac{1}{60}\right)$，我们会把它写成 $6\frac{1}{4}$ 或 6.25。除了使用 60 进制，斯蒂文很喜欢这个概念，于是他找了一个结合两者优点的系统，那就是十进制。

当斯蒂文发表新的记数系统时，他强调了其实用性以及在商业领域的用途："在商业里碰到的所有计算都可以只用整的数字，而不需要用到分数。"

他的记数方法本身并没有包括小数点，但今天的十进制记数法很快就应运而生了。如果我们写 5.7731，那么斯蒂文会把它写成 5 ⓪ 7 ① 7 ② 3 ③ 1 ④。在这里的符号⓪代表整数，①代表十分之一，②代表百分之一，以此类推。人们很快就把①和②等记号略去，而只留下了⓪，并将其不断地收缩和简化，直到变成小数点。

实数

在用十进制表示分数时，会出现一种麻烦：有时候，小数不是精确的。例如，$\frac{1}{3}$ 很接近于 0.333，更接近于 0.333333，但它们都不是精确的。为了证明这点，只需要把它们乘以 3。你本应该得到 1，但实际上得到的是 0.999 和 0.999999。它们都很接近 1，但都不是 1。数学家们意识到，就某种意义而言，如果用"正确的"十进制表示 $\frac{1}{3}$，那么小数点后的数字 3 必须是无限长的：

$$\frac{1}{3} = 0.333333333333333333...$$

3 一直写下去。这就产生了一个像 π 一样的有无穷位数字，只不过 π 不是无限地重复相同的数字：

$$\pi = 3.141592653589793238...$$

能认识到 $\frac{1}{3}$ 实际上等于 0.333333...，也就是 3 有无穷多个，在这里是很重要的。证明如下，假设

$$x = 0.33333...$$

将 x 乘以 10，这使得 x 变为 $10x$，于是 0.333333... 的小数点向右移了一位，结果得到

$$10x = 3.33333...$$

因此有

$$10x = 3 + x$$

$$9x = 3$$

$$x = \frac{3}{9} = \frac{1}{3}$$

其中，等式 $10x = 3 + x$ 成立依赖于小数点后的数字 3 是有无穷多位的。如果数字 3 不是无穷多位的，即便它重复了亿万次，等式也不成立。

类似的推导也能得出 0.999999...，9 有无穷多个，正好等于 1。你可以用相同的方法，让 $10x = 9 + x$，得到 $x = 1$，或者也可以把 $\frac{1}{3} = 0.333333...$ 直接乘以 3。

许多人深信 0.999999...，9 有无穷多个，并不等于 1。他们认为这个数比 1 小。如果它在某一位结束的话，那么这个结论是正确的，不过它与 1 的差值会越来越小：

$$1-0.9=0.1$$
$$1-0.99=0.01$$
$$1-0.999=0.001$$
$$1-0.9999=0.0001$$
$$1-0.99999=0.00001$$
$$1-0.999999=0.000001$$

以此类推，在极限情况下，两者的差趋近于 0。这个差会比任何正数都要小，无论正数有多小。

数学家把无限小数的值定义为一系列有限小数的极限。无限小数在某个阶段停下后得到的是有限小数。当这些有限小数的位数无限增加时，就是无限小数。对于有无穷多个连续 9 的小数，其极限正好等于 1。选择任何小于 1 的数都不等于这个小数的极限，因为只要 9 的数量足够多，就会比选定的数来得大。"无穷个 0 后跟着一个 1"这样的数并不存在——即使有这样的数，你也不可能将它和 0.999999… 相加后得到 1。

这个定义使无限小数成为一个合理的数学概念。这种数被称为实数——并不是因为它们出现在现实世界里，而是为了把它们和类似于 i 这种"想象中"的数区分开（见第 i 章）。我们使用极限的代价就是，某些数可以有两种完全不同的小数表示形式，例如 0.999999… 和 1.000000…。你很快就会习惯。

第4个三角形数

第 4 个三角形数是（图 57）

$$1+2+3+4=10$$

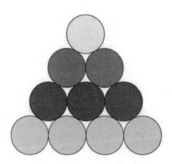

图 57　第 4 个三角形数

古代毕达哥拉斯的信徒们称这种排列为**四列十全**，他们认为它是神圣的。毕达哥拉斯学派认为"万物皆数"，他们将前 10 个数字赋予特别的含义。关于这些含义有许许多多的讨论，在诸多版本里有一种解释是这样的：

1　理性的统一；

2　女性的主张；

3　男性的和谐；

4　正义的宇宙。

把这 4 个重要的数字相加，得到的 10 也特别重要。它还是"四元素"——土、气、火、水的符号，也代表着空间里的点、线、面、体 4 种要素。

在保龄球赛道内的 10 个木瓶也是这种排列（图 58）。

图 58　10 个保龄球瓶

第3个四面体数

1、3、6、10 等连续整数之和被称为三角形数，同样，所谓四面体数是指将连续三角形数相加：

$$1=1$$
$$4=1+3$$
$$10=1+3+6$$
$$20=1+3+6+10$$

第 n 个四面体数等于 $\dfrac{n(n+1)(n+2)}{6}$。

就几何意义而言，由四面体数的球可以堆成一个四面体，它是一堆不断变大的三角体（图 59）。

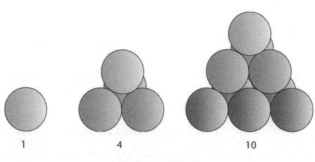

图 59　四面体数

除 1 之外，10 是最小的既是三角形数也是四面体数的数。这样的数只有 1、10、120、1540 和 7140。

10 阶正交拉丁方

1773 年，欧拉正在考虑幻方，也就是那种把数字排列到一个正方形网格里，使行、列、对角线上的数字之和相等的数学游戏（见第 9 章）。但是，聪明过人的欧拉正在引领一个新的研究方向，他在论文《一种新的幻方》里发表了这个想法。他的示例如下：

$$
\begin{array}{ccc}
1 & 2 & 3 \\
2 & 3 & 1 \\
3 & 1 & 2
\end{array}
$$

其中，行和列的和都等于 6。因此，除了一条对角线的和与众不同，以及不符合标准条件中"每个数字只使用一次"的限制之外，这就是一个幻方。然而，方阵的每行和每列都以不同的顺序使用了数字 1、2、3。这种方阵所用的符号不必是数字，特别是，它们可以使用拉丁字母（即罗马字母）A、B、C，因此被称为**拉丁方**。

欧拉是这样描述谜题的："这个奇怪的问题已经困扰许多聪明人一段时间了。它引导我展开了下面的研究，并似乎就此开拓了一个新的分析领域，尤其是在组合方面。问题的关键是排列 36 名军官，这些军官有 6 种不同的军衔，并分属 6 个不同的军团，需要把他们排到一个方阵里，使得每排（包括行和列）都有来自于 6 个不同军团并具有 6 种不同军衔的军官。"

如果用 A、B、C、D、E 和 F 代表军衔，用 1、2、3、4、5 和 6 代表军团，那么谜题需要寻找两个 6×6 的拉丁方，这两个拉丁方各使用一种符号。此外，它们必须是**正交的**，也就是说，当把这两个方阵叠加起来时，不会有两个符号的组合出现两遍的情况。把军衔和军团分开排列很容易，但如果把它们合起来，并且满足没有重复的军衔和军团组合，就非常难了。例如，我们可以试出以下排列

A	B	C	D	E	F			1	2	3	4	5	6
B	C	D	E	F	A			2	1	4	3	6	5
C	D	E	F	A	B	和		4	3	5	6	1	2
D	E	F	A	B	C			6	4	1	5	2	3
E	F	A	B	C	D			5	6	2	1	3	4
F	A	B	C	D	E			3	5	6	2	4	1

把它们组合起来后，我们会得到：

A1	B2	C3	D4	E5	F6
B2	C1	D4	E3	F6	A5
C4	D3	E5	F6	A1	B2
D6	E4	F1	A5	B2	C3
E5	F6	A2	B1	C3	D4
F3	A5	B6	C2	D4	E1

但是，这个方阵是有重复的，例如，A1 出现了 2 次，B2 出现了 4 次。因此它不符合要求。

如果我们用 16 名军官（A、B、C、D 代表军衔，1、2、3、4 代表军团）做尝试的话，找到解答并不太困难，例如下面这样：

A	B	C	D	1	2	3	4
B	A	D	C	3	4	1	2
C	D	A	B	4	3	2	1
D	C	B	A	2	1	4	3

两个方阵是正交的。值得注意的是，还有第 3 个与上面两个都正交的拉丁方：

p	q	r	s
s	r	q	p
q	p	s	r
r	s	p	q

用行话说，我们找到了一个 4 阶拉丁方集合，里面包含了 3 个两两正交的拉丁方。

欧拉尽了最大的努力去寻找一对 6 阶正交拉丁方，但没有成功。这使他认为"36 军官谜题"无解。不过，当 n 为奇数或 4 的倍数时，他能够构造出 $n×n$ 的正交拉丁方对，并很容易证明，不存在 2 阶正交拉丁方。于是，就只剩下方阵大小为 6、10、14、18 等奇数的 2 倍数情况。欧拉猜想，这样大小的方阵不存在正交对。

总共有 8.12 亿种不同的 6×6 拉丁方，即使是做了削减，人们也无法列出所有可能的排列。不过，加斯顿·塔里在 1901 年证明，对 6×6 的方阵而言，欧拉是正确的。但这只是凑巧，在其他情况下，欧拉都是错的。欧内斯特·蒂尔登·帕克在 1959 年构造出了两个 10×10 的正交拉丁方（图 60）。1960 年，帕克、拉杰·钱德拉·博斯和沙拉达钱德拉·尚卡尔·什里坎德证明了除了 6×6 以外，欧拉的猜想不成立。

46	57	68	70	81	02	13	24	35	99
71	94	37	65	12	40	29	06	88	53
93	26	54	01	38	19	85	77	60	42
15	43	80	27	09	74	66	58	92	31
32	78	16	89	63	55	47	91	04	20
67	05	79	52	44	36	90	83	21	18
84	69	41	33	25	98	72	10	56	07
59	30	22	14	97	61	08	45	73	86
28	11	03	96	50	87	34	62	49	75
00	82	95	48	76	23	51	39	17	64

图 60　帕克的两个 10 × 10 正交拉丁方：这两个方阵分别用数字的第一和第二位表示

第二篇
零和负数

说完从1到10，我们退一步，讨论0。

再退一步讨论-1。

这会开启一个全新的负数世界，也将发展出数的新用途——它们不再仅仅用于计数。

"没有" 是数吗？

最早，0 是为了书写数字而出现在数系里的，当时它是一个书写标记。直到后来，它才被视为一个独立的数，成为数系里一个基本的数。不过，它还有许多不同寻常的、有时候甚至是矛盾的性质。特别是，任何数不能除以 0。在数学的基础里，所有数都能起源于 0。

记数的基础

在许多古代文明里，代表 1、10 和 100 的符号之间是没有关系的。例如，古希腊人用字母表上的字母来表示 1 至 9、10 至 90 和 100 至 900。这样或许会让人混淆，尽管结合上下文，人们通常很容易确定符号是代表字母还是数字，但这种方法还是会使算术变得复杂。

如今，我们书写数字的方法被称为位值制记数法，即根据不变的数码所在的不同位置来代表不同的数（见第 10 章）。这种记数法的主要优势在于方便用纸笔计算。直到最近，世界上大部分的计算都是这样完成的。在使用位值制记数法时，你需要知道的最主要的事情就是如何对 10 个符号 0 至 9 做加法和乘法的规则。当相同符号出现在不同位置时，它们的模式是一样的。例如：

$$23+5=28 \qquad 230+50=280 \qquad 2300+500=2800$$

1	α	alpha	10	ι	iota	100	ρ	rho
2	β	beta	20	κ	kappa	200	σ	sigma
3	γ	gamma	30	λ	lambda	300	τ	tau
4	δ	delta	40	μ	mu	400	υ	upsilon
5	ϵ	epsilon	50	ν	nu	500	ϕ	phi
6	ς	vau*	60	ξ	xi	600	χ	chi
7	ζ	zeta	70	o	omicron	700	ψ	psi
8	η	eta	80	π	pi	800	ω	omega
9	θ	theta	90	ς	koppa*	900	λ	sampi*

图 61　*vau、koppa 和 sampi 是已经不再使用的字符

利用古希腊记数法（图 61），最前面两个算式表示为

$$\kappa\gamma + \varepsilon = \kappa\eta \qquad \sigma\lambda + \nu = \sigma\pi$$

它们没有直观的相同结构。

然而，位值制记数法还有一个额外的特点，那就是在写 2015 时，它需要用到符号 0。这个数**没有**百位数。古希腊记数法对此不需要做处理。例如，数字 $\sigma\pi$ 里的 σ 代表"200"，而 π 代表"80"。不难看出，由于没有用到表示个位的符号 α 至 θ，因而这个数没有个位数。与使用代表 0 的符号的记数法不同，古希腊记数法只是没有写任何代表个位数的符号。

如果在十进制系统里也这样做，那么 2015 就会变成 215，但我们无法知道它是代表 215、2150、2105、2015 还是 2 000 150。早期的位值制记数法会使用一个空格，即 2 15。但人们很容易忽视空格，况且两个连续的空格只会变成一个稍长的空格。因此，这种方法很混乱，而且很容易产生错误。

0的简史

古巴比伦

第一个引入表示"这里没有数字"的符号的文明是古巴比伦文明。第 10 章曾提到过,古巴比伦记数法以 60 为基底,而不是用 10。早期的古巴比伦算术用空格代表没有 60,但从公元前 300 年起,古巴比伦人引入了一个特别的符号⚕。不过,他们似乎没有把这个符号当作数字本身来看待。并且,如果这个符号是数字的最后一部分,那么他们还会把它省略掉,所以,需要从上下文推测其含义。

古印度

公元 458 年,在古印度耆那教关于宇宙哲学的文献《天文学志》(*Lokavibhâga*)里,出现了以 10 为基底的位值制记数法的思想。在这份文献中,当需要用到 0 时就会用शून्य(shunya,读作"苏涅亚",意思是"空")来代替。公元 498 年,古印度著名的数学家和天文学家阿耶波多将位值制记数法描述成"位与位之间的值成 10 倍的关系"。在公元 876 年位于瓜廖尔的恰杜尔普迦庙里的一段铭文中,出现了首次使用特定符号来表示数字 0 的毫无争议的例证。猜猜这个符号是什么样的? 它就是一个小圆圈。

玛雅

中美洲的玛雅文明使用以 20 为基底的记数法,玛雅人用一个明确的符号来表示 0。玛雅文明的顶峰大约出现在公元 250 年至 900 年,而这种记数方法可以追溯到更早的时候，并被认为是由奥尔梅克人（公元前 1500—公元前 400 年）发明的。玛雅人在他们的历法系统里大量使用了数字，其中有一种历法被称为长计历。这种历法通过从某个神秘的创世日期起，计数经过了多少天，借此为每天分配一个日期。按照现今的西方日历计算，这个神秘的创世日期是公元前 3114 年 8 月 11 日（图 62）。在这个历法系统里，代表 0 的符号在避免歧义方面至关重要。

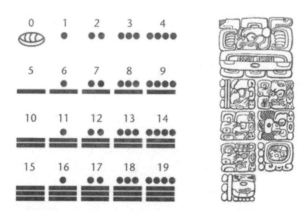

图 62　左图：玛雅数字。右图：位于基里瓜的石柱上，刻有玛雅人的创世日期，即 13 baktuns、0 katuns、0 tuns、0 uinals、0 kins、4 Ahau 8 Cumku，这就是西历的公元前 3114 年 8 月 11 日

0是数吗？

在 9 世纪之前，0 被视为一种为了便于数值运算的**符号**，但人们并不认为它本身也是**数**。这可能是因为 0 并不计数任何东西。

如果你有一些牛, 当别人问你有多少头牛时, 你会指着它们按顺序计数 "1、2、3、……"。但如果你没有牛, 那么你就不会指着一头牛说 "0", 因为并不存在可以指的牛。既然不能在计数时数出 0, 那么它显然不是一个数。

这种看法貌似有点古怪, 但我们应该想想另一个事实: 在更早以前, "1" 也不被当作一个数——如果你有若干头牛, 那么毫无疑问是大于 1 头的。类似的区别在众多现代语言里也能发现, 那就是单数和复数的区别。古希腊人还有一种 "双数" 形式: 在谈到两个对象时, 他们会使用经过特定变形的词语。所以, 就这层意义而言, "2" 也不被认为和余下的数完全一样。许多其他古典语言也是这样的, 甚至一些现代语言, 如苏格兰盖立语和斯洛维尼亚语, 至今还是如此。在英语里也留有这种痕迹, 例如当全体只有 "2 个" 时用 "both", 而全体是 "三者以上" 时则用 "all"。

当 0 作为符号被越来越广泛地使用, 而数的功能也不再限于计数时, 在大多数情况下, 0 的行为显然和其他数是一样的。到 9 世纪时, 古印度数学家认为 0 也是数。它和其他数一样, 不只是一个为了避免混淆而拿来分割其他符号的符号。他们在日常计算中大量使用 0。

在数轴上, 数字 1、2、3、……是从左往右按顺序书写的, 很明显 0 的位置在 1 的左边紧挨着。原因很简单: 任何数字加上 1 会使该数往右移动 1 格。0 加上 1 会变成 1, 因此 0 必须在往右移 1 格就变成 1 的位置, 也就是在 1 的左边 1 格 (图 63)。

对负数的接受确立了 0 作为一个真正的数的地位。人人都认可 3 是一个数。而两个数相加也会得到一个数, 如果你认为 −3 也是一个数, 那么 3+(−3) 也必须得是一个数, 其结果等于 0。

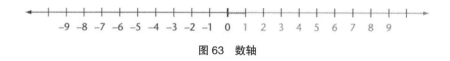

图 63　数轴

与众不同的特性

我曾说过："在几乎所有重要的方面，0 的行为和其他数都一样。"但在特殊情况下，0 会有不同。0 是特殊的。它必须如此，因为它是唯一一个恰好夹在正数和负数之间的数。

很明显，任何数加上 0 后，结果都保持不变。如果我有 3 头牛，加上"没有"牛后，我得到的仍然是 3 头牛。诚然，会有下面这样的奇怪计算：

1 只猫有 1 条尾巴；

没有猫有 8 条尾巴。

因此把它们相加后得到：

1 只猫有 9 条尾巴。

但在这个小把戏里，用到了"没有"一词的两种不同含义的双关。

0 的特殊属性使得 0+0=0，它告诉我们 −0=0。负 0 就是它本身。它是唯一这样的数。这种情况恰恰是因为 0 在数轴上夹在正数和负数中间。

那么乘法呢？如果把乘法当作重复的加法，那么会有：

$$2 \times 0 = 0 + 0 = 0$$

$$3 \times 0 = 0 + 0 + 0 = 0$$

$$4 \times 0 = 0 + 0 + 0 + 0 = 0$$

因此任意数都满足，

$$n \times 0 = 0$$

这在金融交易中是有意义的: 如果我把 3 笔 0 元存入我的账户, 那么我其实没有存钱。同样, 0 又是唯一一个具有这种特殊性质的数。

在算术上, 对任意数 m 和 n 而言, $m \times n$ 和 $n \times m$ 是相等的。这个规定意味着对任意 n 而言

$$0 \times n = 0$$

尽管我们无法把"没有"份 n 加到一起。

除法又是怎样的呢? 0 除以非 0 数很简单: 等于 0。平分无, 或者三分无, 结果还是无。但如果用 0 除别的数, 就可以感受到 0 不同寻常的性质了。例如, 什么是 $1 \div 0$? 我们定义 $m \div n$ 为 q, 只要满足 $q \times n = m$。因此, $1 \div 0$ 的结果是 q, 只要 $q \times 0 = 1$。但是, **不存在这样的数**。无论 q 等于几, 都有 $q \times 0 = 0$, 永远也不会得到 1。

最简单的处理方式是接受它, 因为除以 0 毫无意义, 所以不允许这样干。然而, 直到引入分数之前, 人们同样认为 $1 \div 2$ 也是没有意义的, 因此, 我们或许不应该这么轻易放弃。我们可以试着引入一个可以让我们除以 0 的数。问题在于, 这样的数违反算术基本规则。例如, 因为都等于 0, 我们知道 $1 \times 0 = 2 \times 0$。两边同时除以 0 会得到 $1 = 2$, 这太愚蠢了。因此, 似乎不允许除以 0 是最明智的。

"无"中生数

在数学里, 最接近"无"的概念出现在集合论中。所谓集合是指数学对象集, 这些对象可以是数字、形状、网络等。我们通过列出或描述来定义它。"包含数字 2、4、6、8 的集合"和"在 1 到 9 之间的偶数"都定义

了同一个集合，我们也可以通过列出元素来构建它：

$$\{2、4、6、8\}$$

其中花括号 {} 表示由它们的内容所构成的集合。

大约在 1880 年，德国数学家康托尔发展了一套广泛的集合理论。他一直试图解决一些分析中的技术问题，这些问题与不连续性有关，所谓不连续性是指函数在那些地方突然发生跳跃。他的解答需要构造一种不连续的集合。重要的不是个体，而是整体的不连续性。因为与分析有关，康托尔真正感兴趣的是无穷大的集合。他戏剧性地发现了某些无穷大要比另一些更大（见第 $\aleph_0$ 章）。

我在引言里"什么是数"一节中曾提到，另外一位德国数学家弗雷格注意到了康托尔的思想，但他对无穷集合更感兴趣。弗雷格认为，它们可以解决关于数的性质这一重大哲学问题。他考虑了集合之间是如何对应的：例如，用杯子匹配碟子。一周里的 7 天、7 个小矮人或从 1 到 7 的数字，都可以完美地匹配，因此它们都定义了相同的数。

在这些集合里，我们该选取哪个来代表 7 这个数呢？弗雷格的答案很彻底：**全部**。他定义，数是所有匹配给定集合的集合。也就是说，没有什么集合是高高在上的，选择是唯一的，而非随意选取的。数的名称和符号只不过是这些超大集合的传统标签。7 作为数，是**所有**可以与 7 个小矮人匹配的集合，并且它就是与一周里的 7 天或列表里的 $\{1、2、3、4、5、6、7\}$ 相匹配的所有集合的集合。

尽管这对**概念性**问题来说是一个优雅的解决方案，但它并不能被视为合适的符号——不过，说这些可能有点多余。

当弗雷格在 1893 年和 1903 年出版两卷本著作《算术基本规则》里提

出自己的想法时,他貌似已经解决了这个问题。此刻,每个人都知道什么是数。但就在第二卷出版前,伯特兰·罗素给弗雷格写了一封信,他在信中说(大意):"亲爱的戈特洛布,我认为所有集合的集合并没有包含它自己。"就像"村里的理发师替所有不为自己刮胡子的人刮胡子"那样,这个集合是自相矛盾的。如今我们称其为罗素悖论,它揭示了假设存在好似"一锅端"般大的集合,是危险的(见第 $\aleph_0$ 章)。

数理逻辑试着修正这个问题。其结果与弗雷格把所有可能的集合放在一起的"大集合"策略正好相反。它所采用的诀窍是只挑其中的一个。为了定义数 2,只需构造一个有 2 个元素的标准集合。要定义 3,就用只有 3 个元素的标准集合,以此类推。这里的逻辑不是循环假设你在构造集合时,先不显式地使用数,而后再为它们分配数字符号和名称。

主要问题在于确定该用哪个标准集合。它们必须是被唯一定义的,而它们的结构也应该与计数过程对应。答案来自一个特殊的集合,它被称为"空集"。

0 是一个数,它是整个数系的基础。因此它应该可以为集合里的元素计数。为哪个集合计数呢?好吧,必须得是一个没有元素的集合。这并不难想到,比如"所有重量超过 20 吨的老鼠"。在数学上,存在没有元素的集合,那就是空集。同样,例子也不难找到:"所有能被 4 整除的质数",或是"所有具有四个角的三角形"。它们看起来不一样——一个是由数组成,另一个则由三角形构成,但实际上它们形成的是相同的集合,因为集合里面既没有数也没有三角形,因此并不能说它们不一样。所有空集拥有的元素都正好一样,也就是没有元素,因此,**空集是唯一的**。它的符号是∅,由匿名数学团体布尔巴基在 1939 年引入。集合论需要∅的原因与算术里需要 0

是一样的：如果有它，所有事情都会变得更简单。

事实上，我们可以定义数 0 就是空集。

那么数 1 呢？从直觉上说，我们需要一个正好只有 1 个元素的集合，并且它是唯一的。好吧，空集就是唯一的。因此，我们定义 1 是那种元素是空集的集合：用符号表示就是 {∅}。它与空集不同，因为它有一个元素，而空集是没有元素的。我们规定，这个集合的元素碰巧就是空集，不过只有一个。想象一下，集合就是一个包含了元素的纸袋。空集就是空纸袋。集合里唯一的元素是一个空集，就相当于在纸袋里装了一个空纸袋。它和空纸袋是不同的，因为里面有一个纸袋（图 64）。

图 64 从空集构造数。纸袋代表集合；集合的元素就是它们的所容之物。标签表示集合的名称。纸袋本身不是其所对应集合里的东西，但它是另一个纸袋里的东西

关键一步是定义数 2。我们需要唯一地定义一个有 2 个元素的集合。为什么不用到目前为止提到过的仅有的两个集合∅和 {∅} 呢？因此，我们定义 2 是集合 {∅，{∅}}。根据定义，它和 0、1 一样。

现在，出现了一个通用的模式。定义 3=0、1、2，它是一个有 3 个元素的集合——这 3 个元素都是已经定义过的。接下来，4=0、1、2、3，5=0、1、2、3、4，以此类推。一切都可以追溯到空集。例如，

$3 = \{\varnothing, \{\varnothing\}, \{\varnothing, \{\varnothing\}\}\}$

$4 = \{\varnothing, \{\varnothing\}, \{\varnothing, \{\varnothing\}\}, \{\varnothing, \{\varnothing\}, \{\varnothing, \{\varnothing\}\}\}\}$

你可能并不希望看到小矮人的数量是什么样子的。

这里的构造材料是抽象的，它们是空集，以及通过列出其元素而构造出集合的行为。但是，这些相互关联的集合构造方式可以形成一个定义明确的数系构造方法。在这个数系里，每个数都是一个特定的集合——这个集合天生有和那个数一样多的元素。故事到这里并没有结束。当你定义了正整数，用类似的集合论技巧也可以定义负数、分数、实数（无限小数·）、复数，甚至是在量子理论里用到的最新的奇妙数学概念，等等。

于是，你现在知道了数学里最可怕的秘密：一切都是"无"中生有。

第 -1 章

比"没有"还少

一个数可以比 0 还小吗？除非你通过引入"虚拟牛"来表示欠了别人多少牛，否则你无法处理这种问题。于是，你自然而然地拓展了数的概念，它使代数学家和会计师变得更轻松了。但仍有一些令人吃惊的地方：负负得正。这是为什么呢？

负数

在学习了如何做加法之后，我们接着学加法的逆运算——减法。例如，4-3 的结果等于那个加上 3 后等于 4 的数。当然，其结果等于 1。减法很有用，这是因为它能告诉我们，如果开始有 4 英镑，花掉 3 英镑之后，还剩多少钱。

从较大的数里减去一个较小的数不会有什么问题。如果我们花掉的钱比口袋或钱包里的少，那么就会有一些剩余。但如果我们从较小的数里减去较大的数会是什么样的呢？什么是 3-4 呢？

如果你的口袋里有 3 枚 1 英镑的硬币，你无法从中取出 4 枚，把它们交给超市收银员。但对如今的信用卡而言，你很容易花自己还没有的钱——它不在你口袋里，而是在银行。当这种情况发生时，你就**欠债**了。

于是在不考虑利息的情况下，债务是 1 英镑。因此，在某种情况下 3−4 等于 1，但这是**另外一种** 1：它是债务，而不是现金。如果 1 有对立面，那就是它了。

为了把现金和债务区分开，我们在数字前面加个负号。用这种记数法，便可以有

$$3-4=-1$$

于是我们发明了一种新数：**负数**。

负数的历史

历史上，第一次重大的数系扩展是分数的引进（见第 $\frac{1}{2}$ 章）。第二次才是负数。不过，我把这两种数的出现顺序颠倒了一下。已知最早的负数出现在中国汉朝（公元前 202 年至公元 220 年）的文献《九章算术》里（图 65）。

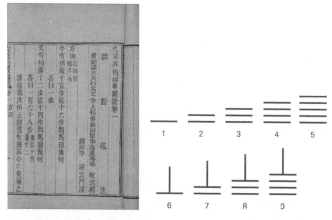

图 65　左图:《九章算术》里的一页；右图: 中国算筹（横式）

这部书使用了实物道具——算筹——来帮助计算。算筹是一些用木制、骨制或用类似材料做成的小棍子。这些小棍子摆成各种图案以表示数字。在数的"个"位上，竖直的棍子代表"1"，而"6"以上的数中，水平的棍子代表"5"。在"百"位上也是如此。而在"十"位和"千"位上，棍子方向的需要交换一下：水平的棍子代表"1"，而"6"以上的数中，竖直的棍子代表"5"[①]。中国人在需要放 0 的地方留出空当，但空当是很容易被忽略的。因此，交换方向的约定有助于避免混淆，例如，图 66 的左面就是在十位上没有算筹的。这种约定在连续出现几个 0 时会没什么用，但这种情况比较少见。

4   0   5   4   5

图 66　405 和 45 在算筹方向上的区别

《九章算术》还通过一个很简单的方法用算筹来表示负数：把红色改成黑色。因此，4 个红色算筹减去 3 个红色算筹会得到 1 个红色算筹；但是，3 个红色算筹减去 4 个红色算筹会得到 1 个黑色算筹。

用这种方法时，黑色算筹的组合代表债务，而债务的数值就是对应红色算筹的组合。

---

① 中国古代的算筹在使用时分为横式（图 65）和纵式，在表示多位数时规定："一纵十横，百立千僵。千十相望，万百相当。""满六以上，五在上方。六不积算，五不单张。"——译者注

古印度数学家也意识到了负数，他们规定了一致的方法来处理计算。公元 300 年左右的巴克沙利手稿包含了对负数的计算，它在我们如今用 "−" 的地方，用 "+" 表示。（数学符号随着时间的推移反复变化，有时候使用的方式会让现在的我们感到困惑。）阿拉伯数学家接受了这个概念，并把它最终传播到欧洲。在 16 世纪之前，欧洲数学家一般把负数答案理解为该问题是不可能的证据，但斐波那契明白了，它们可以在财务计算里表示债务。到 18 世纪时，数学家们已经不再被负数所困扰了。

负数的表示

在几何上，从 0 开始的数可以很容易地被表示为从左往右排成一条线。我们已经知道，这种**数轴**只要沿着相反方向拓展，就可以很自然地得到负数（图 67）。

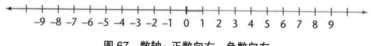

图 67 数轴：正数向右，负数向左

加法和减法在数轴上有很简单的表示方法。例如，任意数加 3，就是向右移 3 格。要从任意数里减去 3，则向左移 3 格。这种方法对正数和负数而言都能得到正确的结果。例如，如果对 −7 加上 3，就是向右移 3 格，得到 −4。负数的算术规则同样说明，加上或减去一个负数的效果和减去或加上其对应的正数是一样的。因此，任意数加 −3，就是向左移 3 格。要从任意数里减去 −3，则向右移 3 格。

负数的乘法更有趣。当我们第一次遇到乘法时，我们把它当作重复的加法。例如，

$$6 \times 5 = 5+5+5+5+5+5 = 30$$

同样的方法表明，我们也应该以相似的方式定义 $6 \times (-5)$：

$$6 \times (-5) = (-5)+(-5)+(-5)+(-5)+(-5)+(-5) = -30$$

现在，有一条算术规则是将两个正数乘在一起也会得到一个正数，无论它们的顺序如何。例如，5×6 应该也等于 30。事实上，的确如此，因为

$$5 \times 6 = 6+6+6+6+6 = 30$$

是成立的。因此，看起来假设负数有相同的规则也很合理，即 $(-5) \times 6 = -30$ 成立。

那么 $(-6) \times (-5)$ 呢？我们不太清楚。我们写不出将 -6 个 -5 相加。所以我们必须慢慢处理这个问题。让我们先看看到目前为止已知的情况：

$$6 \times 5 = 30$$
$$6 \times (-5) = -30$$
$$(-6) \times 5 = -30$$
$$(-6) \times (-5) = ?$$

答案似乎是 30 或 -30 会比较合理。问题在于是其中的哪一个呢？

乍一看，人们往往会觉得应该等于 -30。在心理学上，这种计算似乎充满了"负"面情绪，因此其结果应该也是负数。这就好比，有人说"我没做冇事"，有人说"我没做毛事"[1]，这两句话的含义一样，具体怎么说，

---

[1] 原文为 nuffink 和 nuffin'，即 nothing。这里使用了广东话"冇"和典故"三毛饭"里的"毛"，它们也是"没"的意思。——译者注

取决于人所处的地理位置和文化环境。不过合乎情理的是，如果 "你**没有没做事**"，那么 "你**不是没做事**"，也就是说 "你一定**做了**一些事"。这是否是一个合理的解释，取决于你所假设的语法规则。用于双重否定的这个 "没" 也可以被认为是在强调。

同样地，$(-6) \times (-5)$ 也是人类的约定。当我们引入新的数时，就无法保证原先的概念仍然有效。因此，数学家们本可以规定 $(-6) \times (-5) = -30$，他们甚至可以规定 $(-6) \times (-5)$ 等于 "紫色的河马"。

不过，有些不同的原因说明了为什么选择 -30 会不方便，而且这些原因都指向另一个选择——30。

一个原因是，如果 $(-6) \times (-5) = -30$，那么它与 $(-6) \times 5$ 相等。两边除以 -6 后得到 $-5 = 5$，这与人们对负数的规定矛盾。

另一个原因在于，我们已经知道 $5 + (-5) = 0$。在数轴上，5 往左移 5 格的结果是什么？是 0。由于任何正数乘以 0 等于 0，因此假设负数也是如此会比较合理。于是，假设 $(-6) \times 0 = 0$ 也是比较合理的。也就是说，

$$0 = (-6) \times 0 = (-6) \times (5 + (-5))$$

根据常规的算术规则，上式等于

$$(-6) \times 5 + (-6) \times (-5)$$

如果 $(-6) \times (-5) = -30$，那么会有 $(-30) + (-30) = -60$。于是得到 $0 = -60$，这并不合理。

另一方面，如果我们让 $(-6) \times (-5) = 30$，我们就能得到

$$0 = (-6) \times 0 = (-6) \times (5 + (-5)) = (-6) \times 5 + (-6) \times (-5) = (-30) + 30 = 0$$

这样，一切就变得合理了。

第三个原因和数轴的结构有关。当任何正数乘以 -1 时，我们会把它变

成一个对应的负数，也就是让数轴上整个正数的那一半旋转 180°，从右边
移到左边。那么，负数的那一半应该移到哪里呢？如果把这一半留在原地，
那就会遇到同样的问题，因为 (−1)×(−1) 等于 −1，它和 (−1)×1 相等，从
而推导出 −1=1。唯一合理的选择就是让数轴上整个负数的那一半也旋转
180°，从左边移到右边。这样做很棒，因为现在乘以 −1 就相当于旋转数
轴，让左右两边的方向反转过来。因此，就如同黑夜接着白天，再乘以一
个 −1 就能让数轴再转 180°（图 68）。这样，方向又一次反转，一切都回
到最初的位置。旋转的总角度实际上是 180°+180°=360°，即一个完整的圆
周——它把一切带回到了起点。因此，(−1)×(−1) 的结果就是让 −1 旋转，
得到的结果是 1。一旦规定 (−1)×(−1)=1，那么就可以有 (−6)×(−5)=30。

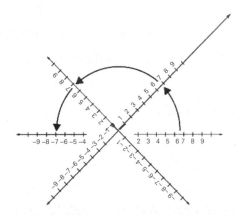

图 68　任何数字乘以 −1 相当于旋转数轴 180°

第四个原因是，把负的现金当作债务来解释。在这种解释里，某个现

金额乘以负数的结果与该现金额乘以对应的正数结果值是一样的，只不过现金成了债务。现在，**减去**债务，也就是"拿走债务"的效果就像银行从账户记录里核销你的欠款一样，实际上就是还给你一些钱。你从账户里减去 10 英镑债务，就相当于为自己存了 10 英镑——你的账户**多了** 10 英镑。在这种情况下，两者的净效果都使你的余额归零。这使得 $(-6)\times(-5)$ 与在银行账户里核销 6 份 5 英镑的债务的效果一样，也就是在余额上增加 30 英镑。

　　这样讨论的结果便是，尽管在原则上我们可以随心所欲地定义 $(-6)\times(-5)$，但只有一个选择可以使常规的算术规则对负数仍然有效。并且，该选择在把负数作为债务时也能解释得通。这种选择使得负负得正。

第三篇
复　数

3

当数学家们想要用一个数除以另一个数，但又没能除尽时，他们就发明了分数。

当他们想要用一个较小的数去减一个较大的数时，又发明了负数。

只要有无法完成的事，数学家们总会发明新的东西来应对。

因此，当他们发现负数无法找到平方根，继而引发严重的麻烦时，猜猜会发生什么？

第 i 章

虚数

我在引言"不断成熟的数系"一节里曾提到，人们倾向于认为数是一成不变的，但实际上，它们是人类的发明。数始于计数，但是数的概念被不断地扩展，从 0、负数、有理数（分数），一直到实数（无限小数）。

尽管这些数系在技术上有所不同，但在感觉上都差不多。你可以用它们做算术，也可以比较任意两个数之间哪个更大，也就是说，它们是有次序概念的。然而，从 15 世纪开始，一些数学家想知道是否存在一种具有更少性质的新数，对它们而言，常规的次序"大于"不再有意义。

因为负负得正，所以任意实数的平方都是正数或 0（即非负数）。因此在实数系里，负数没有平方根。这会有些不方便，尤其是在代数领域。不管怎样，代数中有些奇妙结果表明，在求解方程的公式里，需要有能让 $\sqrt{-1}$ 这样的表达式变得合理的方法。在经历了极度困惑并自我反省之后，数学家们决定引入一种新的数，弥补了那些缺失的平方根。

关键一步是引入 -1 的平方根。1777 年，欧拉在一篇用法语写成的论文里使用符号 i 来表示 $\sqrt{-1}$。因为它的行为不像传统的"实"数，所以被称为虚数。在引进 i 以后，人们不得不接受类似 2+3i 之类的数，它们被称为复数。因此，人们得到的不只是一个新的数，而是一个经过扩充的全新数系。

从逻辑上说，复数依赖于实数。不过，这一逻辑被特里·普拉切特、杰克·科恩和我在《碟形世界的科学》（*The Science of Discworld*）系列里发明的"叙事元"给打败了。这就是故事的力量。数背后的数学故事才是真正重要的内容，我们需要用复数来讲述其中一些故事——即使对于更常见的数来说，也是如此。

复数

关于复数的算术和代数很简单。你在用普通的加法和乘法规则时，只需要额外记住一条：在所有要写 i^2 的地方，记得用 -1 来替换。例如，

$$(2+3i)+(4-i)=(2+4)+(3i-i)=6+2i$$

$$(2+3i)\times(1+i)=2+2i+3i+3i\times i=2+5i+3\times(-1)$$

$$=(2-3)+5i=-1+5i$$

当早期的数学先驱们探索这个概念的时候，他们得到了一种看起来在逻辑上一致的数，这种数扩展了实数系。

这是有先例的。人们用整数计数从而催生了数系，此后，数系已经被扩展了很多次。但是这次，"大于"的概念不得不被舍弃。这对已有的数而言没什么，但如果假设对新的数也有效的话，那就会遇到麻烦。数不再区分**大小**！真是奇怪。这种"奇怪"让数学家们注意到他们正在扩展数系，同时开始怀疑它是否合理。此前，他们从未遇到过这样的问题，因为分数和负数在现实世界中都有简单的类比。但 i 只是一个符号，在此之前，它的行为方式都被认为是不可能的。

最终，实用主义占了上风。关键问题不是新类型的数是否"真实"存在，而是假设它们存在的话，是否有用。人们早已知道，实数在科学上十

分有用，它可以描述物理量的精确值。但人们不清楚，负数的平方根是否有物理意义。你不可能在尺子上找到它。

令全世界数学家、物理学家和工程师们吃惊的是，复数被证明是非常有用的。它们在数学上弥补了一个不同寻常的缺口。例如，如果允许复数存在，那么方程式求解的效果会更好。这正是引入复数的最主要原因。当然，还有一些其他原因：复数让求解磁学、电学、热学、声学、引力、流体等诸多数学物理问题成为可能。

在这些问题里，重要的不在于物理量的大小——这些是可以用实数表示的——而是它们所指的方向。复数处在一个平面上（见下文），所以它定义了一个方向，即从原点到复数对应点的直线。因此，任何与在平面上的方向有关的问题，都可能运用复数。物理学里充满了这样的问题。事实上，"复"数并不复杂。而且，它们特别适合描述波。

长久以来，复数一直被用于解决这些问题，但没人能解释这些数到底是什么。它们太有用了，不容忽视，而且似乎总是有效的，因此所有人习惯了它们的存在，几乎不再为它们的含义而烦恼。最后，一些数学家利用平面坐标表示复数的方法，定义了复数的概念，借此证明了逻辑的一致性。

复平面

就几何意义而言，实数可以表示为在线（实数轴）上的点，数轴是一维的。类似地，复数可以表示为在平面上的点，平面是二维的。这里有两个"独立的"基数——1 和 i，每个复数都由它们组成。

平面引起了人们的注意，因为任意数乘以 −1 会将数轴旋转 180°（见第 −1 章）。因此，不管 1 的平方根有什么含义，想必它对数轴也会产生影响。并且，不管是什么影响，**在重复两次后**，也应该是旋转180°。那么，什么动作是你在做了两次之后，效果是旋转180°呢？

当然是旋转90°。

于是，人们猜测 -1 的平方根可以解释成将数轴旋转90°。动笔画一下，我们会发现这样做无法使数轴回归到自身。相反，它会生成第二条数轴，并与原来那条相交成直角。第一条数轴就是实数轴。而像 -1 的平方根那样的虚数就处于第二条数轴上。在平面上，把两条数轴作为坐标轴结合起来，就能得到复数（图69）。

"实"和"虚"是几个世纪前的名称，现在，我们已不再认同这种称呼所反映的数学观念了。如今，所有数学概念都被认为是现实的思维模型，而不是现实本身。不过，实数可以直接地对应现实世界中测量的长度的概念，而虚数则没有这种**直接的**解释。因此，这些名称被保留了下来。

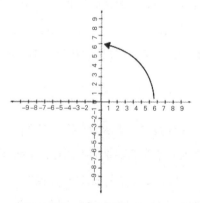

图69　将数轴旋转一个直角后，产生了一条新数轴

如果选取几个常规的实数，再把新数 i 扔进其中，那我们就必须能表示出类似 3+2i 这样的组合。这个数对应着复平面上坐标为 (3, 2) 的点，也就是说，它位于实轴的方向上有 3 个单位、虚轴方向上的 2 个单位处。一般而言，$z = x + iy$ 对应点的坐标是 (x, y)。

1806 年，法国数学家让 – 罗贝尔·阿尔冈用几何方法表示了复数，这样的图形也常被称为阿尔冈图。不过，这一思想可以追溯到挪威 – 丹麦测量员卡斯帕·韦赛尔。他在 1799 年发表了《关于方向的解析表示》（*Om Directionens analytiske Betegning*）一文，其中提到了这一想法。在那个年代，丹麦和挪威是暂时的联合国家。由于几乎没有科学家懂丹麦语，因此他的论文在当时没有引起人们的注意。

1799 年，高斯在他的博士论文里也提出了相同的概念，他意识到这种描述在简单地使用坐标后，可以把复数看作一个实数对 (x, y)。到 19 世纪 30 年代，哈密顿将复数定义为"一对实数"，这种数对被称为有序数对。今天，我们就是这样定义复数的。复平面上的点是有序数对 (x, y)，而符号 $x + iy$ 只不过是那个点或数对的另一个名字。于是，神秘的表达式 i 只是有序数对 $(0, 1)$。问题的关键在于，我们必须通过下面的式子为这些数对定义加法和乘法：

$$(x, y) + (u, v) = (x + u, y + v)$$

$$(x, y)(u, v) = (xu - yv, xv + yu)$$

这些公式是怎么来的呢？在对 $x + iy$ 和 $u + iv$ 做加法或乘法时，只要假设代数基本规则成立，并且把 i^2 替换成 -1 就可以了。

这些计算催生了定义。不过，人们是通过假设代数规则来了解定义应该是什么样的。当验证这些数对的代数规则时，人们仅基于正式的定义，而不是循环的逻辑。毫无疑问，这一切都是可行的，但必须经过验证。论证过程很长，但很简单。

单位根

在复数中，代数和几何之间的相互影响十分显著。这种关系在单位根的问题中更明显：求解方程 $z^n = 1$，其中 z 属于复数，且 n 属于整数。例如，五次单位根满足 $z^5 = 1$。

一个直观的解是 $z = 1$，它是唯一的实数解。不过，还有 4 个复数解。它们是 ζ、ζ^2、ζ^3 和 ζ^4，其中，

$$\zeta = \cos 72° + i \sin 72°$$

在这里，$72° = \dfrac{360°}{5}$。它们的精确计算式是：

$$\cos 72° = \frac{\sqrt{5}-1}{4} \qquad \sin 72° = \frac{\sqrt{10+2\sqrt{5}}}{4}$$

利用三角学可以证明，这 5 个点构成一个正五边形的顶点（图 70）。基本思路是，正如乘以 i 相当于在复平面上旋转 90°，乘以 ζ 也相当于在复平面上旋转 72°。这样旋转 5 次，就等于 360°，与没有旋转的结果一样，或者说，相当于乘以了 1。因此，$\zeta^5 = 1$。

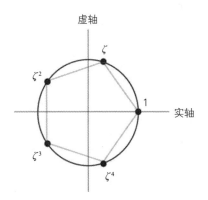

图 70　在复平面上的 5 个五次单位根

更一般地，方程 $z^n = 1$ 有 n 个解：$1, \zeta, \zeta^2, \zeta^3, \cdots, \zeta^{n-1}$，在这里，

$$\zeta = \cos\frac{360°}{n} + \mathrm{i}\sin\frac{360°}{n}$$

这些想法为正多边形提供了一种代数表示，它被用于研究欧氏几何里的尺规作图（见第 17 章）。

第四篇
有理数

4

现在让我们看看分数，它们被数学家们称为有理数。

历史上，当物品或财产不得不在几个人之间平分时，分数就出现了。

这一切始于 $\frac{1}{2}$，它适用于两个人平分的情况。

结果就是产生了一个数系，只要不除以0，它总能做除法。

分割不可分割

现在，让我们来讨论分数。数学家们更喜欢用一个更优雅的术语——**有理数**。这些数是由一个整数除以另一个非零整数构成的，就像 $\frac{1}{2}$、$\frac{3}{4}$ 或 $\frac{137}{42}$。想象一下，我们回到"数"只代表"整数"的那些日子。在那个世界里，当一个数正好能被另一个数整除时，人们会感觉很完美，就像 $\frac{12}{3} = 4$。但是，这样就不会产生什么新东西。当除法计算不出结果的时候，更精确地说，是计算结果不再是整数的时候，分数就变得着实有趣了。这时，我们需要一种新的数。

最简单的也是在日常生活中最常见的分数，就是"一半"，即 $\frac{1}{2}$。《牛津英语词典》对"一半"的解释是："某个物体（可以）被分割，分成相等两份中的其中一份或相应部分中的一份。"在生活里，"一半"随处可见："半"品脱啤酒或牛奶、足球或橄榄球比赛的两个"半"场、"半"价出售的门票、在高尔夫球比洞赛时对"半"平分一个洞①，以及"半"小时。心

---

① 这里指的应该是在比洞赛的某个回合里，双方以相同的杆数打平。——译者注

理学里的经典问题：你觉得杯子里的水是"半"满还是"半"空？还有记性好得"半"面不忘……

作为最简单的分数，$\frac{1}{2}$ 也算得上是最重要的分数。欧几里得知道怎样等分线段和角，也就是把它们均分为二。在解析数论里还有关于 $\frac{1}{2}$ 的一个更高级的性质：人们猜想，黎曼 ζ 函数的非平凡零点的实部总是 $\frac{1}{2}$。在整个数学领域，这个猜想在尚未解决的问题里或许是最重要的。

二等分角

$\frac{1}{2}$ 的特殊性质早在欧氏几何里就有所体现。《几何原本》第 1 卷的命题 9 提供了一种"等分已知角"的作图方法，它可以画出一个只有一半大小的角。方法如下。给定 $\angle BAC$，用圆规在线段 AB 和 AC 上分别作与 A 等距的点 D 和 E。然后，以 D 为圆心、DE 为半径作一条弧；以 E 为圆心、ED 为半径作另一条弧。将两条弧相交于点 F，得到 F 和 D、E 等距。最后，得到 AF 等分 $\angle BAC$。实际上，欧几里得在描述最后一步时略有不同，他要求构造一个等边 $\triangle DEF$。这是一个基于他前面的证明结果的策略性选择 ①，其结论是完全相同的，因为 $\triangle DEF$ 就是等边三角形（图 71）。

---

① 《几何原本》第 1 卷的命题 1 就介绍了如何构造等边三角形。——译者注

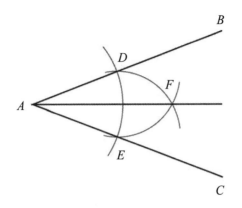

图 71　如何二等分角

　　这种作图方法能够成功，其深层次的原因是对称。整个图形是以线 AF 为对称轴呈反射对称的。反射对称是 2 阶对称，即反射 2 次后会恢复原状。因此，我们能将角二等分并不奇怪。

　　欧几里得没有告诉我们怎样三等分任意的角，即把角分成相等的三份——这对应着分数 $\frac{1}{3}$。我们在第 3 章看到，数学家们在大约 2000 年之后证明了用传统的（不带刻度的）直尺和圆规是不可能做到这一点的。事实上，对任意的角而言，用尺和圆规只能得到 $\frac{p}{2^k}$ 份：二等分 k 次，然后选取 p 份。基本上，你唯一能做的就是反复二等分，所以，$\frac{1}{2}$ 在几何上很特别。

黎曼猜想

　　对整个高等数学而言，$\frac{1}{2}$ 出现在一个可能是最重要的尚未解决的问题里，这个问题就是黎曼猜想。它是由格奥尔格·伯恩哈德·黎曼在1859年提出的一个看似"无伤大雅"的猜想。黎曼猜想是某个灵巧玩意儿的一个深刻性质，它就是 $\zeta(z)$ 函数。在这里，z 是复数，而 ζ 是希腊字母 zeta。ζ 函数和质数之间有着紧密的联系，因此，运用复数的强大技术时也会涉及这个函数，并能借此探索质数的结构。

然而，在厘清 ζ 函数的一些基本性质之前，我们还无法利用这些技术，这也是它如此棘手的原因。那些关键的性质与 ζ 函数的**零点**有关，即那些满足 $\zeta(z)=0$ 的复数 z。某些零点很容易找到：所有负偶数都是，即 $z=-2,-4,-6,-8,\cdots$ 不过，黎曼证明了存在无穷多个零点，并且，他找到了其中的 6 个，它们是：

$$\frac{1}{2}\pm14.135i \qquad \frac{1}{2}\pm21.022i \qquad \frac{1}{2}\pm25.011i$$

（零点总是随着正负虚部成对出现。）

你不需要在数学方面具备多高的敏感性就能发现，这 6 个数有一个有趣的共同之处：它们符合 $\frac{1}{2}+iy$ 的形式。也就是说，它们的实部都是 $\frac{1}{2}$。黎曼推测，除了负偶数之外，这种形式对 ζ 函数的其他**所有**零点也是成立的。这就是黎曼猜想。如果猜想成立——所有已知的证据也都支持这个观点，那么它会产生很多意义深远的影响。假如还有其他更重要的问题的话，那么它们的一般化推广也应该能算一个。

尽管数学家们已经艰苦研究了 150 多年，但证明尚未被发现。黎曼猜想仍是整个数学领域里最令人困惑和恼火的谜题之一。解决这个难题将是数学史上最引人注目的事件之一。

证明黎曼猜想的漫漫长路始于一个发现：尽管单个质数看起来具有令

人困惑的不规则性，但总体而言，它们有清晰的统计模式。1835 年，阿道夫·凯特勒的发现震惊了他的同行们。他发现，社会事件的数学规律依赖于人类有意识的选择或命运的安排——从出生、结婚到死亡，甚至是自杀。这些模式具有统计意义，它们并不适用于个人，但对大量人口的平均行为是有意义的。几乎在同一时期，数学家们开始意识到，质数也是如此。尽管每个质数都是"粗野的个人主义者"，但就总体而言，它们存在一些隐含的模式。

高斯在 15 岁左右时，曾经在他的对数表上写过一个注释：当 x 很大时，小于或等于 x 的质数的数量约等于 $\dfrac{x}{\ln x}$。这个命题后来被称为质数定理。起初，由于缺乏证明，它只是质数猜想。1848 年和 1850 年，俄罗斯数学家帕夫努季·切比雪夫试着用分析的方法来证明质数定理。乍一看，两者之间并没有明显的联系，我们也可以试着用流体力学或鲁比克魔方证明。但是，欧拉早已发现两者之间存在一个奇妙的联系，它就是下面的公式：

$$\frac{1}{1-2^{-s}} \times \frac{1}{1-3^{-s}} \times \cdots \times \frac{1}{1-p^{-s}} \times \cdots$$
$$= \frac{1}{1^s} + \frac{1}{2^s} + \frac{1}{3^s} + \frac{1}{4^s} + \frac{1}{5^s} + \frac{1}{6^s} + \frac{1}{7^s} + \cdots$$

其中 p 是所有质数，而 s 是任意大于 1 的实数。$s>1$ 这一条件旨在让右边的级数具有一个有意义的值。公式所蕴含的主要思想是，用分析的语言表示质数分解的唯一性。$\zeta(s)$ 等于等式右边的级数；其数值取决于 s。

切比雪夫利用欧拉的公式证明了，当 x 很大时，小于或等于 x 的质数数量非常接近于 $\dfrac{x}{\ln x}$。事实上，该比值介于两个常数之间，其中一个比 1 略大，而另一个比 1 略小。这一结果并不像质数定理那么精确，却引出了对另一个著名猜想的证明。这个猜想是伯特兰曾在 1845 年提出的：如果对任意大于 1 的整数乘以 2，原数与结果之间必定存在一个质数。

黎曼想知道，在使用新技术后，欧拉的思想可否变得更强大，于是，他雄心勃勃地推广了 ζ 函数——它的变量不仅能定义为实数，而且也可以是复数。欧拉的级数是一个很好的起点。只要 s 的实部大于 1，它对**复数 s** 而言也很完美。（这是一个技术上的要求，它可以使级数收敛，即对无穷项求和有意义。）黎曼的第一个伟大洞见是，他认为自己可以做得更好。他能用一种被称为解析延拓的过程将 ζ(s) 的定义扩展到除了 1 以外的所有复数上。而 1 之所以被排除在外，是因为 ζ 函数在 s = 1 时趋于无穷。

正是这种扩展技术让所有负偶数都成了零点。不过，这一点并不能直接从级数里看出来。它还使黎曼研究的 ζ 函数暗含了一个新性质。1859 年，黎曼把自己所有的想法都汇集到了《论小于给定大数的质数数量》一文中。在这篇论文里，他就小于给定实数 x 的质数的数量提出了一个明确且精确的公式。笼统地说，该公式指出那些质数的对数之和近似于

$$-\sum_{\rho} \frac{x^{\rho}}{\rho} + x - \frac{1}{2}\ln(1-x^{-2}) - \ln 2\pi$$

这里的 $\sum$ 是指除了负偶数之外，所有使 ζ(ρ) 等于 0 的数 ρ 之和。

如果我们掌握了关于 ζ 函数零点的足够多的信息，那么就能从黎曼公式推导出许多关于质数的新结论。尤其是那些关于零点实部的信息，能让我们得到质数的统计性质：在一定范围内有多少个质数，它们在整数中是怎样分布的，等等。这就是黎曼猜想能给予的奖励……只要你能证明它。

黎曼预见了这一可能性，但从未把他的计划变成一个可靠的结论。然

而在 1896 年，雅克·阿达马和夏尔·让·德·拉瓦莱·普桑利用黎曼的思路独立地推导出了质数定理。他们通过证明 ζ 函数的非平凡零点的一个性质完成了证明，他们所用的性质更弱——实部介于 0 和 1 之间。

　　1903 年，约尔延·格拉姆在数值上证明了前 10 对正负零点都位于临界线① 上。1935 年，E. C. 蒂奇马什将 10 对零点提高到了 195 对。1936 年，蒂奇马什和莱斯利·科姆里又证明了前 1041 对零点都在临界线上——这是人们最后一次手工做这类计算。1953 年，图灵发现了一种更有效的计算方法，他用计算机推导出前 1104 对零点都在临界线上。最新的记录是由扬尼克·萨乌特和帕特里克·德米歇尔在 2004 年创造的，该记录表明前 10^{13} 对非平凡零点都在临界线上。数学家和计算机科学家们也检查过其他范围内的零点。迄今为止，每一个被计算过的非平凡零点都在临界线上。

　　遗憾的是，在数论领域里，这类实验结果没有想象中的那么重要。许多其他猜想尽管也有大量证据支撑，但最终成为浮云。只要出现**一个**例外，就能让整幢大厦倾覆。不过据我们所知，这样的例外可能会大到计算机根本无法处理。这就是数学家需要证明的原因，但黎曼猜想已经在证明这一环节停滞不前超过了 150 年。

---

① 在黎曼猜想中，临界线是指 $x = \frac{1}{2}$。——译者注

约等于 π

在许多学校里，老师教学生们"取 π 等于 $\dfrac{22}{7}$"。但是，我们真的就能认为这个等式可以像字面写的那样相等吗？倘若我们不介意微小的误差，那么这个分数又是从哪里来的呢？

有理化 π

数 π 不可能正好等于 $\dfrac{22}{7}$，因为它是一个无理数（见第 $\sqrt{2}$ 章和第 π 章）。换句话说，不存在一个正好与它相等的分数 $\dfrac{p}{q}$，其中 p 和 q 都是整数。这个事实被数学家们怀疑了很久，最后由约翰·兰贝特在 1768 年证明。后来，人们还发现了一些其他证明方法[①]。特别是，这意味着用十进制表示 π 时，它将有无穷多位，而且不存在无限重复的循环节，也就是说，π 不是一个**循环**小数。这并不意味着，某个特定的数字串（比方说 12345）不会出现许多次——事实上，这种数字串很可能会出现无穷多次。但你不能通过永远重复某个固定的循环节来得到 π。

---

① 林德曼证明 π 是超越数。——译者注

　　某些学校里所教的数学回避了这个难点，而用一个简单的近似值来表示 π，也就是 $3\frac{1}{7}$ 或 $\frac{22}{7}$。你不需要证明 π 是无理数，就能知道它们并不完全相等：

$$\pi = 3.141592\ldots$$

$$\frac{22}{7} = 3.142857\ldots$$

而且，和其他有理数一样，$\frac{22}{7}$ 是一个循环小数，其小数部分是：

$$\frac{22}{7} = 3.142857142857142857\ldots$$

无限重复的循环节是 142857。

　　在历史上，有许多有理数曾被用来近似表示 π。

　　公元前 1900 年左右，古巴比伦数学家在计算时取的近似值是 $\pi \approx \frac{25}{8} = 3\frac{1}{8}$。

　　有一位名叫阿梅斯的古埃及书记官在第二中间期（约公元前 1650 年—公元前 1550 年）创作了莱茵德数学纸草书（图 72）。不过，他宣称这份纸草书抄录自一份更早的纸草书，而那是一份中王国时期（公元前 2055 年—公元前 1650 年）的作品。在莱茵德数学纸草书里，有一个近似计算圆的面积的方法，用现代术语表示的话，其结果是把 π 近似成 $\frac{256}{81}$。不过，我们并不清楚古埃及人是否明白这个特别的常数相当于 π。

　　公元前 900 年左右，古印度天文学家耶若婆佉把 π 近似成 $\frac{339}{108}$。

　　公元前 250 年左右，世界上最伟大的数学家之一，同时也是优秀的工程师的古希腊人阿基米德，用严格的逻辑证明了 π 介于 $\frac{223}{71}$ 和 $\frac{22}{7}$ 之间。

　　公元 250 年左右，中国数学家刘徽证明了 $\pi \approx \frac{3927}{1250}$。[①]

---

① 南北朝时期，祖冲之给出了 $\frac{355}{113}$。——译者注

我们可以通过计算到十万分位来比较这些近似值（表 9）。

表 9

数	精确到十万分位	对应的误差
π	3.14159	
$\dfrac{22}{7}$	3.14286	误差 4%（略大）
$\dfrac{25}{8}$	3.12500	误差 5%（略小）
$\dfrac{256}{81}$	3.16049	误差 6%（略大）
$\dfrac{339}{108}$	3.13889	误差 8%（略小）
$\dfrac{223}{71}$	3.14085	误差 2%（略小）
$\dfrac{377}{120}$	3.14167	误差 0.2%（略大）
$\dfrac{3927}{1250}$	3.14160	误差 0.02%（略大）

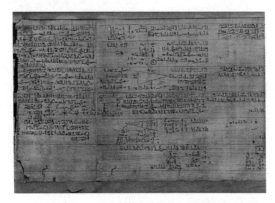

图 72　莱茵德数学纸草书（局部）

汉诺塔

从表面上看，你不会觉得 $\dfrac{466}{885}$ 有什么特别。我当然也这样认为，尽管我曾在做研究时，刚好得到过这个数。但是，它被证明和一种名叫汉诺塔的著名益智游戏关系密切，并且还与另一种更出名的形状也有关，这种形状就是谢尔平斯基垫片。

移动圆盘

汉诺塔是一种传统的益智游戏。1883 年，卢卡斯将其投入市场销售。汉诺塔包含了一套大小不同的圆盘，放置在三根柱子上。我们用正整数 1, 2, 3, …, n 来表示圆盘的大小，称之为 n 片汉诺塔。用于销售的游戏一般包含 5 到 6 片圆盘。

开始时，圆盘都在同一根柱子上，大小从下往上逐渐变小。游戏的目标是将所有圆盘移到另一根柱子上。每次只能把圆盘堆的最上面那片移到另一根柱子上。另外，圆盘只能以如下方式移动：

- 将圆盘移到更大的圆盘上；或者
- 柱子本来是空的。

第一条规则说明，当所有圆盘移动完成后，它们仍是按照从下往上逐渐变小的大小顺序排列。

在继续阅读本文之前，你应该先试着玩一下。从 2 片圆盘开始，逐渐增加到 5 片或 6 片，这取决于你的野心和耐心。

例如，你可以只用 3 步就解决 2 片汉诺塔游戏（图 73）。

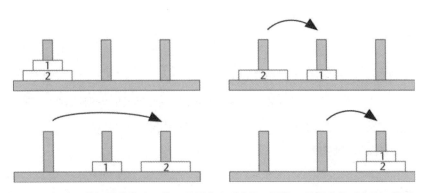

图 73　解决 2 片汉诺塔游戏。将 1 号圆盘移到中间，再将 2 号圆盘移到右边，最后将 1 号圆盘移到右边

那么 3 片汉诺塔游戏呢？它开始时如图 74 所示。

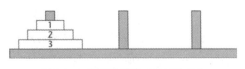

图 74　3 片汉诺塔游戏的初始状态

　　第 1 步基本上是一定的：唯一可以移动的就是 1 号圆盘。它可以被移到另外两根柱子中的一根。我们可以重新定义这两根柱子，而且不影响游戏，所以选哪一根其实无所谓。因此，假设我们把 1 号圆盘移到中间的柱子上（图 75）。

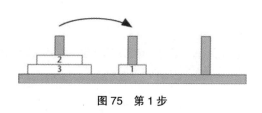

图 75　第 1 步

　　这步之后，我们可以再次移动 1 号圆盘，但实际上，这样做不会产生任何影响：它要么回到开始的位置，要么移到另一根空柱子上——但是，它本来就可以直接移过去。所以，我们必须移动另一片圆盘。我们不能移动 3 号圆盘，因为它在 2 号圆盘下面，所以只能移动 2 号圆盘。而我们又不能把 2 号圆盘放到 1 号圆盘上面，所以只可能把它移到右边的柱子上（图 76）。

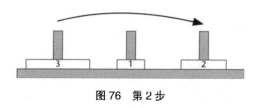

图 76　第 2 步

现在，我们不能移动 3 号圆盘，而假如再移动 2 号圆盘的话，又很蠢，因此只能移动 1 号圆盘。如果把它放到 3 号圆盘上面，游戏就会卡壳，再下一步只能回退。所以，我们只有一种选择，如图 77 所示。

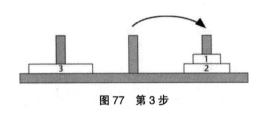

图 77　第 3 步

接下来呢？不管是回退上一步操作，还是将 1 号圆盘放到 3 号上面，似乎都没什么太大帮助。所以，只能把 3 号圆盘移到空柱子上（图 78）。

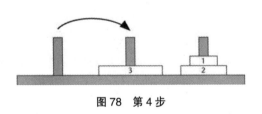

图 78　第 4 步

到此为止，我们为了完成游戏已经走了许多步，而我们已经把最难处理的圆盘——3 号圆盘移到了新柱子上。显然，现在要做的就是把 1 号和 2 号圆盘放到 3 号上面。不过，我们已经知道该如何操作了：因为 1 号和 2 号组成的圆盘堆已经被移到了一根新柱子上，所以，我们只要认真选对柱子，重复之前的步骤就可以了（图79～图81）。

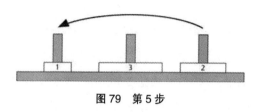

图79　第5步

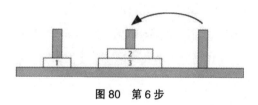

图80　第6步

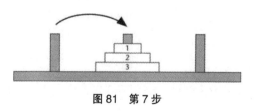

图81　第7步

任务完成！

这个解题过程一共用了 7 步，即 2^3-1。我们还能证明，不存在更简单的方法。通过这个证明，我们可以推出对任意数量的圆盘都适用的巧妙解法。我把它归纳如下：

■ 首先，将最上面的 2 片圆盘移到一根空柱子上；

■ 然后，将最大的圆盘移到剩下的空柱子上；

■ 最后，将最上面的 2 片圆盘移到最大的圆盘所在的柱子上。

第 1 步和第 3 步实际上是 2 片汉诺塔游戏的解法。第 2 步非常简单。

现在用相同的方法来解决 4 片汉诺塔游戏：

■ 首先，将最上面的 3 片圆盘移到一根空柱子上；

■ 然后，将最大的圆盘移到剩下的空柱子上；

■ 最后，将最上面的 3 片圆盘移到最大的圆盘所在的柱子上。

第 1 步和第 3 步是 3 片汉诺塔游戏的解法，我在前面已经说明过。同样，第 2 步也非常简单。

现在，同样的思路也可以用于 5 片、6 片，乃至更多片的汉诺塔游戏。利用"递归"过程，我们可以解决任意多片的汉诺塔游戏。所谓递归，就是从减少一片的汉诺塔解法中获得规定片数的汉诺塔解法。如此一来，5 片汉诺塔的解法归纳为 4 片的解法，4 片的归纳成 3 片的，3 片的归纳成 2 片的，2 片的最终归纳为 1 片的——最后这一步很简单，只要取下圆盘，把它放到另一根柱子上就行。

具体说来，n 片汉诺塔的解法是这样的：

■ 暂时不考虑最大的圆盘 n；

■ 首先，用 $(n-1)$ 片汉诺塔的解法，把 1, 2, 3,⋯, $n-1$ 号圆盘移到新柱子上；

■ 然后，把 n 号圆盘移到剩下的空柱子上；

■ 最后，再次使用 $(n-1)$ 片汉诺塔的解法，把 1, 2, 3,…, $n-1$ 号圆盘移到 n 号圆盘上。（请注意，因为对称性，在使用 $(n-1)$ 片汉诺塔解法的时候，所选择的柱子可以是另外两根中的任意一根。）

状态图

如果按照递归过程一步步执行，可能会非常复杂。汉诺塔就是这样的。这种复杂性是游戏的内在特质，并不是因解法所致。为了说明这一点，我将通过绘制游戏的**状态图**，从几何上做出解释。状态图由表示圆盘可能位置的节点以及表示合规移动的连线组成。对 2 片汉诺塔而言，其状态图如图 82 所示。

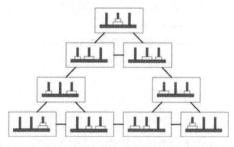

图 82　2 片汉诺塔的状态图

这个状态图可以被视为在 3 个点上把 3 份对应的 1 片汉诺塔状态图连在一起。在每份状态图里，最下面的圆盘位置分属 3 根柱子。当那些空柱子可以放置最下面的圆盘时，节点就出现了。几位数学家各自独立地记录了游戏的递归解法表示成状态图时的结构。其中最早的结构似乎源自 R. S. 斯科勒、P. M. 格伦迪和塞德里克·史密斯在 1944 年合写的论文。

我们可以用递归方法推导出更多圆盘的状态图。对于 3 片汉诺塔，只需将上面的状态图复制 3 份，当每份状态图里 3 号圆盘在最下面时，再把相应的节点连起来，成为一个三角形。以此类推，如图 83 就是一幅略去了圆盘具体位置的 5 片汉诺塔状态图。

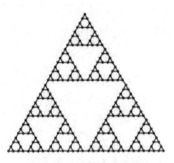

图 83 5 片圆盘状态图

H. -T. 陈（1989）和安德烈亚斯·欣茨（1992）利用状态图的递归结构，计算出了在 n 片汉诺塔里的不同状态之间转换所需的平均最小移动步数。就所有可能的位置对而言，沿着最短路径移动的总步数是：

$$\frac{466}{885}18^n - \frac{1}{3}9^n - \frac{3}{5}3^n + \left(\frac{12}{59} + \frac{18}{1003}\sqrt{17}\right)\left(\frac{5+\sqrt{17}}{2}\right)^n + \left(\frac{12}{59} - \frac{18}{1003}\sqrt{17}\right)\left(\frac{5-\sqrt{17}}{2}\right)^n$$

当 n 非常大时，这个式子约等于

$$\frac{466}{885}18''$$

这是因为在上式中，其他所有项都远小于第 1 项。所有路径的平均长度约

等于 $\frac{446}{885}$ 乘以状态图一条边上的移动步数。现在，我们终于发现 $\frac{446}{885}$ 这个

奇怪分数的重要性了。

谢尔平斯基垫片

　　同样的分数也出现在了另一个相关问题里。欣茨和安德烈亚斯·席夫利用汉诺塔各个状态之间转换的平均步数公式，计算了著名的形状——谢尔平斯基垫片里的两点之间的距离。如果垫片的边长为 1，那么其结果正好是 $\frac{466}{885}$。

　　谢尔平斯基垫片是这样构造出来的（图 84）：首先选取一个等边三角形，把它分成边长减半的 4 个较小三角形（中间的三角形是倒过来的），然后将中间的三角形镂去；接着，对剩下 3 个较小的等边三角形一直重复相同步骤；最后形成一个如今被称为分形的图案。谢尔平斯基垫片是较早期的分形图。所谓分形是一种无论放大多少倍，都具有部分与整体以某种方式相似的形体（见第 $\frac{\lg 3}{\lg 2}$ 章）。

　　1915 年，波兰数学家瓦茨瓦夫·谢尔平斯基发明了这种迷人的集合，尽管类似的形状早在几个世纪之前就被用于装饰了。他将其描述为一种"同时具有康托尔性和约当性，且每个点都是分叉点"的图形。谢尔平斯基说的"康托尔性"是指，该集合虽然整体连成一片，但又具有错综复杂的精细结构；"约当性"是指它是一条曲线；而"每个点都是分叉点"则说明

该图形在每个点上都与自身交叉。后来，因为这个图形长得像把汽车气缸盖与发动机其余部分相连的多孔密封圈，本华·曼德博开玩笑地把它称为"谢尔平斯基垫片"。

图 84　构造谢尔平斯基垫片的前 6 步

第五篇
无理数

在实际的除法问题里，分数已经足够用了。古希腊人在一段时期里认为，分数可以解释宇宙万物。

然而，他们中的某个人根据毕达哥拉斯定理，想知道正方形的边长与对应斜边之间的关系应该是怎样的。

答案是，存在一些分数无法解决的问题。

无理数就此诞生。

有理数和无理数一起构成了实数系。

第 $\sqrt{2}$ 章

第一个无理数

有理数，也就是分数，对大多数实用问题而言已足够用了，但是，有些问题并无有理数解。例如，古希腊几何学家们发现，对于边长为 1 的正方形而言，其对角线不是有理数（图 85）。如果对角线的长度是 x，那么根据毕达哥拉斯定理可知

$$x^2 = 1^2 + 1^2 = 2$$

因此，$x = \sqrt{2}$。令人懊恼的是，他们证明了它不是有理数。

于是，古希腊几何学家们更关注几何的量，而不重视数。另一种方法则是扩展数系，它能应付这种问题，后来也被证明是一个更好的思路。

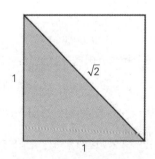

图 85　单位正方形的对角线

小数、分数和无理数

如今，我们通常把数写成小数。出于实用的原因，计算器使用有限小数，它们在小数点之后的位数是有限的。我们在引言看到，取 10 位小数后的单位正方形对角线长度是

$$\sqrt{2} = 1.4142135623$$

然而经过计算，它平方后的精确值等于

$$(1.4142135623)^2 = 1.9999999979325598129$$

尽管这个数接近于 2，但并不等于 2。

这或许是因为我们过早地停止了计算，说不定计算到小数点后一百万位，就可以得到 2 的平方根的精确值。事实上，有一种简单的方法可以证明这是不可能的。10 位小数的最后一位约等于 3，将它平方后会得到一个以 9（即 3^2）结尾的 20 位小数。这并非巧合，因为它符合小数的乘法规则。所以，任何小数的最后一个有效数字只要不是 0 本身，那么它就是非零的。因此，这个小数在平方后也不会以 0 结尾。由于 2 的小数表示是只包含 0 的 2.000…，因而，上述小数在平方后不可能正好等于 2。

实际上，计算器上的所有小数都是有理数。例如，π 取 9 位小数的值是 3.141592654，它**精确地**等于分数

$$\frac{3141592654}{1000000000}$$

固定长度的小数代表了一个相当有限的分数集合：它们的分母（分数线下面的数）是 10 的指数次方。在这方面，另一些分数则更复杂一些。如果我在计算器上输入 $\frac{1}{3}$，它会显示 0.333333333。然而，这个数并不完全正确：它乘以 3 后得到 1 = 0.999999999，这两个数字之间的误差等于 0.000000001。

不过，谁又会在意十亿分之一呢？

　　答案取决于你想干什么。如果是为了做一个书架，想把 1 米长的木板平均成 3 份，那么 0.333 米（333 毫米）的精度已经足够了。但是，如果是为了证明一个数学定理，你需要 3 乘以 $\frac{1}{3}$ 等于 1——理应如此，那么哪怕是再小的误差也会导致错误。如果是为了把 $\frac{1}{3}$ 写成完全精确的小数，那么小数点后的 3 必须有无穷多个。

　　$\sqrt{2}$ 的位数也有无穷多，但并没有明显的规律。π 的位数也是如此。不过，如果你想用数字表示几何里出现的长度，那么就必须为像 $\sqrt{2}$ 和 π 这样的数找到一种数值表示，于是就产生了如今被称为实数的数系。它们可以由长度无限的小数表示。在高等数学里，我们会用到更加抽象的方法。

　　用形容词"实"，是因为这些数符合我们对测量的直觉观念。每多一位小数，就能使测量更精确。不过，真实的世界到达基本粒子层面时就会有些模糊，所以，当小数位数到 50 位左右时，就会与实际脱离。此刻，我们打开了潘多拉魔盒。数学对象和结构（最多）只是现实世界的**模型**，并不是现实本身。如果我们认为小数有无穷多位，那么实数系就会井然有序。因此，如果研究数学是我们的主要目标，我们就可以利用实数，然后将研究结果与现实做比较。假如小数在 50 位后就结束，或变得含混不清，那就会乱作一团。在数学的便利性和物理的准确性之间，总是需要权衡的。

　　每个有理数都是实数。事实上，用小数表示的有理数一定是**循环小数**（在这里我就不证明了，但并不太难）。也就是说，小数的开头几位可能是不同的数字，随后便是无限重复的相同有限数字串。例如，

$$\frac{137}{42} = 3.2619047619047619047\ldots$$

它以特殊的 3.2 开头，接下来无限重复 619047。

然而，许多实数并不是有理数。任何不存在这种重复的小数都算是例子。比方说，我可以确定下面这个 0 的长度不断增加的数

$$1.10100100010000100001 \ldots$$

不是有理数。这种数被称为**无理数**。每个实数必是有理数或无理数中的一种。

证明 $\sqrt{2}$ 是无理数

所有的有限小数都是分数，但许多分数并不能化为有限小数。有可以精确表达 $\sqrt{2}$ 的分数吗？如果答案是"有"，那么研究长度和面积的古希腊人会感到方便许多。但是，古希腊人发现答案是"没有"。他们在证明时使用的不是小数，而是几何方法。

如今，我们知道这个发现是一个很重要的事实，它开辟了大量有用的数学领域，但在当时，这可是一件令人尴尬的事情。这个发现要上溯到毕达哥拉斯学派，他们相信万物皆数。在当时，数意味着整数或分数。然而不幸的是，他们中的一位——据说是麦塔庞顿的希帕索斯——发现单位正方形的对角线是"无理的"。据说，当他提出这一恼人的事实时，正和一群毕达哥拉斯学派的人坐船出海，其他人愤怒地把他抛下船淹死了。虽然这个故事没有历史证据，但这些人肯定不会太高兴，因为这个发现与他们的核心价值观是矛盾的。

古希腊人的证明是一个如今被称为"欧几里得算法"的几何过程。它是一种系统化方法，旨在判断两段给定长度 a 和 b 是否**可公度的**，即都是某段公共长度 c 的整数倍。如果 a 和 b 是可公约的，那么这个方法就能算

出 c 的值。根据今天的数值观点，当且仅当 $\dfrac{a}{b}$ 是有理数时，a 和 b 是可公约的。因此，欧几里得算法实际上是一种判断给定数是否是有理数的方法。

　　古希腊人的几何观点使他们得到了完全不同的论证方法，且看下面的思路。假设 a 和 b 是 c 的整数倍，例如，$a=17c$，$b=5c$。我们可以画出一个 17×5 的方格网，每个方格的面积为 c^2。在这里，最上面的一行 a 由 17 个 c 组成；从上往下的一列 b 由 5 个 c 组成。因此，a 和 b 是可公约的（图 86）。

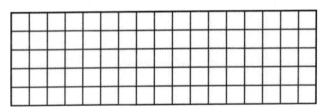

图 86　17 × 5 的方网格

接下来，尽可能多地切除大小为 5 × 5 的正方形（图 87）。

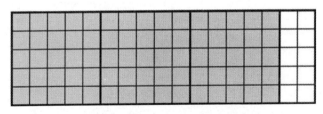

图 87　切除 3 个 5 × 5 的正方形

最后，剩下了 2×5 的长方形。对这个较小的长方形重复步骤，将 2×2 的正方形切除（图 88 ）。

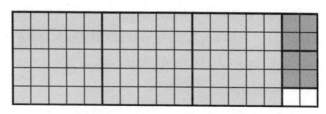

图 88 然后，切除 2 个 2×2 的正方形

现在只剩下了一个 2×1 的长方形。把它切成 1×1 的正方形，并且没有剩余更小的长方形——它们正好都被切完了（图 89 ）。

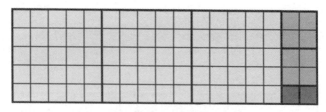

图 89 最后切除 2 个 1×1 的正方形

如果原始长度 a 和 b 是公共长度 c 的整数倍，那么这个过程最终会停下，因为所有线段都在网格上，并且长方形会不断变小。相反，如果知道过程停下了，那么也可以反推出 a 和 b 都是 c 的整数倍。简言之，当且仅

中心的距离都相等。如果你在圆形轮胎的中心装上一根轴，它就能在平坦的路面上平稳地滚动。但是，圆还会在别的许多地方出现。池塘里的涟漪是圆的，彩虹的彩色弧线也是圆的（图 92 和图 93）。行星的轨道也大致是圆的——精确一点的说法是，这些轨道是椭圆的，而椭圆是一种在某个方向上被压扁的圆。

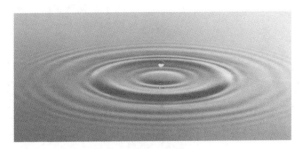

图 92　涟漪

图 93　彩虹——一段圆弧

当欧几里得算法在有限次步骤（在这里对应的是切除长方形）后会停止时，两段长度是公约的。

如果想证明某些长度对是不可公约的，那么只需构造一种长方形，令上述过程**不会停止**。对付 $\sqrt{2}$ 的诀窍就是选择一种长方形，在其中切除 2 个大正方形后，剩下的长方形与原来的那个长方形形状相同。如果是这样，欧几里得算法可以一直切除两个正方形，永远不会停止（图 90）。

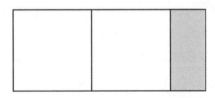

图 90　阴影长方形与原始长方形的形状相同

古希腊人在几何上构造了这种长方形，而我们可以利用代数方法。假设长方形的边长是 a 和 1，根据条件有

$$\frac{a}{1} = \frac{1}{a-2}$$

整理后得到 $a^2 - 2a = 1$，于是有 $(a-1)^2 = 2$，求解后得到 $a = 1 + \sqrt{2}$。概括地说，欧几里得算法意味着长度 $1+\sqrt{2}$ 和 1 是不可公约的，因此 $1+\sqrt{2}$ 是无理数。

所以，$\sqrt{2}$ 也是一个无理数。证明如下：假设 $\sqrt{2}$ 是有理数，且等于 $\frac{p}{q}$，那么 $1+\sqrt{2} = \frac{p+q}{q}$，也是有理数；但这个数并不是有理数，因此得到矛盾，假设不成立。

圆的测量

人们很快就会熟悉用来计数的数，但对另一些数则非常陌生。在学习数学的过程中，我们遇到的第一个真正不寻常的数是 π。许多数学领域中都有 π 的身影，但这些领域并非都与圆有着明显的联系。数学家们已经把 π 计算到了 12 万亿位以上的小数。他们是如何做到的呢？通过理解 π 的性质，人们解决了一个古老的问题：用尺规作图能完成化圆为方吗？

圆的周长与其直径之比

在计算圆的周长和面积时，我们第一次遇到了 π。假设圆的半径是 r，那么其周长等于 $2\pi r$，面积等于 πr^2。在几何上，周长和面积这两个量并没有直接关系，所以，在这两个地方都出现了**同一个** π，其实是相当不寻常的。有一种直观的方法可以理解为什么会这样：先将圆像匹萨一样分割成许多切片，然后把它们重新组成一个近似于长方形的形状（图 91）。这个长方形的宽约等于圆的周长的一半，即 πr，而它的高约为 r。因此，它的面积可以近似为 $\pi r \times r = \pi r^2$。

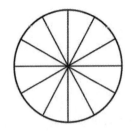 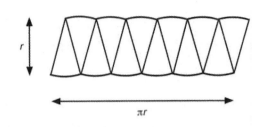

图 91　近似的圆的面积

不过，这只是一种近似。也许，与周长和面积有关的数非常相近，但并不完全相等。然而，这似乎并不可能，因为不管切片分得多细，论证过程总是说得通的。如果我们用大量非常细的切片，近似将变得极其精确。事实上，通过分出任意多的切片，实际的圆和构造出来的长方形之间的误差会变得任意小。利用数学里的极限概念，可以证明这个面积公式是正确且精确的。这就是同一个数会出现在圆的周长和面积里的原因。

在这里，取极限的过程也定义了所谓的面积。面积并不像我们想象的那么简单。通过把多边形分割成三角形，可以定义多边形的面积，但是，由曲线构成的图形就不能如此分割。边长是不可公约的长方形的面积，也没那么简单。问题不在于规定"什么**是**面积"——它只是将相邻两边相乘，难点在于，如何证明计算结果的性质与面积应有的性质是一致的。例如，如果把图形合在一起，那么新图形的面积应该是它们的面积相加的和。学校里教的数学会快速地略过这些问题，并且希望没人会注意到它们。

数学家们为什么用一个晦涩的符号来表示一个数呢？为什么不把这个数直接写出来呢？在学校里，我们经常学到 $\pi = \dfrac{22}{7}$，但认真的老师会说明它只是近似的（见第 $\frac{22}{7}$ 章）。那么，我们为什么不用一个精确的分数来表示 π 呢？

因为这样的分数不存在。

π 是无理数中最著名的例子。就像 $\sqrt{2}$ 一样，无论分数有多复杂，都不能用来精确地表示 π。证明这一点非常难，但数学家们知道如何做到。为此，我们肯定需要一个新符号，因为常规的数字符号无法精确地写出这个特别的数。由于 π 是在整个数学领域里最重要的数之一，因此我们需要有一种方式来明确表示它。这个方式就是用希腊话中"周长"一词的第一个字母"π"。

真是造化弄人：π 是如此重要的数，我们却无法写下来，除非用非常复杂的公式。这也许是个麻烦事儿，但它的确迷人，同时也为 π 增添了几分神秘。

π 和圆

我们第一次遇到 π 时，大多与圆有关。圆是一种基本的数学图形，因此，与圆有关的任何事情都是值得知晓的。圆有许许多多有用的应用。2011 年，仅在日常生活的一个方面，圆的使用数量就超过了 50 亿，因为在那一年，全球汽车的保有量超过了里程碑式的 10 亿辆，而当时一辆典型的汽车有 5 个轮子——4 个在跑、1 个备用。（如今，备用的常常是补胎工具包，这样做不仅省油，而且备置起来也更便宜。）当然，从垫圈到方向盘，在汽车里还有许多其他的圆。至于在自行车、卡车、公共汽车、火车、飞机机轮等地方出现的那些圆，则更不在话下。

轮子是圆的一种几何应用。轮子被做成圆形，是因为圆上的每个点与中心的距离都相等。如果你在圆形轮胎的中心装上一根轴，它就能在平坦的路面上平稳地滚动。但是，圆还会在别的许多地方出现。池塘里的涟漪是圆的，彩虹的彩色弧线也是圆的（图 92 和图 93 ）。行星的轨道也大致是圆的——精确一点的说法是，这些轨道是椭圆的，而椭圆是一种在某个方向上被压扁的圆。

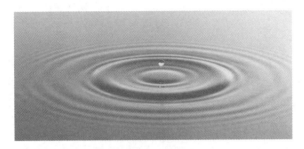

图 92　涟漪

图 93　彩虹——一段圆弧

然而，在完全不懂 π 为何物的情况下，工程师也能很好地设计出轮子。π 的真正意义是理论性的，而且非常深奥。数学家们在圆的基本问题里第一次遇到了 π。圆的大小可以由三个关系密切的数描述：

■ 圆的半径——从圆心到任意圆上的点之间的距离；

■ 圆的直径——圆的最大宽度；

■ 圆的周长——圆自身整整一圈的长度。

其中，半径和直径之间的关系很简单：直径是半径的 2 倍，半径是直径的一半。

周长和直径之间的关系就没那么简单了。如果在圆上画一个内接正六边形，会让人觉得圆的周长要比直径的 3 倍更长一些。在图 94 中有 6 条半径，每两条配在一起后可以得到 3 条直径。正六边形的周长与 6 条半径之和相等，也就是 3 条直径的长度。很明显，圆的周长要比正六边形的周长更长。

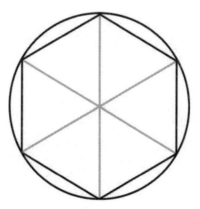

图 94　为什么 π 比 3 大

π 的定义是：圆的周长除以它的直径。无论圆有多大，这个数的值都是一样的，因为圆形在放大或缩小时，其周长和直径保持相同的比例。大约在 2200 年前，阿基米德给出了一个完整的逻辑证明，证明指出，对于任意圆而言，这个数是一样的。

画圆的内接正六边形，并将边数从 6 依次变为 12、24、48，最终到 96，阿基米德借此得到了一个相当精确的 π 值。他证明了 π 介于 $3\frac{10}{71}$ 和 $3\frac{1}{7}$ 之间。用小数表示的话，这两个数值分别是 3.141 和 3.143。（阿基米德使用的是几何图示，并不是实际数字。而且，他想到了我们如今在几何术语里被称为 π 的那个东西，因此，π 是对他实际工作的现代化解读。古希腊人并没有小数记数法。）

只要把用来近似圆的多边形的边数翻足够多倍，阿基米德计算 π 的方法就能算出我们想要的任意精度。后来，数学家们又发现了一些更好的方法，我会在下文讨论。π 的前 1000 位是：

3.141592653589793238462643383279502884197169399375105820974944592307816406286208998628034825342117067982148086513282306647093844609550582231725359408128481117450284102701938521105559644622948954930381964428810975665933446128475648233786783165271201909145648566923460348610454326648213393607260249141273724587006606315588174881520920962829254091715364367892590360011330530548820466521384146951941511609433057270365759591953092186117381932611793105118548074462379962749567351885752724891227938183011949129833673362440656643086021394946395224737190702179860943702770539217176293176752384671

4818467669405132000568127145263560827785771342757789609173637178721468440901224953430146549585371050792279689258923542019956112129021960864034418159813629774771309960518707211349999998372978049951059731732816096318595024459455346908302642522308253344685035261931188171010003137838752886587533208381420617177669147303598253490428755468731159562863882353787593751957781857780532171226806613001927876611195909216420199

看看这些数字，它们最显著的特点就是完全没有规律。这些数字看起来是随机的，但事实上不可能，因为它们是 π 各个数位上的数字，而 π 本身是一个特定的数。缺乏规律性，更让 π 这个数显得异常奇特。数学家们猜测，所有有限长度的数字串都会出现在以小数表示的 π 的某个位置上，甚至会无限多次出现。事实上，人们猜测 π 是一个**正规**数，即所有给定长度的数字串会以相同频率在其中出现。这些猜想尚未被证明或证否。

其他出现 π 的地方

π 也会出现在其他数学领域里。这些领域与圆之间往往没有明显的联系，但总会存在某个间接联系，因为这中间产生了 π。同时，这也是其他定义 π 的方式。因为所有定义都必须得到同一个数，因此，沿着这条线索必然会证明出与圆有关的关系。但是，这种关系可能**非常**曲折。

例如，欧拉在 1784 年发现了数 π、e 和 i（即 −1 的平方根）之间的关系（见第 e 章）。这个优雅的公式是：

$$e^{i\pi} = -1$$

欧拉还注意到，对某些无穷级数求和也能得到 π。1735 年，他解决了巴塞尔问题。这个问题是由彼得罗·门戈利在 1644 年提出的，旨在计算所有平方数的倒数之和。当时，曾有许多伟大的数学家试着去计算，但都没成功。欧拉在 1735 年算出了一个相当简洁的结果：

$$\frac{\pi^2}{6} = \frac{1}{1^2} + \frac{1}{2^2} + \frac{1}{3^2} + \frac{1}{4^2} + \frac{1}{5^2} + \cdots$$

这一发现让欧拉在数学界声名鹊起。你能说出它和圆之间的关联吗？反正我是不知道。其中的联系不可能很直观，因为很多顶尖数学家都无法解决巴塞尔问题。实际上，它和正弦函数有关，但第一眼看上去，正弦函数与这个问题也没什么联系。

对四次方、六次方，乃至更一般的偶数次方而言，利用欧拉的方法可以得到类似的结论。例如，

$$\frac{\pi^4}{90} = \frac{1}{1^4} + \frac{1}{2^4} + \frac{1}{3^4} + \frac{1}{4^4} + \frac{1}{5^4} + \cdots$$

$$\frac{\pi^6}{945} = \frac{1}{1^6} + \frac{1}{2^6} + \frac{1}{3^6} + \frac{1}{4^6} + \frac{1}{5^6} + \cdots$$

如果只有奇数或偶数的话，也会有：

$$\frac{\pi^2}{8} = \frac{1}{1^2} + \frac{1}{3^2} + \frac{1}{5^2} + \frac{1}{7^2} + \frac{1}{9^2} + \cdots$$

$$\frac{\pi^2}{24} = \frac{1}{2^2} + \frac{1}{4^2} + \frac{1}{6^2} + \frac{1}{8^2} + \frac{1}{10^2} + \cdots$$

但是，对像三次方和五次方等奇数次方而言，则没有类似的公式，而且，人们猜想这样的公式根本不存在（见第 $\zeta(3)$ 章）。

值得注意的是，这些级数及其相关问题与质数和数论之间有着很深的联系。例如，如果随机选取两个整数，那么它们没有（大于 1 的）公因数的概率是 $\frac{6}{\pi^2} \approx 0.6089$，这是欧拉级数之和的倒数。

还有一个不可思议的地方也出现了 π，那就是统计学。著名的"钟形曲线"的方程是 $y = e^{-x^2}$，这条曲线下方的面积正好等于 $\sqrt{\pi}$（图 95）。

许多数学物理方程也和 π 有关。数学家们还发现了大量具有 π 的显著特征的方程。

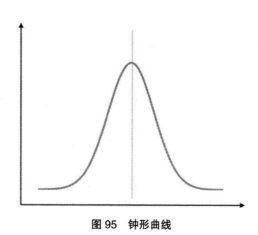

图 95　钟形曲线

如何计算 π

2013 年，在经过 94 天的计算之后，近藤茂利用计算机将 π 算到了 12 100 000 000 050 位小数——超过了 12 万亿位。实际使用的 π 并不需要这种级别的精度。你也不可能用它来测量真实的圆。多年以来，人们有许多计算 π 的方法，它们都基于 π 的公式，或是如今用公式表示出的各种过程。

　　人们热衷于做这类计算，他们的理由是为了了解这些公式的表现情况，或者确认新计算机的性能。但实际上，大家更多是为了打破纪录。一些数学家沉迷于计算 π 的更多位数，只是因为它们"存在"，这就好像山峰与登山者之间的关系。这种痴迷于"打破纪录"的行为并不是典型的数学研究，其本身几乎没什么意义和实用价值，但通过这类活动，人们发现了一些全新的迷人公式，并揭示出了数学和其他领域之间一些意想不到的联系。

　　通常，π 的公式都涉及无穷的过程，只要执行的次数足够多，π 就能得到很好的近似值。继阿基米德之后，人们在 15 世纪首次取得了进步。当时，古印度数学家用无穷级数之和来表示 π，这是一种将各项不断累加的求和过程。如果级数总和的值越来越接近一个明确的数（即它的**极限**），那么它就可以用来计算越来越精确的近似值，比如这些公式就是如此。一旦所需的精度得到满足，那么计算就可以停止。

　　1400 年左右，桑加马格拉玛的玛达瓦利用一种级数把 π 计算到 11 位。1424 年，波斯人贾姆希德·卡希对它做了改进，他像阿基米德那样，采用增加多边形的边数的方法做近似。卡希通过计算 3×2^{28} 边形，得到了 π 的前 16 位。阿基米德用来近似 π 的方法还启发了弗朗索瓦·维埃特，他于 1593 年写下了 π 的一种新公式：

$$\frac{2}{\pi} = \frac{\sqrt{2}}{2} \cdot \frac{\sqrt{2+\sqrt{2}}}{2} \cdot \frac{\sqrt{2+\sqrt{2+\sqrt{2}}}}{2} \cdots$$

这里的点表示乘号。到 1630 年时，克里斯托夫·格里恩贝格尔用多边形方法把位数推进到了 38 位。

　　1655 年，约翰·沃利斯发现了一种不一样的公式：

$$\frac{\pi}{2} = \frac{2}{1} \cdot \frac{2}{3} \cdot \frac{4}{3} \cdot \frac{4}{5} \cdot \frac{6}{5} \cdot \frac{6}{7} \cdot \frac{8}{7} \cdot \frac{8}{9} \cdots$$

它用一种十分复杂的方法计算了半圆形的面积。

1641 年，詹姆斯·格雷戈里重新发现了玛达瓦用于计算 π 的一种级数。格雷戈里的主要思路是用三角函数里的正切函数，记作 $y = \tan x$。在弧度表示法里，45° 角等于 $\frac{\pi}{4}$，此时 $a = b$，因此有 $\tan \frac{\pi}{4} = 1$（图 96）。

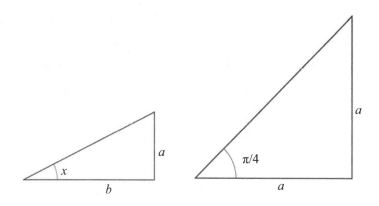

图 96　左图：正切 $\tan x = \frac{a}{b}$；右图：当 $x = \frac{\pi}{4}$ 时，它的正切为 $\frac{a}{a} = 1$

现在，让我们考虑正切函数的反函数，通常被记为 $y = \arctan x$。它表示"还原"正切函数，也就是说，如果 $y = \tan x$，那么 $x = \arctan y$，因此有 $\arctan 1 = \frac{\pi}{4}$。玛达瓦和格雷戈里发现了关于 $\arctan y$ 的无穷级数：

$$\arctan y = y - \frac{y^3}{3} + \frac{y^5}{5} - \frac{y^7}{7} + \frac{y^9}{9} - \cdots$$

设 $y = 1$，可以得到

$$\frac{\pi}{4} = 1 - \frac{1}{3} + \frac{1}{5} - \frac{1}{7} + \frac{1}{9} - \cdots$$

1699 年，亚伯拉罕·夏普利用这个公式将 π 计算到 71 位，但这个级数收敛得很慢，也就是说，你必须算许多项才能得到一个比较好的近似值。1706 年，约翰·马钦利用 $\tan(x + y)$ 的三角公式证明了

$$\frac{\pi}{4} = 4 \arctan \frac{1}{5} - \arctan \frac{1}{239}$$

接着，他把 $\frac{1}{5}$ 和 $\frac{1}{239}$ 代入表示 arctan x 的级数。这些数字比 1 小很多，因此级数收敛得很快，也更实用。马钦用他的公式将 π 计算到 100 位。1946 年，丹尼尔·弗格森将这种思想推到极致，他采用了一个类似却又不一样的公式，将 π 计算到 620 位。

马钦的公式还有许多精致的变体，事实上，这类公式有一套完整理论。1896 年，F. 施特默发现了公式

$$\frac{\pi}{4} = 44 \arctan \frac{1}{57} + 7 \arctan \frac{1}{239} - 12 \arctan \frac{1}{682} + 24 \arctan \frac{1}{12943}$$

许多更令人印象深刻的现代公式都源于这个公式。由于它有许多大分母，因此收敛速度快很多。

至此，再没有人打破过纸笔计算的纪录。但是，机械计算器和电子计算机令计算速度更快，差错也更少。我们再来看看人们找到的那些只需少数几项就能得到非常好的近似值的计算公式。由达维德和格雷戈里·丘德诺夫斯基兄弟发现的丘德诺夫斯基级数

$$\frac{1}{\pi} = 12 \sum_{k=0}^{\infty} \frac{(-1)^k (6k)! (545\,140\,134k + 13\,591\,409)}{(3k)! (k!)^3 \, 3\,640\,320^{3k + \frac{3}{2}}}$$

其每项都能贡献 14 位新小数。在这里，求和记号 $\sum$ 代表对 k 的表达式求和，其中 k 等于从 0 开始的所有整数。

还有许多其他计算 π 的方法，并且新方法还在不断地被发现。1997 年，法布里斯·贝拉尔公布了 π 的第一万亿位小数，这个数用二进制表示的话是 1。令人惊讶的是，贝拉尔并没有计算前面的数字。1996 年，戴维·贝利、彼得·博温和西蒙·普劳夫发现了一个很奇妙的公式

$$\pi = \sum_{n=0}^{\infty} \frac{1}{2^{4n}} \left(\frac{4}{8n+1} - \frac{2}{8n+4} - \frac{1}{8n+5} - \frac{1}{8n+6} \right)$$

贝拉尔采用了类似的公式，它在计算中更有效：

$$\pi = \frac{1}{64} \sum_{n=0}^{\infty} \frac{(-1)^n}{2^{10n}} \left(-\frac{32}{4n+1} - \frac{1}{4n+3} + \frac{256}{10n+1} - \frac{64}{10n+3} - \frac{4}{10n+5} - \frac{4}{10n+7} + \frac{1}{10n+9} \right)$$

通过熟练地分析可知，这一方法可以给出单个位数上的二进制数值。公式的关键特征是，其中的许多数，如 4、32、64、256、2^{4n} 和 2^{10n}，都是 2 的指数次方，它们可以非常简单地在计算机内部使用二进制表达。寻找 π 单个位数上的二进制数值，这一纪录很容易被打破：2010 年，雅虎的施子和计算了 π 的第 2000 万亿位小数，其结果是 0。

这个公式还可以被用于单独计算基底为 4、8 和 16 的 π 的单个位数上的数值。基于其他基底的公式尚未被发现。尤其是，我们无法单独计算十进制 π 的单个位数上的数值。这类公式存在吗？在贝利–博温–普劳夫公式发现之前，也没人觉得在二进制里会有可以计算单个位数上的值的公式。

化圆为方

古希腊人寻找过一种化圆为方的几何作图法。所谓"化圆为方"是指

已知圆形的面积，求作与其面积相同的正方形的边。人们最终证明，它和三等分角和倍立方体一样，仅用尺规作图是无法做到的（见第 3 章）。证明的关键是知道 π 是哪种数。

我们已经知道，π 不是有理数。有理数的下一类是代数数，它满足系数是整数的多项式方程。例如，$\sqrt{2}$ 是代数数，它满足方程 $x^2 - 2 = 0$。不是代数数的实数被称为超越数，而第一个证明了 π 是无理数的兰贝特在 1761 年猜测，π 实际上是超越数。

时隔 112 年，查尔斯·埃尔米特于 1873 年在这个问题上取得了第一次重大突破，他证明了，在数学里的**另一个**奇妙数——自然对数的底 e 是超越数（见第 e 章）。1882 年，费迪南德·冯·林德曼通过改进埃尔米特的方法，证明了如果一个非零数是代数数，那么 e 的该数次方也是超越数。接着，他利用了欧拉公式，即 $e^{i\pi} = -1$。如果 π 是代数数，那么 iπ 也是。因此，根据林德曼定理可知，-1 **不满足**代数方程。然而，它显然是满足代数方程的，如方程 $x + 1 = 0$。唯一避免这一逻辑矛盾的方法就是，π 不满足代数方程，也就是说，它是超越数。

这个定理带来的一个重要影响就是，它解答了化圆为方这个古代几何问题。该问题讨论了，如何只用直尺和圆规构造一个与圆形面积相同的正方形。这等价于利用长度为 1 的线段构造出长度为 π 的线段。根据解析几何，用这种方法构造出来的数必须是代数数。由于 π 不是代数数，所以这种构造方法不存在。

但是，即便在今天，这一结论并没有让某些人停止寻找尺规作图的方法。这些人似乎不明白，数学上的"不可能"意味着什么。这个困惑长久以来一直存在。1872 年，德摩根写了一部名为《悖论集》（*A Budget of*

Paradoxes)的著作，他在书中指出了许多所谓"化圆为方"方法的错误，并把它们比作成群的苍蝇在大象周围飞舞，嗡嗡地叫着"我比你大"。但在1992年，安德伍德·达德利在《数学狂怪》（*Mathematical Cranks*）一书里仍继续着尺规作图的任务。他想尽办法用其他工具探索如何在几何上近似 π，希望找到构造它的方法。但请你明白，严格来说，传统意义上的尺规作图方法是不存在的。

黄金分割数

$\phi = (1+\sqrt{5})/2 \approx 1.618034$。古希腊人知道这个数，它与欧氏几何里的正五边形和正十二面体有关，与斐波那契数列也有着很紧密的关系（见第 8 章）。它还可以解释植物花卉结构里的一些神奇规律。通常，这个数被称为**黄金分割数**，这个名字大约出现在 1826 年至 1835 年。它那神秘而颇具美感的特性广为人知。但这些传说大多被高估了，有些特性基于不可靠的统计数据，而其中大多数根本没有任何依据。然而，黄金分割数的确有一些不同寻常的数学特性，有的与斐波那契数列有关，有的确实与自然界存在真正的联系——尤其在植物数字学和几何学方面。

古希腊几何学

在数学上，ϕ（希腊语的"phi"，有时候也会写成 τ，即希腊语的"tau"）首次出现在欧几里得的《几何原本》中，它与几何学里的正五边形有关。根据当时的标准惯例，其表示方式采用的是几何形式，而不是数字形式。

精确表示 ϕ 的式子是存在的，我们很快就会讲到。如果精确到 6 位小数，那么

$$\phi = 1.618034$$

要是精确到 100 位，那么

$\phi = 1.6180339887498948482045868343656381177203091798057628621354486227052604628189024497072072041893911375$

如果计算它的倒数 $\dfrac{1}{\phi}$，就可以得到 ϕ 的一个重要性质。仍然用 6 位小数表示的话就是

$$\frac{1}{\phi} = 0.618034$$

这说明 $\phi = 1 + \dfrac{1}{\phi}$。这个式子可以重新写成二次方程 $\phi^2 = \phi + 1$，或是它的标准形式：

$$\phi^2 - \phi - 1 = 0$$

根据二次方程的代数知识，这个方程有两个解，它们是：

$$\frac{1+\sqrt{5}}{2} \text{ 和 } \frac{1-\sqrt{5}}{2}$$

这两个数的值分别是 1.618034 和 -0.618034。我们取正数解作为 ϕ 的定义。因此，

$$\phi = \frac{1+\sqrt{5}}{2}$$

于是，它确实精确地满足 $\phi = 1 + \dfrac{1}{\phi}$。

与五边形的关系

黄金分割数出现在几何学的正五边形里。给定一个边长为 1 的正五边形，将五条对角线连成一个五角星，欧几里得证明，每条对角线的长度等

于黄金数（图 97）。

　　更精确地说，欧几里得把它称为"中外比"。这是一种将线段分割成两部分的方法，它能使较长线段与较短线段之比和整条线段与较长线段之比相等（图 98）。

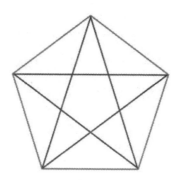

图 97　正五边形和它的对角线

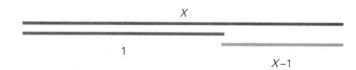

图 98　中外比：深灰色线段 (1) 与浅灰色线段 ($x-1$) 之比，和黑色线段 (x) 与深灰色线段 (1) 之比相等

　　这一过程会产生什么数呢？从符号上来说，假设黑色线段长度为 x，深

灰色线段长度为 1，那么中外比可以写成如下方程

$$\frac{x}{1} = \frac{1}{x-1}$$

整理后可得

$$x^2 - x - 1 = 0$$

这正是定义黄金分割数的方程，而且，我们还希望解大于 1，所以 x 等于 ϕ。

欧几里得注意到，在正五边形中，边长除对角线就是中外比。这样一来，他就可以用传统的尺规作图工具构造正五边形（见第 17 章）。而且，正五边形对古希腊人而言非常重要，因为它可以围成 5 种正多面体之一的正十二面体。《几何原本》的高潮部分就是证明了恰好存在 5 种正多面体（见第 5 章）。

斐波那契数列

黄金分割数与斐波那契数列之间的关系非常密切，而斐波那契数列是由比萨的莱奥纳多在 1202 年提出的（见第 8 章）。回忆一下，这个数列的前几项是这样的：

1   1   2   3   5   8   13   21   34   55   89   144   233

在开始的两个数之后的每个数，都是通过将前两项相加后得到的：如 $1+1=2$，$1+2=3$，$2+3=5$，$3+5=8$，以此类推。相邻两个斐波那契数之比会越来越趋近于黄金分割数：

$$\frac{1}{1} = 1 \qquad\qquad \frac{21}{13} = 1.6153\ldots$$

$$\frac{2}{1} = 2 \qquad\qquad \frac{34}{21} = 1.6190\ldots$$

$$\frac{3}{2} = 1.5 \qquad\qquad \frac{55}{34} = 1.6176\ldots$$

$$\frac{5}{3} = 1.6666\ldots \qquad\qquad \frac{89}{55} = 1.6181\ldots$$

$$\frac{8}{5} = 1.6 \qquad\qquad \frac{144}{89} = 1.6179\ldots$$

$$\frac{13}{8} = 1.625 \qquad\qquad \frac{233}{144} = 1.6180\ldots$$

根据这个数列的生成规则，以及关于 ϕ 的二次方程，我们可以证明这个性质。

反之，我们还可以用黄金分割数来表示斐波那契数列的通式（见第 8 章）：

$$F_n = \frac{\phi^n - (-\phi)^{-n}}{\sqrt{5}}$$

植物里的黄金分割数

两千多年来，人们早已注意到斐波那契数列在植物王国里很常见。例如，许多花卉，特别是雏菊科的花瓣是斐波那契数。万寿菊通常有 13 片花瓣。许多类雏菊有 34 片花瓣——如果不是 34 片，那么通常会有 55 片或 89 片。向日葵一般有 55、89 或 144 片花瓣。

其他数量非常少见，但也会出现，比如灯笼海棠就有 4 片花瓣。然而，这些例外往往与卢卡斯数 4、7、11、18 和 29 有关，这类数与斐波那契数的构造方法一样，只不过，开始的两个数是 1 和 3。我在后面会再举一些例子。

在植物的其他特征里也会出现这些数。菠萝的表面大致是由六边形组成的，每个六边形都是果实，它们随着生长而合并在了一起。果实被咬合成两类螺旋：从上往下看，一类螺旋呈逆时针方向，有 8 条；而另一类呈顺时针方向，有 13 条。也有可能会出现 5 条第三类螺旋，以较小的角度呈顺时针方向（图 99 左）。

松果的表皮也有类似的螺旋（图 99 右）。成熟的向日葵花盘上的种子也是，但这些螺旋是平面的。

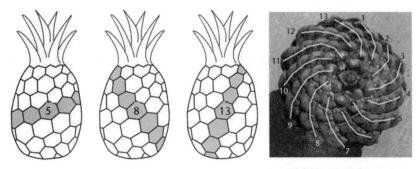

图 99　左图：菠萝上的三类螺旋；右图：松果上的 13 条逆时针螺旋

向日葵螺旋的几何学关键就是黄金分割数，它也解释了斐波那契数诞生的原因。将一个完整的圆（360°）按黄金比分割成两段弧，较长的弧所对应的角度是较短的弧的 ϕ 倍。于是，较短的弧长为整个圆的 $\frac{1}{1+\phi}$。这个角度就被称为"黄金角度"，约等于 137.5°。

1868 年，德国植物学家威廉·霍夫迈斯特观察了生长中植物嫩芽的变化情况，为他今后在这方面的研究工作奠定了基础。植物生长的基本模式是由不断长大的顶端决定的。它依赖于被称为原基的小丛细胞，这些细胞最终会长成种子。霍夫迈斯特发现，相连的原基位于同一个螺旋上。每个原基与它前面的原基以黄金角度 A 偏离，因此，第 n 个种子就呈现出 nA 度角。而且，它和中心之间的距离与 n 的平方根成比例（图 100）。

图 100　在向日葵花盘里的斐波那契螺旋。左图：种子的排列；右图：两类螺旋的数量：顺时针（浅灰色）和逆时针（深灰色）

　　这一观察结果解释了向日葵花盘上种子为何会形成那样的图形。如果将相连的种子以黄金角度的整数倍排列，就可以得到这个图形。每颗种子到中心的距离应当与对应数字的平方根成正比。如果记黄金角度为 A，那么种子的角度分别是

A　　　$2A$　　　$3A$　　　$4A$　　　$5A$　　　$6A$　　…………

而其距离正比于

1　　　$\sqrt{2}$　　　$\sqrt{3}$　　　$\sqrt{4}$　　　$\sqrt{5}$　　　$\sqrt{6}$　　…………

　　类似雏菊这样的花，其最外层的花瓣会形成一种螺旋。因此，假如螺旋的数量是斐波那契数，那就意味着化瓣的数量也是斐波那契数。但是，为什么螺旋也是斐波那契数呢？

原因就是黄金角度。

1979 年，赫尔穆特·福格尔利用向日葵种子的几何结构解释了黄金角度出现的原因。他弄明白了，如果花盘上种子的角度和黄金角度 137.5° 稍稍不同时，会发生什么情况。只有黄金角度才能使种子挤得更紧密，使它们之间既没有空隙也不会重叠。他发现，哪怕只把角度改变十分之一度，图形就会被破坏，变成种子之间存在缝隙的单类螺旋（图 101）。这就解释了黄金角度为什么很特殊，它并不是数字上的巧合。

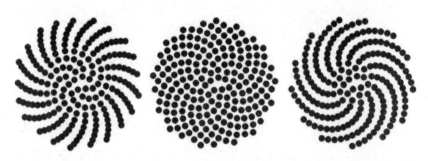

图 101　用 137°、137.5° 和 138° 来排列相连的种子。只有黄金角度能使种子挤得更密

不过，完整的解释要深奥得多。当细胞在生长和运动时，它们产生的力会作用于相邻的细胞。1992 年，斯特凡·杜阿迪和伊夫·库代用实验和计算机模拟研究了这类系统的力学情况。他们发现，连续种子的角度是以斐波那契分数的形式近似于黄金角度的。

他们的理论也解释了为什么会出现令人费解的非斐波那契数，比如灯笼海棠就有 4 片花瓣。这些例外源于一种非常像斐波那契数列的数列——

卢卡斯数列:

　1　3　4　7　11　18　29　47　76　123　……

这种数列的公式是:

$$L_n = \phi^n + (-\phi)^{-n}$$

它和几页前的斐波那契数列公式非常像。

　　4 片花瓣的灯笼海棠是卢卡斯数花瓣的一个例子。某些仙人掌在一个方向上有 4 条螺旋,同时在另一个方向上有 7 条,或在一个方向上有 11 条,同时在另一个方向上有 18 条。有一种金琥[①]有 29 条棱。在向日葵里也能找到有 47 条和 76 条螺旋的品种。

　　应用数学的一大领域是弹性理论,它研究材料在受力时弯曲变形的情况。例如,弹性理论解释金属梁和板材在大厦和桥梁里是怎样表现的。2004 年,帕特里克·希普曼和艾伦·纽厄尔把弹性理论应用于植物新芽的生长模型,并着重研究了仙人掌。他们把原基的形成看作生长中的嫩芽顶端表面的变形,并证明这会产生叠加的平行波图案。这些图案由两个因素决定——波的数量和方向。其中最重要的图案涉及三个这样的波之间相互作用,其中一个波的数量必须是另外两个波的和。菠萝上的螺旋就是一个例子,它的波数分别是 5、8 和 13。希普曼和纽厄尔的理论将斐波那契数列直接归纳为波形的计算。

　　那么更基本的生物化学情况又是怎样的呢?原基的形成是由一种被称为植物生长素的激素控制的。在生长素的分布中也有类似的波形。因此,关于斐波那契数列和黄金角度的完整解释涉及生物化学的相互作用、细胞

---

①　一种仙人球。——译者注

之间的受力关系，以及几何学。植物生长素刺激了原基的生长，原基之间互相受力，这些力催生了几何形状。更为关键的是，几何形状又反过来通过在特殊位置分泌更多的生长素来影响生物化学。因此，生物化学、力学和几何学之间存在一个复杂的反馈循环体。

自然对数

在 π 之后，我们遇到的下一个怪异的数经常在微积分中出现，它叫作 e。e 代表 "exponential"，即指数，e ≈ 2.718281。雅各布·伯努利于 1683 年对它进行了首次讨论。它出现在关于复利的问题里，并由此产生了对数。它告诉我们温度、放射性、人口等变量是怎样增长或衰减的。欧拉还把它与 π 和 i 联系到了一起。

利率

当我们借贷资金时，可能必须偿付或收取总金额的利息。例如，如果以每年 10% 的利率投资 100 英镑，那么一年后，我们会得到 110 英镑。当然，如果遇到金融危机，那么对存款利率而言，10% 似乎高得离谱，但对贷款利率而言，却是低得不切实际，尤其是在现金贷的年化利率高达 5853% 的时候。尽管如此，为了便于说明，我们还是用这个利率吧。

通常，利率是复合的。也就是说，利息是按照本金加上已支付利息的总和来计算的。如果复利是 10%，那么到下一年，110 英镑的利息是 11 英镑，而本金在第二年的利息只有 10 英镑。因此，当复利是 10% 时，两年后，我们将得到 121 英镑。第三年的复利需要加上 12.10 英镑，本息总额为

133.10 英镑。到第四年时，总额将达到 146.41 英镑。

假设利率是 100%，那么就会出现数学常数 e，这个利率会让资金在某个固定的时间段内（比如说一个世纪）翻一番。经过那个固定的时间段后，我们投资的每 1 英镑都会变成 2 英镑。

假设在一个世纪里的利率不是 100%，我们规定半个世纪（频率翻一倍）的利率是 50%（数量减半），并且计复利。那么，半个世纪后，我们将获得（以单位为英镑）

$$1+0.5=1.5$$

再过半个世纪后的总额是

$$1.5+0.75=2.25$$

因此，我们得到的回报总数变大了。

如果把一个世纪等分成 3 份，利率也除以 3，那么 1 英镑的增长情况是（精确到 10 位小数）：

初始：	1
$\frac{1}{3}$ 世纪后：	1.3333333333
$\frac{2}{3}$ 世纪后：	1.7777777778
1 个世纪后：	2.3703703704

这次的总数更大。

上面这些数有一个规律：

$$1=\left(1\frac{1}{3}\right)^{0}$$

$$1.3333333333=\left(1\frac{1}{3}\right)^{1}$$

$$1.7777777778 = \left(1\frac{1}{3}\right)^2$$

$$2.3703703704 = \left(1\frac{1}{3}\right)^3$$

数学家们想知道，如果利率是连续的，也就是在整个周期里分得越来越小，那会发生什么情况？于是，这种模式变成：如果把一个周期分成 n 等份，而每份的利率是 $\frac{1}{n}$，那么整个周期结束后，我们将得到

$$\left(1+\frac{1}{n}\right)^n$$

连续复利相当于把 n 变得极大。因此，我们试算一下（仍然精确到 10 位小数）后，可以得到（表 10）：

表 10

n	$\left(1+\dfrac{1}{n}\right)^n$
2	2. 2500000000
3	2. 3703703704
4	2. 4414062500
5	2. 4883200000
10	2. 5937424601
100	2. 7048138294
1000	2. 7169239322
10 000	2. 7181459268
100 000	2. 7182682372
1 000 000	2. 7182816925
10 000 000	2. 7182816925

我们必须用非常大的 n 才能发现规律，但似乎在 n 变得非常大的极限情况下，$\left(1+\dfrac{1}{n}\right)^n$ 越来越接近某个固定的数，它近似等于 2.71828。这的确是事实，数学家们定义了一个特别的数 e，来表示这个极限的值：

$$e = \lim_{n \to \infty}\left(1+\frac{1}{n}\right)^n$$

其中，符号 lim 表示"当 n 趋近于无穷大时，表达式稳定为某个数值"。e 的前 100 位是：

e = 2.71828182845904523536028747135266249775724709369995957496696762772407663035354759457138217852516664274

和 π 一样，它也是一个有趣的数，其小数表示是无限长的，并且不会无限重复相同的数字串，也就是说，e 也是无理数（见第 $\sqrt{2}$ 章和第 π 章）。与 π 不同的是，证明 e 是无理数很简单。欧拉在 1737 年就证明了这个结果，但在 7 年里一直没有发表。

1748 年，欧拉计算了 e 的前 23 位数字，后来又有一些数学家改进了他的结果。2010 年，近藤茂和余智恒利用一台高速计算机和改进的方法计算出了 e 的前一万亿位小数。

自然对数

1614 年，莫奇斯通（即今日的莫奇斯顿，隶属于苏格兰爱丁堡）的第八代领主约翰·纳皮尔写了一本名为《奇妙的对数表的描述》（*Mirifici Logarithmorum Canonis Descriptio*）的著作。他似乎已经根据希腊语的"比例"（logos）和"数字"（arithmos）两个词构造出了"对数"（logarithm）一词。

他是这样介绍自己的想法的：

> "在对数学技艺的实践中，数学家同行们被那些冗长而单调的乘除法、求比率、开平方、立方根，以及在这些过程中产生的诸多错误严重地耽搁了。这些事情是最乏味、烦人的，因此，我思考了什么才是可靠且敏捷的技艺，它或许可以改进这些不足。在经过深思熟虑之后，我最终发现了一种了不起的方法，它可以缩短过程……能为数学家们提供一种可以公开使用的方法，这真是一桩令人愉快的事情。"

纳皮尔根据自己的经验，知道许多科学问题，尤其在天文学方面，需要将复杂的数相乘，或者求平方或立方根。当时还没有电，更没有电子计算机，计算必须通过手工完成。将两个十进制数相加固然简单，但相乘则难得多。因此，纳皮尔发明了一种把乘法变成加法的方法。其诀窍在于利用固定数的指数次方。

在代数上，一个小小的上标数字表示未知数 x 的指数。比如说，$xx = x^2$，$xxx = x^3$，$xxxx = x^4$，等等。在这里，两个紧挨着的数表示将它们相乘。例如，$10^3 = 10 \times 10 \times 10 = 1000$，$10^4 = 10 \times 10 \times 10 \times 10 = 10\,000$。

把这样两个表达式乘起来很简单。比方说求 $10^4 \times 10^3$，我们可以写成

$$10\,000 \times 1000 = (10 \times 10 \times 10 \times 10) \times (10 \times 10 \times 10)$$

$$= 10 \times 10 \times 10 \times 10 \times 10 \times 10 \times 10$$

$$= 10\,000\,000$$

0 的数量有 7 个，它等于 4+3。计算的第一步说明了它**为什么**是 4+3：我们把 4 个 10 和 3 个 10 合在了一起。因此，

$$10^4 \times 10^3 = 10^{4+3} = 10^7$$

同样，无论 x 的值是多少，如果我们用它的 a 次方乘以它的 b 次方（a 和 b 是整数），那么我们会得到 $(a+b)$ 次方：

$$x^a x^b = x^{a+b}$$

想一想其中的道理更有趣，因为左式是两个数相乘，而右式的主要步骤是 a 加 b——加法更简单。

把 10 的整数次方相乘并没什么太大的用处，但是，这个概念可以扩展成更有用的计算。

假设你想让 1.484 乘以 1.683。通过漫长的乘法计算，你可以算出答案是 2.497572，在第 3 位小数后做四舍五入，结果等于 2.498。但我们也可以通过选取合适的 x，用公式 $x^a x^b = x^{a+b}$ 来代替乘法。如果取 x 等于 1.001，那么计算过程如下（精确到 3 位小数）

$$1.001^{395} = 1.484$$

$$1.001^{521} = 1.683$$

而上面的公式告诉我们，1.484×1.683 相当于

$$1.001^{395+521} = 1.001^{916}$$

它的结果是 2.498（精确到 3 位小数）。结果一样！

计算的核心步骤是一个简单的加法：395＋521＝916。然而，乍一看，有人会觉得它把问题变得更复杂了。你必须将 1.001 乘以自己 395 次才能计算出 1.001^{395}，另外两个指数次方也是如此。因此，这似乎不是一个好主意。纳皮尔伟大的见解恰恰在于，他认为这种反对态度是错误的。但想要攻克这一难题，就必须得有人做一项枯燥的计算工作：计算 1.001 的各个指数次方，从 1.001^2 一直算到 1.001^{10000} 这样的级别。当这些指数次方的计算结果表公开后，最困难的工作就完成了。其他人只需用手指，顺着连续的指数

次方一个个往下找，直到看到 1.484 旁边写的是 395，并用同样的方法发现 1.683 旁边写的是 521。接下来，再把这两个数相加后得到 916。最后，查表格上对应的数，找到 1.001 的这一指数次方等于 2.498。计算任务就完成了。

在上述例子里，我们知道指数 395 是 1.484 的对数，而 521 是 1.683 的对数。同样，916 是它们的乘积 2.498 的对数。简记成 log 后，我们把结果写成等式

$$\log_{1.001} ab = \log_{1.001} a + \log_{1.001} b$$

其中 a 和 b 为任意正数。而随意选取的数 1.001 被称为**底**。如果采用不同的底，那么对数的计算结果也会不同。但对任何固定的底而言，对数的计算效果是一样的。

布里格斯改进

纳皮尔本该自己改进，但出于某些原因，他的方法稍有不同，而且也不太方便。数学家亨利·布里格斯被纳皮尔的突破性进展所折服。但一个典型的数学家在不能确定是否还能继续简化之前，是不会停止研究的。事实的确如此。首先，布里格斯重新整理了纳皮尔的思路，使它被处理成我刚刚描述的方式。接下来，他注意到使用像 1.001 这样的数，归根结底是（近似地）使用特殊数 e 的指数次方。

1.001^{1000} 等于 $\left(1+\dfrac{1}{1000}\right)^{1000}$，而根据 e 的定义，这个数一定和 e 很接近。它只是让公式 $\left(1+\dfrac{1}{n}\right)^{n}$ 里的 $n=1000$。因此，下面的式子

$$1.001^{395} = 1.484$$

可以替换为

$$(1.001^{1000})^{0.395} = 1.484$$

而 1.001^{1000} 很接近于 e，因此近似地有

$$e^{0.395} = 1.484$$

为了得到更精确的结果，我们采用更接近于 1 的数的指数次方，比如 1.000001。现在，$1.000001^{1000000}$ 更接近于 e。这样一来，指数次方的计算结果表会变大许多，它会有大约 100 万个指数次方。计算这一表格的工作量非常大，但它**只需要计算一次**。如果某个人付出努力，后世将节省大量的计算工作。而将一个数乘以 1.000001 并不太难，计算的人只需仔细，不出错就行。

布里格斯的改进工作归结为，先计算出某个数的自然对数，然后再把这个对数值作为 e 的指数，最后得到的幂恰好等于那个数。即对任意数字 x 而言，有

$$e^{\ln x} = x$$

又因为

$$\ln xy = \ln x + \ln y$$

于是一旦计算了自然对数，所有乘法问题都可以简化为加法问题。

但是，如果用 10 作为底，也就是 $10^{\lg x} = x$，那么实际的计算会更方便。现在，我们使用**以 10 为底的对数**，记作 $\lg x$。关键点就变成了 $\lg 10 = 1$，$\lg 100 = 2$，等等。只要你知道 1 到 10 之间以 10 为底的对数值，所有其他对数结果很容易就能得到。例如，

$$\lg 2 = 0.3010$$

$$\lg 20 = 1.3010$$

$$\lg 200 = 2.3010$$

等等。

　　因为我们用十进制，所以以 10 为底的对数在实际计算中会更方便。但在高等数学里，10 并没有什么特别之处。在记数方面，我们可以用非 1 的正数作为底。事实证明，布里格斯以 e 为底的自然对数在高等数学里更重要。

　　e 还有许多性质，在这里我只提一个。它出现在斯特林对阶乘的近似公式里，当 n 变得很大时，它非常有用：

$$n! \approx \sqrt{2\pi n}\left(\frac{n}{e}\right)^{n}$$

指数式增长和衰减

　　在科学领域里，到处都有数 e，因为它是所有自然过程的基础。在这些过程中的任意给定时间段里，数量的增长（或衰减）与当时的总量是成正比的。我们把 x 在数量上的变化率记作 x'，这一过程可以由下面的微分方程表示

$$x' = kx$$

其中 k 是常数。通过微积分运算可知，在 t 时刻，方程的解是

$$x = x_0 e^{kt}$$

其中 x_0 是 $t = 0$ 时的初始值（图 102）。

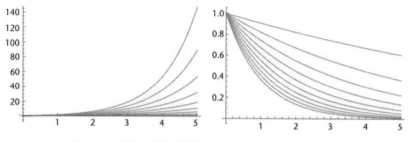

图 102 左图：指数式增长 e^{kt}，其中 $k = 0.1, 0.2, \cdots, 1$。
右图：指数式衰减 e^{-kt}，其中 $k = 0.1, 0.2, \cdots, 1$

指数式增长

如果 k 为正数，那么当 t 变大时，$x_0 e^{kt}$ 会增长得越来越快。这就是**指数式增长**。

例如，x 可以是人口或动物的数量。如果食物和生存空间资源是无限的，那么总量的增长率与总量会成一定比例，因此这里可以使用指数模型计算。最终的总量会大得不可思议。事实上，食物和生存空间是会耗尽的，它们的量是有限的，我们需要使用更复杂的模型。但这个简易的模型能很好地说明，按某个固定的比率无限增长，基本上是不现实的。

在大多数有文字记录的历史进程里，地球上的人口总数大致是指数式增长的，但有证据表明，自 1980 年以来，人口增长速度变慢了。如果不是这样，我们就会有大麻烦。对未来人口的预测认为，这一趋势将持续下去。但即便如此，仍有相当大的不确定性。据联合国估计，2100 年的人口将在60 亿（比现在的 70 亿少）到 160 亿（比现在的两倍还多，图 103）。

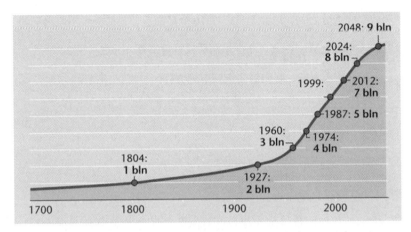

图 103　人口总量的增长（bln：10 亿）

指数式衰减

如果 k 是负数，那么当 t 变大时，$x_0 e^{kt}$ 的衰减也越来越快。这就是**指数式衰减**。

这方面的例子包括热体冷却和放射性衰减。放射性元素通过核反应变成其他元素，并放射出核粒子作为辐射。在整个过程中，放射性的水平呈指数式衰减。因此，放射性水平 $x(t)$ 在 t 时刻符合方程

$$x = x_0 e^{-kt}$$

其中 x_0 是初始水平，k 是一个正常数，它依赖于相关的元素。

放射性存在的时间常用**半衰期**来衡量，这个概念于 1907 年被首次提出。半衰期是初始水平 x_0 减少一半所需的时间。假设半衰期是 1 个星期，那么该物质在 1 个星期后释放的辐射减半，2 个星期后减为四分之一，3 个

星期后变成八分之一，以此类推。在 10 个星期后，辐射会跌倒原水平的千分之一（实际上是 $\frac{1}{1024}$），20 个星期后就只剩下百万分之一了。

为了计算半衰期，我们需要求解下列方程

$$\frac{x_0}{2} = x_0 e^{-kt}$$

对两边取对数后，得到结果

$$t = \frac{\ln 2}{k} = \frac{0.6931}{k}$$

常数 k 需要通过实验得到。

在今天常见的核反应堆事故里，最主要的放射性物质是碘 −131 和铯 −137。前者会导致甲状腺肿瘤，因为甲状腺富集碘。碘 −131 的半衰期只有 8 天左右，因此，如果施以正确的药物治疗（主要是服用碘片），那么它几乎不会对人体造成什么危害。但铯 −137 的半衰期长达 30 年，因此需要大约 200 年才能使放射性水平下降到最初的百分之一，所以，除非清理干净，否则它将造成长期危害。

e 和 π 之间的关系（欧拉公式）

1748 年，欧拉发现在 e 和 π 之间有着非同一般的关系，反映这一关系的公式常常被誉为数学领域里最美的公式。该公式还用到了虚数 i。它是这样的：

$$e^{i\pi} = -1$$

如果用复指数和三角函数之间惊人的关系来解释，即为

$$e^{i\theta} = \cos\theta + i\sin\theta$$

通过微积分方法很容易推导出上面的结果。在这里，角 θ 用弧度表示，在

使用这种单位制时，360° 圆周角等于 2π 弧度，这也是半径为 1 的圆的周长。弧度制常用于高等数学，因为它能使所有公式变得更简单。要得到欧拉公式，只需令 $\theta = \pi$。这时，$\cos\pi = -1$，且 $\sin\pi = 0$，因此，$e^{i\pi} = \cos\pi + i\sin\pi = -1 + i\cdot 0 = -1$。

另一种证明方法用到了微分方程理论。这是一种用于描绘复平面几何形状的方程，并且还能很好地解释为什么会出现 π。我在这里做一下简要说明。欧拉的方程之所以成立，是因为乘以复数 i 相当于将复平面转动一个直角。

在数学家们用于理论研究的弧度制里，角度是由单位圆对应的弧长定义的，这主要是为了让微积分公式变得更简单。因为单位半圆的弧长是 π，所以直角等于 $\dfrac{\pi}{2}$ 弧度。利用微分方程可以证明，对任意实数 x 而言，乘以复数 e^{ix} 相当于将复平面转动 x 弧度。尤其，乘以 $e^{i\frac{\pi}{2}}$ 就相当于转动一个直角。而这与乘以 i 的效果一样，因此有

$$e^{i\frac{\pi}{2}} = i$$

将两边平方，我们就得到了欧拉公式。

分形

$\dfrac{\lg 3}{\lg 2} \approx 1.584963$。像 $\dfrac{466}{885}$ 一样，这个奇妙的数也是谢尔平斯基垫片的基本性质。不过它描述的是谢尔平斯基的著名病态曲线是有多么曲折和粗糙。这类问题出现在分形几何里。分形几何是一种模型化自然界中复杂形状的方法，它还推广了维度的概念。"曼德博集"具有非常复杂的形状，它是最著名的分形之一，由一个非常简单的过程定义。

分形

谢尔平斯基垫片（见第 $\dfrac{466}{885}$ 章）是在 20 世纪早期出现的一种"小玩意儿"，当时，它有一个相当难听的名字——"病态曲线"。这种曲线包括黑尔格·冯·科赫的雪花曲线（图 104 左），以及朱塞佩·皮亚诺和大卫·希尔伯特的一些空间填充曲线（图 104 右）。

图 104　左图：雪花曲线。右图：构造希尔伯特的空间填充曲线的各个阶段

那时候，构造这类曲线是一种业余爱好，它们是那些"看似是真、但实则是假"的命题的反例。雪花曲线是连续的，却没有地方可导，也就是说，它虽然没有断开，但处处不光滑。曲线的长度无限，但又在有限区域内。空间填充曲线不仅非常稠密，而且的确可以填满空间。当构造无限继续下去时，得到的曲线会经过实心正方形里的**每个点**。

有些保守的数学家嘲笑这些曲线有点"弱智"。希尔伯特是当年为数不多的有先见之明的数学家。他意识到，曲线能帮助数学变得更稠密，在阐明数学的逻辑基础方面也非常重要。所以，希尔伯特热情地对认真对待这些怪异性质的人表示了支持。

如今，数学家们会从更积极的角度来看待这些曲线：它们是一个崭新数学领域的早期雏形，而这一领域就是由曼德博在 20 世纪 70 年代开辟的**分形几何**。病态曲线诞生于纯数学，但曼德博意识到，类似的形状可以解释自然界中的不规则性。他指出，三角形、正方形、圆形、圆锥体、圆球体，以及其他欧氏几何里的传统形状都没有精细的结构。如果你放大一个圆形，它就像一条平淡无奇的直线。然而，自然界的许多形状在精细尺度下都有着错综复杂的结构。曼德博写道："云不是球体，山不是锥体，海岸线是不规则的圆形，树皮并不光滑，就连闪电也不是走直线的。"当然，人人都知道这些，但曼德博理解它的重要性。

他并没有宣称欧几里得形状是无用的。这些形状在科学领域起着重要作用。例如，行星基本上算是球体，早期的天文学家们认为，这是一个很有用的近似。如果把球体压扁成椭球体，则会是更好的近似，但它依然是一种简单的欧几里得形状。但在某些情况下，简单的形状就不那么有用了。树有许多越来越细的枝杈，云是柔软的团团，山体参差不齐，而海岸线则犬牙交错。想要从数学上理解这些形状，并解决关于它们的科学问题，需要一种新的方法。

让我们先来看看海岸线。曼德博注意到，不管比例尺的大小，海岸线在地图上看起来几乎相同。大比例尺的地图能展现出更多细节：海岸线有额外的曲折，但粗看起来，它和小比例尺的地图上画得颇为相像——海岸线的精确形状虽然变了，但"纹理"几乎一样。事实上，不管地图的比例尺有多大，海岸线的多数统计特征，如给定相对大小的海湾所占的比例，都是一样的。

曼德博引进了词语"分形"来描述那些不管怎样放大，总存在复杂结构的图形。如果小尺度下的结构和大尺度的相同，那么这种分形就是**自相似**的。如果只有统计特征相同，那么它们就是**统计自相似**的。最容易理解的就是那些自相似的分形。谢尔平斯基垫片（见第 $\frac{466}{885}$ 章）就是一例。它由"三份自己"组成，同时每份的大小减半（图 105）。

图 105　谢尔平斯基垫片

　　雪花曲线是另一个例子。它可以由图 106 右侧所示的曲线复制三份后构成。这个构件（尽管不是完整的雪花）是**精确**自相似的。构造的各个阶段是将上一阶段的结果复制 4 份后拼在一起，并且每份的尺寸是原来的三分之一（图 107）。

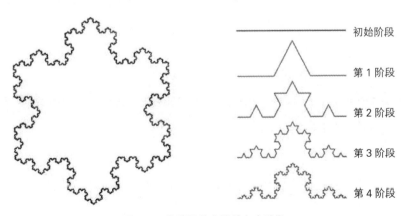

图 106　构造雪花曲线的各个阶段

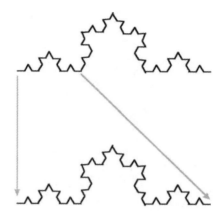

图 107　曲线的每四分之一段，放大 3 倍后看起来和原先的一样

这个形状太有规律了，不能代表真正的海岸线，但其曲折程度大致恰当。不规则曲线的构造方法与之类似，只是伴随着随机的变化，它们看起来更像真正的海岸线。

分形广泛存在于自然界中，准确地说，可以用分形来**模型化**的形状在自然界很普遍。现实世界中并不存在数学对象，数学对象都只是概念。有一种被称为宝塔西兰花的花椰菜是由很小的花球组成的，每个花球都与整棵花椰菜的形状相同（图 108）。从矿物的精细结构到宇宙的物质分布，都有分形的影子。手机天线、在 CD 和 DVD 里存储大量数据，以及诊断癌细胞，也都用到了分形。新的分形应用领域层出不穷。

图 108　宝塔西兰花

分形的维度

分形到底有多曲折，或者说，它填充空间的效率怎样，都可以由**分形维度**来表示。为了理解这种维度，我们首先考虑一些简单的非分形形状。

如果把一段线段分成 $\dfrac{1}{5}$ 大小的小线段，那么我们需要 5 段小线段才能重新构成原来的线段。假如对正方形做类似操作，我们需要 25 个小正方形，即 5^2，而立方体则需要 125 个，即 5^3（图 109）。

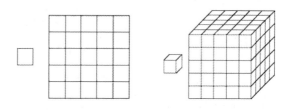

图 109　在一维、二维、三维中，"立方体"在比例方面的不同效果

5 的指数与形状的维度相等：线段的指数是 1，正方形的指数是 2，立方体的指数是 3。如果维度是 d，那么就必须得有 k 份大小为 $\dfrac{1}{n}$ 的形状才能拼出原先的形状，其中 $k = n^d$。两边取对数（见第 e 章）后，得到 d 的公式

$$d = \frac{\lg k}{\lg n}$$

让我们用这个公式来计算一下谢尔平斯基垫片。如果用较小的副本来构造垫片，我们需要 $k = 3$ 份垫片，每份大小为 $\dfrac{1}{2}$。因此，$n = 2$，于是我们得到公式

$$d = \frac{\lg 3}{\lg 2}$$

d 约等于 1.5849。因此在这种情况下，谢尔平斯基垫片的维度**不是一个整数**。

当我们用传统方法来思考维度时，作为有效的独立方向数量，维度一定是一个整数。但在分形里，我们试着用维度来衡量分形有多么不规则、多么复杂，或用它来评估分形占用周遭空间的情况（而不是指向多少个独立方向）。谢尔平斯基垫片明显比线段稠密，但比实心正方形稀疏。因此，我们想要的值应该介于 1（线段的维度）和 2（正方形的维度）之间。尤其，这一维度**不能是一个整数**。

我们用同样的方法，也能计算出雪花曲线的分形维度。如前所述，因为雪花曲线是自相似的，所以我们更容易处理三分之一的雪花曲线，即三条一模一样的"边"之一。如果用较小的副本构造雪花曲线的一条边，我们需要 $k = 4$ 份副本，每份大小为 $\dfrac{1}{3}$，因此 $n = 3$。于是得到公式

$$d = \frac{\lg 4}{\lg 3}$$

d 约等于 1.2618。这个分形维度也不是整数，但同样讲得通。雪花显然比线段曲折，但它的空间填充情况不如实心正方形。我们需要的维度值还是应该介于 1 和 2 之间，因此 1.2618 很有道理。维度是 1.2618 的曲线比维度是 1 的曲线（如一条直线）更曲折，但它不如维度是 1.5849 的曲线（如谢尔平斯基垫片）曲折。大多数实际的海岸线的分形维度约等于 1.25——相较于谢尔平斯基垫片而言，它们更像雪花曲线。因此，分形的维度和我们对"哪种分形能更好地填充空间"的直觉是一致的。它也为实验主义者提供了一种定量方法，来检验基于分形的理论。例如，烟灰的分形维度大约是 1.8，因此，尽管烟灰堆积物的分形样式有很多，但可以通过观测它们是否符合这个数来检验。

　　当分形不是自相似时，还有许多不同的方法可以定义分形的维度。比如，数学家们用"豪斯多夫 – 贝西科维奇维度"，这是一种相当复杂的定义。物理学家们常用"盒维度"，其定义相对简单。在很多情况下，这两种维度的部分记法是一样的。前面提到的分形是曲线，但分形也可以是面、体或更高维的形状。在这种情况下，分形的维度用于衡量分形有多么"粗糙"，或评估填充空间的效率。

　　上面两个分形的维度都是无理数。我们假设 $\dfrac{\lg 3}{\lg 2} = \dfrac{p}{q}$，且其中 p 和 q 是整数，那么 $q \lg 3 = p \lg 2$，于是 $\lg 3^q = \lg 2^p$，因此有 $3^q = 2^p$。但这一结果与质数分解的唯一性矛盾了。$\dfrac{\lg 4}{\lg 3}$ 也可以用类似的方法证明。像这样的基本事实，居然出现在如此意想不到的地方，不是很有趣吗？

曼德博集

在所有分形里，最著名的也许要算是曼德博集了。它描绘了如果对一个复数平方再加上一个常数，并反复地运算后，会发生什么。也就是说，选取一个复常数 c，然后计算 $c^2 + c$，接着计算 $(c^2 + c)^2 + c$，再计算 $((c^2 + c)^2 + c)^2 + c$，以此类推。当然，还有一些别的方法可以定义该集合，但这是最简单的一种。从几何上说，复数在一个平面上，它扩展了常规的实数轴。对上面提到的数列里的所有复数而言，最多有两种可能：要么所有复数都留在某个有限的复平面区域内，要么不是这样。接下来，将数列留在某个复平面区域内的 c 染上黑色，而把数列发散到无穷的 c 染上白色。于是，所有黑点构成的集合就是曼德博集（图 110）。

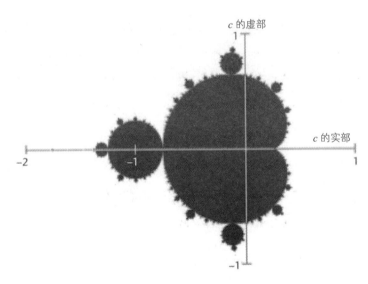

图 110 曼德博集

　　曼德博集的边界，即那些与黑点和白点都任意接近的边缘上的点，也是一种分形。它的分形维度大约是 2，因此它"几乎可填"。

　　为了看清更多细节，我们可以根据数列发散到无穷的速度，为白点重新着色。于是，我们得到了一个非常复杂的图形，它充满了花饰、螺线和其他形状。如果放大图片，就会出现越来越多的细节。观察右边，你甚至可以发现一个完整的曼德博子集（图 111）。

图 111　曼德博子集

　　像这样的曼德博集看起来不会有什么重要的应用，但它是基于复数的最简单的非线性动力系统之一，因此，它引起了许多数学家的注意，他们想从中寻找具有更广泛适用性的一般性原则。曼德博集还证明了一个重要的"哲学"观点：简单的规则会导致复杂的结果，也就是说，简单的原因会产生复杂的影响。试着去理解一个非常复杂的系统，并期望它所遵循的规则也同样复杂，这是一件很诱人的事。然而，曼德博集证明了这种期望可能会落空。这个观点催生了整个"复杂性科学"领域，这一全新领域试图通过寻找更简单的规则，去处理由这些规则驱动着的显然很复杂的系统。

第 $\dfrac{\pi}{\sqrt{18}}$ 章

球体填充

$\dfrac{\pi}{\sqrt{18}} \approx 0.740480$ ，这个数在数学、物理和化学领域非常重要。它是将相同球体以最有效的方式填充到空间里的比例。在这里，所谓"最有效的方式"是指留下的空隙尽可能小。开普勒于 1611 年提出了这个猜想，但直到 1998 年，托马斯·黑尔斯才借助计算机完成了证明。时至今日，还没有找到可以由人工直接检验的证明方法。

圆填充

让我们先从一个相对简单的问题开始讨论：在平面上排列相同的圆。如果用大量面值相同的硬币做实验，把它们尽可能多地挤在一起，很快你就会发现，随机排列会白白留下很多空隙。如果试着将硬币挤得更紧密，把空隙变小的话，那么排成列蜂窝状看起来最有效（图 112）。

然而，人们还是会假设，也许存在某种巧妙的排列方法，可以让它们挤得更紧一些。这看上去似乎不可能，但这并不是证明。而且，排列相同硬币的方法有无穷多种，所以通过实验是无法穷举的。

与随机排列不同，蜂窝状排列非常规则，也很对称。但它也很"严整"：每一枚硬币的位置都被其他硬币限定，因此你不能移动其中的任何一枚。乍一看，严整的排列理应能更有效地利用空间，因为，你无法通过一次只移动一枚硬币的方法，将排列变得更有效。

图 112　左图：随机排列浪费了大量空间。右图：蜂窝状排列消除了大多数空隙

但是，有些严整的排列并不那么高效。让我们来分析下面两种常见的圆形规则排列：

■ 蜂窝状或六方形晶格，之所以这么称呼，是因为圆形的中心连接后构成六边形（图 113 左）；

■ 正方形晶格，这里的圆形排成了棋盘似的正方形（图 113 右）。

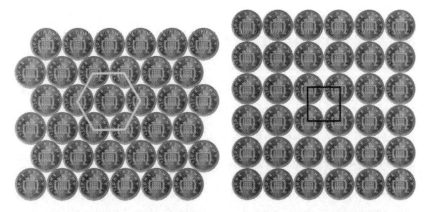

图 113　左图：6 个圆心构成了一个正六边形。右图：正方形晶格排列

正方形晶格也很严整，但排列就不那么有效了。如果排成很大一幅图案的话，那么蜂窝状晶格的空间利用率会更高。

为了精确起见，数学家们将圆形排列的**密度**定义为"当给定区域趋于无穷大时，圆形在区域内的覆盖率"。通俗地说，就是用圆形覆盖整个平面，并计算出圆形覆盖面积的比例。从表面上看，这个比例是 $\dfrac{\infty}{\infty}$，没什么太大意义，因此我们要不断覆盖更大的面积，并取极限。

让我们先计算正方形晶格排列的密度。假设每个正方形的大小是一个单位面积，圆形的半径都是 $\dfrac{1}{2}$，那么它的面积为 $\pi\left(\dfrac{1}{2}\right)^{2}=\dfrac{\pi}{4}$。对于众多正方形和圆形来说，覆盖率不变。取极限后，得到密度等于 $\dfrac{\pi}{4}$，约等于 0.785。

计算蜂窝状晶格的密度稍微复杂一点，它是 $\dfrac{\pi}{\sqrt{12}}$，约等于 0.906。其密度大于正方形晶格。

1773 年，拉格朗日证明了蜂窝状是在平面上密度最大的**晶格排列**。但是，这个证明仍没有破除存在某种不那么规则、但效果更好的排列的可能性。数学家们花了 150 多年的时间，想排除这种不太可能发生的情况。1892 年，阿克塞尔·图厄在一次讲座上粗略地证明了在平面上不存在比蜂窝状晶格密度更大的排列，但是，其发表的细节太过含糊，无法得到希望的证明结论，更无法确定证明是否正确。图厄在 1910 年又给出了一个新证明，但这个证明依旧存在逻辑漏洞。第一份完整的证明是由拉斯洛·弗耶什·托特在 1940 年发表的。随后不久，班尼亚米诺·色格和库尔特·马勒又发现了其他证明方法。2010 年，张海潮和王立中在网上发布了一个更为简洁的证明[①]。

开普勒猜想

开普勒猜想与上面的问题类似，它是关于如何在空间里填充相同的球体的。17 世纪早期，伟大的数学家和天文学家开普勒在一本关于雪花的书里提出了这个猜想。

开普勒对雪花感兴趣，是因为它们常常是六重对称的：相同的形状精确地重复 6 次，且重复的间隔都等于 60° 角（图 114）。他想知道其中的原因，于是运用逻辑、想象以及自然界中类似图案的知识给出了一个解释。开普勒的解释与我们今天所知道的非常接近。

---

① 见 https://arxiv.org/abs/1009.4322。——译者注

图 114　这些雪花是真实的雪花晶体，它们分别来自加拿大安大略省北部地区、美国阿拉斯加州、佛蒙特州、密歇根州的上半岛，以及加利福尼亚州的内华达山脉。摄影师肯尼斯·利伯瑞彻特采用一种经过特殊设计的雪花显微照相机拍摄了这些雪花晶体

　　开普勒是神圣罗马帝国皇帝鲁道夫二世的宫廷数学家。他的研究工作是由约翰·维克·冯·瓦肯菲尔斯赞助的，后者是一位富有的外交官，同时也担任皇帝的顾问。1611 年，开普勒送给了赞助人一份新年礼物：一本特意写就的书，名为《关于六角形的雪花》（ De Nive Sexangula ）。这本书一开始就提出了“为什么雪花是六边形的”这一问题。为了找到答案，开普勒讨论了自然形态里同样是六重对称的东西，如蜂巢和石榴里挤在一起的石榴籽。我们在前面看到，在平面上排列圆形是怎样自然而然地形成蜂窝状的。开普勒用在空间内球体堆积的方式解释了雪花对称方式的原因。

他的解释与现代理论惊人地相似：雪花是一个冰结晶体，其原子结构很像一个蜂窝，尤其，它成六边对称（实际上，雪花比这还要对称[①]）。不同形状的雪花却有着相同的对称形式，而雪花的形状丰富多样，是因为孕育雪花的风暴云在不断变化。

接着，开普勒一个不经意的评论提出了一道让人们花了 387 年才解决的数学难题：在空间里，最有效的堆积方式是什么呢？他觉得应该是如今称为面心立方晶格（FCC）的排列。

这也是水果商在堆放橙子时所采用的惯用方式。首先，在一个平整表面上将球体按正方形晶格排列（图 115 左）。接下来，在第一层球体上面按同样的方法再铺一层，同时把每个球体置于下层 4 个相邻球体组成的凹陷之上（图 115 中）。最后，继续采用这种方法直至把空间填满（图 115 右）。这需要将每一层都向侧面延伸，直至填满整个空间，下面的一层和上面一层的摆法一样。计算可知，这种填充的密度为 $\dfrac{\pi}{\sqrt{18}}$，约等于 0.740480。根据开普勒的说法，这应该是"最紧密的"排列方式，也就是说，可能拥有最大密度。

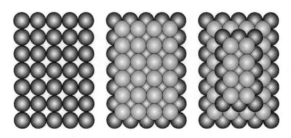

图 115　面心立方晶格。左图：第 1 层；中图：前 2 层；右图：前 4 层

---

① 雪花还具有空间平移对称性。——译者注

　　水果商从盒子底或桌面开始，一层层地往上堆水果，这是面心立方晶格的一种形式。但是，开普勒问题涉及所有可能的填充方式，因此不能假设一定是在平整的表面上堆积。实际上，水果商的堆放方式解决的是另一个问题。那么问题就来了：不同问题的答案会有所不同吗？

　　初看起来，水果商的堆放方式似乎是错的，因为他在每层用的都是正方形晶格，而蜂窝状晶格的密度更大。水果商之所以这么做，主要是因为他想把橙子放在长方形盒子里，而不是堆得更紧密。如果第一层采用蜂窝状晶格排列，堆积效果会更好吗？此后每层的橙子都卡在下面一层的凹陷处，同样形成蜂窝状晶格。

　　开普勒意识到，这是没有区别的。在图 115 中，右图的侧面构成的就是蜂窝状晶格。与之平行的各层也都是蜂窝状晶格，球都卡在相邻各层的凹陷处。所以，各层用蜂窝状排列所构成的这种堆放方式，只不过是将面心立方晶格侧着放而已。

　　然而，这还是告诉了我们一个重要信息：填装方式有无穷多种，尽管其中绝大多数不是晶格排列，但都与蜂窝状晶格有着相同的密度。既然存在两种不同方式将一层蜂窝状晶格卡在另一层上，那么，相邻两层可以选择任意一种方式。对于这两层而言，一种排列方式就是将另一种方式旋转一下。但 3 层以上就不再如此了。因此，3 层有两种完全不同的排列方式，4 层有 4 种，5 层有 8 种……以此类推。如果每一层都摆放在恰当的位置上，就会有无穷多种可能性。不过，每层的密度都相同，而且无论选择在哪个凹处堆积，层积都同样紧密。所以不管怎么堆，密度都是 $\frac{\pi}{\sqrt{18}}$。无穷多种堆积方法却有着相同的密度，这一现象预示着开普勒猜想具有不为人知的精妙之处。

在很长一段时间里，开普勒猜想都没有得到解决。直到 1998 年，托马斯·黑尔斯和他的学生塞缪尔·弗格森用计算机辅助完成了证明。1999 年，黑尔斯将证明投稿到著名的《数学年刊》杂志。一个专家组花了 4 年时间审稿，但由于计算太过复杂和庞大，他们觉得没有能力证明其一定正确。最终，证明被发表了，但附带了一份注释，指出了这一难点。

具有讽刺意味的是，解决这个问题的方法可能是再写一个可以验证其正确性的证明——不过还是要用到计算机。关键是，验证程序很可能比黑尔斯的证明更简单，所以，有可能通过人工检验来验证程序的逻辑正确性。这样一来，我们就能确信，这个用来检验更复杂的开普勒猜想的证明的证明，确实是对的。

让我们拭目以待。[①]

---

① 这份关于"证明的证明"的论文已于 2017 年被《数学论坛》（*Forum of Mathematics*）杂志接受。——译者注

第 $\sqrt[12]{2}$ 章
音阶

2 的 12 次方根是平均律音阶里连续两个音符的频率之比。$\sqrt[12]{2} \approx 1.059463$，与用 $\frac{22}{7}$ 近似 π 一样，这也是一种妥协。自然界的音程是简单的"有理"数，而 $\sqrt[12]{2}$ 的各个指数次方则"无理"地对音程做了近似。这个数会出现，是因为人类的耳朵就是用这种方式感知声音的。

声波

从物理上说，一个音符就是一段声波，它由乐器产生，并被耳朵感知。在固体、液体和气体中，波算是一种扰动，它在不改变形状的情况下传播，或以一种常规的方式重复同样的运动。在自然界里，波很常见，光波、声波和共振都属于波。地球内部的波会引起地震。

最简单、也是最基础的波形是正弦曲线（图 116）。曲线的高度代表波的**振幅**，它衡量对应的扰动有多大。对声波而言，它相当于音符有多响：振幅越大，对空气的扰动就越大，对耳朵的扰动也越大，于是人们觉得声响增大了。

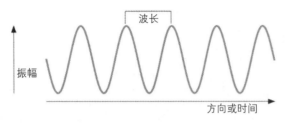

图 116 正弦曲线

正弦曲线的另一个重要特征则是**波长**：它是两个连续波峰之间的距离（或间隔的时间）。波长决定了波的形状。对声波而言，波长决定了音符的音高。波长较短会使音调听起来较高，而波长较长则使音调变低（图 117）。

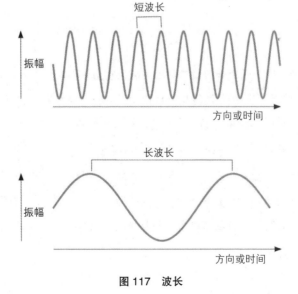

图 117 波长

还有一种方法可以衡量波的这个特征，它被称为波的**频率**，它与波长成反比。频率相当于在给定距离或时间内，波峰出现的次数。频率的度量单位是赫兹（Hz）：1 赫兹代表每秒有一次振动。例如，在钢琴上，中央 C 的频率是 261.62556 赫兹，它表示每秒有比 261 次稍稍多一点的振动。

比 C 高一个八度的音的频率是 523.25113 赫兹：正好是 C 的频率的 2 倍。比 C 低一个八度的音的频率是 130.81278 赫兹：正好是 C 的频率的一半（图 118）。这些关系是波的数学如何与音乐产生联系的基本例子。为了深入这个话题，我们拿一种弦乐器做例子，比如小提琴或吉他，并且暂时只考虑一根弦。

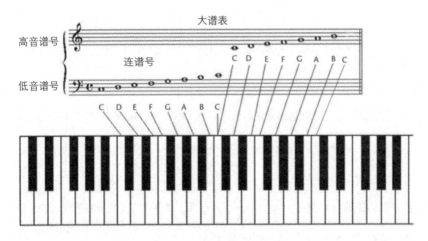

图 118　基本的音乐记法

假设把乐器侧放，并从正面观察它。当音乐家拨动琴弦时，琴弦相对于乐器呈左右振动，而在我们看来，琴弦上下振动。它产生了一种名叫

"驻波"的波。在驻波里，琴弦的两端是固定的，但在每个周期循环里，其形状一直在变化。

最简单的振动发生在琴弦成半个正弦波时。第二简单的振动是 1 个完整的正弦波。然后是 $1\frac{1}{2}$ 个正弦波，再下来是 2 个正弦波，以此类推（图 119）。半波会出现，是因为一个完整的正弦波除了在两端会和水平轴相交之外，还会和水平轴再相交一次。

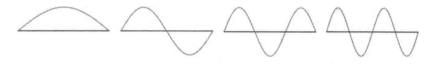

图 119　从左往右：半个正弦波。1 个完整的正弦波。$1\frac{1}{2}$ 个正弦波。2 个正弦波

在上图中，频率的比值分别是 $\frac{1}{2}$、1、$1\frac{1}{2}$、2。出现 $\frac{1}{2}$ 是因为我们用到了半波。如果我们采用的单位是弦的长度等于 $\frac{1}{2}$，那么频率就成了 1、2、3、4，如此一来会更简单一些。对拉紧程度相同的同一根琴弦而言，它对应波长的比值分别是 1、$\frac{1}{2}$、$\frac{1}{3}$、$\frac{1}{4}$。例如，如果半波的振动频率是 261 赫兹（接近于中央 C），那么这些频率分别是：

261 赫兹

261×2=522 赫兹

261×3=783 赫兹

261×4=1044 赫兹

基础的单个半波被称为基波，剩下的叫作连续谐波。

大约在 2500 年前，毕达哥拉斯学派相信世上万物都是由数学形状和数的规律控制的。他们发现在数和音乐的和谐之间有着不同寻常的关系。据说，当毕达哥拉斯路过一个铁匠铺时，他发现不同大小的锤子会产生不同音高的噪声，而那些通过简单的数联系起来的锤子——例如一个的大小是另一个的 2 倍——则会让噪声变得和谐。然而，如果你想用真实的锤子试出这个结果，那就会发现锤子的形状太复杂，无法产生和谐振动。但就总体而言，小物体会比大物体发出声调更高的噪声。

根据托勒密在公元 150 年左右写的《谐和论》（Harmonics）记载，毕达哥拉斯学派曾做过一个看似更合理的实验，当时使用的是拉伸弦。毕达哥拉斯学派发现，当两根张力相同的弦的长度成简单比例，如 $\frac{2}{1}$ 或 $\frac{3}{2}$ 时，它们会产生非常和谐的音符。但复杂的比例却会产生刺耳的声音，让耳朵受罪。

音程

音乐家们用音程这个术语来描述成对音符之间的间隔，它用于衡量在某个音阶体系里，成对音符是由多少级音阶分开的。最基本的音程是八度音，比如在钢琴上上移 7 个白键。相差八度的两个音一个比另一个更高，除此以外，它们听起来非常相似，也极为和谐。事实上，基于八度音的和谐听起来甚至有些枯燥。在小提琴或吉他上，演奏比空弦高八度音的方法是把那根弦的中间位置压在指板上。一半弦长可以奏出高一个八度的音。因此，八度音和简单的比值 $\frac{2}{1}$ 有关。

其他和声音程也与简单的数字比值有关。在西方音乐中，最重要的是第 4 个音（比值为 $\frac{4}{3}$）和第 5 个音（比值为 $\frac{3}{2}$）。（如果你考虑所有音符 C D E F G A B C 的音阶，那么音名就有了意义。以 C 为基准音，第 4 个音是 F，第 5 个音是 G，高八度的也是 C。如果我们把基准音作为 1，将音符顺序编号，那么它们分别位于音阶上的第 4 个、第 5 个和第 8 个。）

吉他这类乐器的几何结构特别清楚，在弦的各段之间的相关位置上，安装有被称为品柱①的东西。第 4 个音的品柱位于琴弦四分之一处，第 5 个音位于三分之一处，而八度音则位于一半的位置。你可以用卷尺去检查一下。

音阶

以上的数的比值为音阶提供了理论基础，并由此产生了如今被大多数西方音乐所使用的音阶。还有许多不同的音阶，我们在这里只讨论最简单的一种。我们从基准音开始，并从第 5 个音向上延伸，从而算出琴弦的长度

$$1 \qquad \frac{3}{2} \qquad \left(\frac{3}{2}\right)^2 \qquad \left(\frac{3}{2}\right)^3 \qquad \left(\frac{3}{2}\right)^4 \qquad \left(\frac{3}{2}\right)^5$$

展开这些分数后得到

$$1 \qquad \frac{3}{2} \qquad \frac{9}{4} \qquad \frac{27}{8} \qquad \frac{81}{16} \qquad \frac{243}{32}$$

除了前两项，其他音符的音调都太高了，以至于不能保持在一个八度内。但是，我们可以不断地除以 2，使它们降低一个或更多八度，直至它们介于 1 和 2 之间。这样一来，就得到了下面这些分数

$$1 \qquad \frac{3}{2} \qquad \frac{9}{8} \qquad \frac{27}{16} \qquad \frac{81}{64} \qquad \frac{243}{128}$$

---

① 即弦乐器上确定音位的弦柱。——译者注

最后，将这些数按升序排列后得到

$$1 \qquad \frac{9}{8} \qquad \frac{81}{64} \qquad \frac{3}{2} \qquad \frac{27}{16} \qquad \frac{243}{128}$$

它们与钢琴上的音符 C D E G A B 非常接近。

请注意，这里缺少了音符 F。事实上，对人耳而言，在 $\frac{81}{64}$ 和 $\frac{3}{2}$ 之间的空隙要比其他空隙大。为了填补这个空隙，我们插入了 $\frac{4}{3}$，它是第 4 个音的比值，非常接近于钢琴上的 F。另外，我们用高八度的第二个 C 将音阶补充完整，这也很有益处，它的比值是 2。于是，我们得到了完全基于第 4 个、第 5 个以及高八度音的音阶，它们的音高和比值关系如下

$$1 \qquad \frac{9}{8} \qquad \frac{81}{64} \qquad \frac{4}{3} \qquad \frac{3}{2} \qquad \frac{27}{16} \qquad \frac{243}{128} \qquad 2$$

C　　　D　　　E　　　F　　　G　　　A　　　B　　　C

弦长与音高成反比关系，因此，我们必须把分数上下颠倒才能得到对应的长度。

现在，我们已经解释了钢琴上的所有白键，但琴上还有黑键音符。它们的出现是因为音阶上连续数字之间的比值存在两种情况：$\frac{9}{8}$（全音程）和 $\frac{256}{243}$（半音程）。例如，$\frac{81}{64}$ 和 $\frac{9}{8}$ 的比值等于 $\frac{9}{8}$，但 $\frac{4}{3}$ 和 $\frac{81}{64}$ 的比值则是 $\frac{256}{243}$。术语"全音程"和"半音程"表示各种音程之间的大致比较。从数值上来说，它们分别是 1.125 和 1.05。第一个较大，因此全音程比半音程的音高变化更大。两个半音程的比值是 1.05^2，大致等于 1.11——和 1.125 差别不太大。因此，两个半音程接近于一个全音程。

在这种情况下，我们可以把每个全音程分成两个间隔，每个间隔都接近于一个半音程，从而得到十二音阶。这可以通过几种不同的方式实现，

产生的结果也会略有不同。无论如何,当改变一段音乐的调性时,可能会有一些微妙但可以听出来的问题:如果我们把每个音符上移半个音程,那么各个音程会稍有变化。对某些乐器而言,比如说单簧管,这会造成严重的技术问题,因为它的音符是由空气流过乐器里的孔产生的,而孔的位置是固定的。不过,小提琴这类乐器能演奏出连续范围的音符,所以音乐家可以自如地调整音符。

此外,吉他和钢琴用到的数学方法不一样。这种方法避免了调性变化的问题,但需要做一些微妙的妥协。方法就是使音阶上连续两个音符之间的间隔全都正好相同。两个音符之间的间隔由它们的频率比值确定,因此,为了生成一个给定的音程,我们需要先有一个音符的频率,然后将之与某个固定值相乘,再得到另一个音符的频率。

对半音程而言,这个固定的值是多少呢?

十二个半音程组成一个八度,它的比值是 2。想要得到八度音,我们必须先定一个基准音,然后将之乘以某个固定的值,对半音程而言,需要连续乘 12 次。得到的结果是原始频率的 2 倍。因此,半音程比值的 12 次方必须等于 2。也就是说,一个半音程的比值一定是 2 的 12 次方根。这个值写作 $\sqrt[12]{2}$,它约等于 1.059463。

这种想法有一个很大的优点,它可以使音乐有精确的关系。两个半音程正好构成一个全音程,而 12 个半音程构成一个八度。更妙的是,无论音程从哪里开始,你可以通过把所有音符上移或下移一个固定的量,来改变调性。

2 的 12 次方根造就了平均律音阶。这是一种折中方案。例如,在平均律音阶里,第四个音的比值从 $\dfrac{4}{3}$ 变成了 $1.059^5 \approx 1.332$,它替代了

$\dfrac{4}{3} = 1.333\ldots$。受过训练的音乐家能听出其中的差别，但人们很容易就能习惯它，而大多数人永远不会察觉到这一点。

$\sqrt[12]{2}$ 是无理数。我们假设 $\sqrt[12]{2} = \dfrac{p}{q}$，其中 p 和 q 是整数，于是有 $p^{12} = 2q^{12}$。对两边做质因数分解后，左式有偶数（包括 0）个 2，但右式有奇数个 2。这与质数分解的唯一性矛盾。

振动的弦和鼓

为了解释简单比值与音乐息息相关的原因，我们必须研究一下振动弦的物理学。

1727 年，约翰·伯努利在小提琴琴弦运动的简单数学模型方面做出了第一个重大突破。他发现，在最简单的情况下，任意时刻振动弦的形状是正弦曲线。振动的振幅不仅在空间上是一条正弦曲线，在时间上也是如此（图 120）。

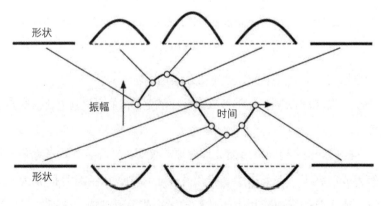

图 120　振动弦的连续时间切片。它在每个时刻都是正弦曲线。振幅随着时间也呈正弦变化

不过，还有别的解决方案。虽然都是正弦曲线，但琴弦上可以有 1、2、3 甚至更多个半波，我们也可以用不同的振动"模"来描述（图 121）。同样，任意时刻的形状也都是正弦曲线，并且它的振幅是某个与时间有关的因子的倍数，它也呈正弦变化。

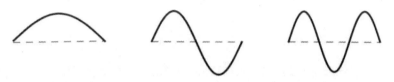

图 121 振动琴弦上有 1、2、3 个半波的时间切片。在每种情况中，弦都是上下振动，其振幅随时间呈正弦变化。半波越多则振动越快

弦的两端总是静止的。除了第一种以外的其他模，在弦的两端之间总存在其他静止的节点——这些点都位于曲线与水平轴相交的地方。这些"节点"说明了为什么简单的数值比例会出现在毕达哥拉斯的实验里。例如，由于 2 和 3 个半波的振动模型可以出现在同一根弦上，模 -2 曲线的连续节点之间的间隔是对应模 -3 曲线间隔的 $\frac{3}{2}$ 倍。这就解释了为什么像 $\frac{3}{2}$ 这样的比值，会很自然地在振动弦的动力学中出现。

最后，让我们分析一下为什么这些比值是和谐的，但其他比值则并非如此。

1746 年，让·勒朗·达朗贝尔发现，振动弦符合一个数学方程，它被称为波动方程。方程描述了作用在弦上的力，包括自身的张力、拉扯的力或弓弦的横向作用力，是怎样影响弦的运动的。达朗贝尔意识

到，他可以把方程和伯努利的正弦曲线解整合起来。为简化起见，我们
暂时不考虑时间因素，只假设在某一固定时刻的情况。例如，图 122 是
$5\sin x + 4\sin 2x - 2\cos 6x$ 的波形。它远比一个简单的正弦函数复杂，实际乐
器通常会产生包含许多不同正弦和余弦项的复杂波形（图 122）。

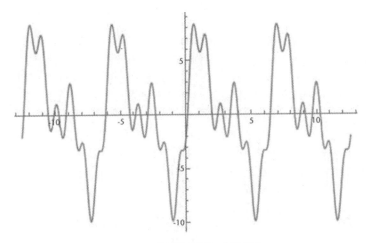

图 122　常规的正弦和余弦组合

简单来讲，我们研究一下 $\sin 2x$，它是 $\sin x$ 频率的 2 倍。它的声音是
怎样的呢？首先，它是**高了一个八度**的音符，与基准音放在一起时，听起
来最和谐。接下来，弦的第二个模（$\sin 2x$）的波形在中点处与水平轴相
交。在这一节点上，波形是保持不动的。如果你把手指放在那个点上，弦
等分的两部分将仍以 $\sin 2x$ 而非 $\sin x$ 的规律继续振动。毕达哥拉斯学派发
现一半长度的弦可以产生一个高八度音，原因就在于此。他们发现的其他

简单比值也有类似的解释：它们都与产生相应比值的正弦曲线的频率有关，而这些曲线整整齐齐地在长度相同且两端都固定的弦上重合。

这些比值"听起来"为什么比较和谐呢？部分原因是，没有简单比值的正弦波频率在叠加后，会产生一种被称为"振差"的效果（图 123）。例如，比值 $\frac{8}{7}$ 对应于 $\sin 7x + \sin 8x$，它就具有这种波形。

这类波产生的声音就像一种声调很高的嗡嗡声，重复着先响后轻的规律。耳朵对传入的声音所做出的反馈大致与小提琴琴弦类似，因此，当两个音符存在振差时，叠加后听起来就会不和谐。

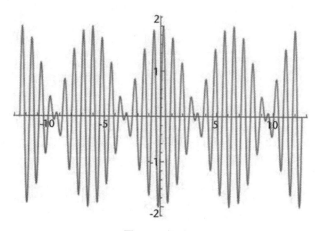

图 123　振差

不过，还有一个更深层的原因。在大脑的发育过程中，婴儿的耳朵会渐渐习惯于他们最常听到的内容。事实上，从大脑连接到耳朵的神经要比反方向的神经多，大脑可以利用它们来校准耳朵对传入声音所做出的反馈。因此，我们所认为的和谐声音是有文化属性的。但是，最简单的比值是天然和谐的，被绝大多数文化使用。

弦是一维的，但相似的概念也能应用于更高维度。例如，为了了解振动的鼓，我们需要考虑膜（一种二维平面）的振动——它就像是鼓面。大多数音乐鼓是圆形的，但我们也可以通过敲击方形、矩形，甚至猫形的鼓来制造声音（图 124）。

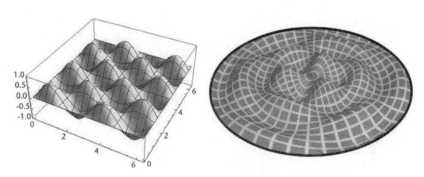

图 124　左图：某一个时刻矩形鼓的一种振动模式，波数分别是 2 和 3。
　　　　右图：某一时刻圆形鼓的一种振动模式

对任意给定形状的区域而言，都存在与伯努利的正弦和余弦函数类似的函数，它们可以表示最简单的振动规律。这些规律被称为"模"，说得更清楚些，它们也被称为简正模。其他波都可以由简正模叠加形成，如果有必要，还可能需要用到无穷级数。

波形还可以是三维立体的。一个重要的例子就是实心球的振动。当地震发生时，实心球的振动是地球运动的一种简单的模型。地球更精确的形状是两极稍扁的椭球体。地震学家们利用波动方程和它们更复杂的形式，更如实地为地球物理建模，从而理解地震产生的信号。

如果工程师在设计汽车时希望减少不必要的振动，那么他就需要研究整车或任何自己想了解的汽车部件的波动方程。设计抗震建筑的过程也与之类似。

阿培里常数

阿培里常数展现了对所有偶数都适用的一个很特别的数学规律。但根据目前的认知，它对奇数似乎并不成立。证明这个数是无理数，完全事出偶然。

ζ(3)

还记得 ζ 函数吗?（见第 $\frac{1}{2}$ 章）受解析延拓的技术性限制，它由下面的级数定义

$$\zeta(z) = \frac{1}{1^z} + \frac{1}{2^z} + \frac{1}{3^z} + \cdots$$

其中，z 是复数（见第 i 章）。当欧拉解决了巴塞尔问题后，18 世纪的数学家们无意中发现了这个无穷级数在 $z = 2$ 时的情况。通俗点讲，就是计算公式 $\zeta(2)$ 的结果：它是完全平方数的倒数之和。我们在第 π 章曾说过，欧拉在 1735 年把它算了出来：

$$\zeta(2) = \frac{1}{1^2} + \frac{1}{2^2} + \frac{1}{3^2} + \frac{1}{4^2} + \frac{1}{5^2} + \cdots = \frac{\pi^2}{6}$$

用相同的方法还可以计算四次方、六次方或任意偶数次方。如

$$\zeta(4) = \frac{1}{1^4} + \frac{1}{2^4} + \frac{1}{3^4} + \frac{1}{4^4} + \frac{1}{5^4} + \cdots = \frac{\pi^4}{90}$$

$$\zeta(6) = \frac{1}{1^6} + \frac{1}{2^6} + \frac{1}{3^6} + \frac{1}{4^6} + \frac{1}{5^6} + \cdots = \frac{\pi^6}{945}$$

后面的几项分别是：

$$\zeta(8) = \frac{\pi^8}{9450} \qquad\qquad \zeta(10) = \frac{\pi^{10}}{93555}$$

$$\zeta(12) = \frac{691\pi^{12}}{945638512875} \qquad\qquad \zeta(14) = \frac{2\pi^{14}}{18243225}$$

基于上面这些例子，有人猜想三次方的倒数之和是 π^3 的有理数倍，而五次方的倒数之和是 π^5 的有理数倍，等等。然而，数值计算的结果显示，这个猜想很有可能是错的。事实上，人们并不知道这些级数的公式是什么，也不知道它们是否和 π 有关。这些还都是谜。

由于 π 是无理数，确切地说，它还是超越数（见第 π 章），因此上述这些级数之和都是无理数。因此，当 $n=2, 4, 6, 8, \cdots$ 时，$\zeta(n)$ 是无理数。然而，我们并不知道当 n 是奇数时，$\zeta(n)$ 是否还是无理数。虽然看起来很有可能，但当 n 为奇数时，$\zeta(n)$ 会难以理解得多，因为欧拉的方法需要 n 是偶数。许多数学家都曾尝试解决这个问题，但他们一无所获。

当 $n = 3$，也就是三次方的倒数的情况中，我们得到了一个今天被称为阿培里常数的数：

$$\zeta(3) = \frac{1}{1^3} + \frac{1}{2^3} + \frac{1}{3^3} + \frac{1}{4^3} + \frac{1}{5^3} + \cdots$$

它的值约等于

1.2020569031595942853997381615114499907649862 92 …

除以 π^3 后的商是

0.0387681796029167989411989031872114980623456 8 …

它没有循环的迹象，因此看起来不是有理数。毫无疑问，这个数不是分子和分母都很小的有理数。2013 年，罗伯特·赛蒂计算了阿培里常数的前 2000 亿位小数——它看起来更不像 π^3 的有理数倍，而且，似乎和其他常用数学常数也没什么关系。

因此，当拉乌尔·阿培里在 1978 年公布 $\zeta(3)$ 是无理数的证明时，人们非常吃惊。而当他的结果被证明是正确的时候，人们更是惊呆了。这不是在诋毁他，但他的证明里确实有一些不同寻常的申明。例如，证明里包含了一个显然是有理数，但看起来不太可能是整数的数列——然而，它确确实实**是**整数。（所有整数都是有理数，但反之不成立。）当计算机的计算结果不断出现整数时，它开始变得有可能是正确的，但需要过一段时间才能证明它的确是一直如此。阿培里的证明非常复杂，尽管它并没有涉及欧拉不知道的知识。如今，我们已经有了更简单的证明。

但这些方法只适用于 $\zeta(3)$，似乎无法拓展应用到其他奇数上。不过，瓦蒂姆·祖迪林和坦吉·里沃阿尔在 2000 年证明了，必定存在无穷多个 $\zeta(2n+1)$ 的无理数。2001 年，他们又证明了在 $\zeta(5)$、$\zeta(7)$、$\zeta(9)$ 和 $\zeta(11)$ 中，至少有一个是无理数。但他们的定理并不能告诉我们，这 4 个数里的哪一个一定是无理数。这真让人干着急，却没有办法。数学有时候就是如此。

欧拉常数

这个数在分析学和数论的许多领域都会出现。毫无疑问，它是一个实数，并且极有可能是一个无理数，因此我把它放在最后。将所有正整数的倒数求和后，再减去项数的自然对数，当项数趋于无穷大时，其差的极限就可以得到这个数。尽管这个数到处都是，也很简单，但我们对它知之甚少。事实上，还没有人能**证明**它是无理数。但我们明确知道，如果它是有理数，那么它将极其复杂：任何表示它的分数都将是超过 240 000 位的超大数字。

调和数

调和数是前 n 个正整数的倒数之和：

$$H_n = 1 + \frac{1}{2} + \frac{1}{3} + \frac{1}{4} + \cdots + \frac{1}{n}$$

人们还不知道 H_n 是否存在精确的代数公式，似乎这种公式并不存在。然而，利用微积分很容易证明，H_n 约等于自然对数 $\ln n$（见第 e 章）。事实上，更精确的近似是

$$H_n \approx \ln n + \gamma$$

其中 γ 是一个常数。当 n 越来越大时，式子两边的误差会变得任意小。

γ 的前几位小数是：

γ = 0.5772156649015328606065120900824024310421 ...

2013 年，余智恒将其计算到了前 19 377 958 182 位小数。这个数被称为**欧拉常数**，是因为它首次出现在欧拉于 1734 年写的一篇论文里。他把它记为 C 或 O，后来又计算了它的前 16 位小数。1790 年，洛伦佐·马斯凯罗尼也发表了关于这个数的结论，但把它记为 A 或 a。他尝试计算了前 32 位小数，但在第 20 位到 22 位时出现了错误。有时候，人们也称这个数为"欧拉－马斯凯罗尼常数"，但总体而言，欧拉应享有大部分的功劳。到 19 世纪 30 年代，数学家们把它改记为 γ，这也是现在的标准记法。

欧拉常数在许多数学公式里都会出现，尤其是那些与无穷级数和定积分有关的公式。数论里经常出现指数形式 e^γ。人们猜想，欧拉常数是超越数，但大家连它是不是无理数都还不知道。通过计算它的连分数形式，可以证明如果它是有理数 $\dfrac{p}{q}$（p 和 q 为整数），那么 q 大于 10^{242080}。

更精确的调和数公式如下

$$H_n = \ln n + \gamma + \frac{1}{2n} - \frac{1}{12n^2} + \frac{1}{120n^4}$$

该公式的误差不超过 $\dfrac{1}{252n^6}$。

第六篇
一些特别的小整数

现在再回到整数。整数魅力十足，每个数都是不同的个体，特殊的性质使它们变得十分有趣。

事实上，**所有**数都是有趣的。证明如下：如果命题不成立，那么一定存在一个最小的无趣数；但这个假设又使它变得有趣，于是得到矛盾。

第 11 章

弦理论

我们通常认为，空间是三维的。在相对论的域里，时间为时空提供了第 4 个维度。然而，目前的物理学前沿理论之一——弦理论，特别是 M 理论，提出时空实际上有 11 维，其中有 7 个维度单靠人类感官是无法察觉的。事实上，没有任何实验能确切地探测到它们。

这一理论看起来或许有些离谱，而且有可能并不正确。但物理学已经反复地向我们展示过，感官呈现给我们的世界景象和现实世界或许存在显著的区别，例如，表面连续的物体其实由一个个微小的粒子或原子组成。如今，一些物理学家认为，真正的空间和我们"以为"居住其间的空间是非常不同的。物理学家之所以选择 11 维，并不是出于对真实世界的观测，它只是一个能使关键数学结构保持一致性的数。弦理论非常技术化，但其主要思想可以用相当简单的几句话概括。

统一相对论和量子理论

理论物理的两大成果是相对论和量子力学。前者由爱因斯坦提出，它从时空弯曲的角度解释了引力（图 125）。根据广义相对论（这是爱因斯坦在狭义相对论之后发展出来的理论，狭义相对论是与空间、时间和物质有关的理论），质点是沿着测地线从一处运动到另一处的，所谓测地线指的是这两个位置之间的最短连接路径。但在一个大如恒星一样的物体附近时，时空会被扭曲，路径也会出现弯曲。例如，行星绕着太阳运动的轨道是椭圆的。

起初，牛顿提出的引力理论将这种弯曲解释成力的作用，并给出了一个用于计算力的大小的数学公式。但更精确的测量结果显示，牛顿的理论有一些误差。爱因斯坦用时空扭曲代替了引力作用，而且，这个新理论修正了那些误差。此后，它被各种各样的观察所证实，而观察的对象主要是遥远的天体。

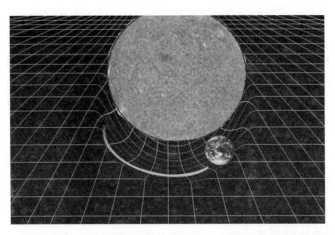

图 125　时空扭曲是如何产生类似于力的作用的。一个较小的物体在经过恒星一样巨大的物体时，运动轨迹被扭曲偏转，就和受到引力的牵引一样

第二大成果，即量子力学，是由数位伟大的物理学家提出的，他们是

马克斯·普朗克、维尔纳·海森堡、路易·德·布罗意、埃尔温·薛定谔和保罗·狄拉克。量子力学解释了物质在最小尺度下的行为,这些尺度包括原子的大小,甚至更小。量子力学预言了许多奇怪的效应,它们和人类尺度下的世界中的物质行为很不一样,但数千个实验都证实了这些预言。如果量子力学描述的世界和现实世界差异很大,那么现代电子产品将无法正常使用。

理论物理学家对在不同场景下应用两种截然不同的理论颇为不满,当不同的场景发生重叠时,这两种理论会产生矛盾,尤其是在宇宙学中——这门学科把宇宙理论作为一个整体来对待。爱因斯坦本人开始寻找一种统一场理论,试图把两者整合成一个在逻辑上一致的理论。这一研究取得了部分成功,但到目前为止,也仅限于量子领域。

这些成果统一了 4 种基本力中的 3 种。物理学家们把自然界中的 4 种力做了区分,它们是引力、电磁力(控制电和磁)、弱力(与放射性粒子衰变有关)和强力(把诸如质子和中子之类的粒子约束在一起)。严格说来,这些力都是物质粒子之间的"相互作用"。相对论描述了引力,而量子力学被用于描述另外 3 种基本力。

近几十年来,物理学家们已经找到了一个一般化理论来统一量子力学里的 3 种力。这种理论被称为标准模型,它描述了在亚原子尺度下的物质结构。根据标准模型,所有物质都是由 17 种基本粒子构成的(图 126)。

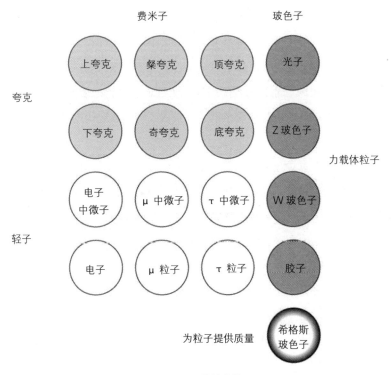

图 126　17 种基本粒子

　　根据各种观测问题（例如，如果星系内部的物质就是我们所看到的东西，那么在某种意义上，其旋转运动并不符合广义相对论），宇宙学家们认为，宇宙的大部分物质是由"暗物质"组成的，这些物质可能要用到 17 种粒子以外的新粒子。如果他们是正确的，那么标准模型就需要修订。我们可能需要一种新的引力理论，而另一种选择是，我们也可能要对受力物体的运动理论做修改。

　　然而，理论物理学家们尚未能通过构建一种单一理论，令相对论和量子力学在各自适合的使用范围内（分别是非常大和非常小的尺度），能以一致的形式描述**所有 4 种力**，从而把两种理论统一起来。针对统一场，或者说是"万物理论"的研究，催生了一些美妙的数学概念，并在**弦理论**里到达了顶点。迄今为止，还没有明确的实验支持这一理论，而且还有一些其他方案也属于活跃的研究主题。一个典型的例子就是圈量子引力理论，该理论把空间表示成由许多非常小的圈组成的网络，有点像锁子甲。从技术上而言，它是一种自旋泡沫。

　　弦理论的基础是，基本粒子不应被当作点。事实上，人们早已发觉，大自然并非以点的形式**运作**，因此，使用类似点的模型很可能就是适用于粒子的量子力学无法与适用于光滑曲线和表面的相对论保持一致的原因。相反，粒子应该更像小小的闭环，它也被称为**弦**。环可以弯曲，因此，爱因斯坦的弯曲概念会自然地起作用。

　　不仅如此，闭环是可以振动的，而这些振动巧妙地解释了量子的各种特性，如电荷和自旋。量子力学有着诸多令人费解的特性。其中一个就是，这些特性通常会作为某个基本常数的整数倍出现。例如，质子有 +1 个电荷单位，电子有 −1 个电荷单位，而中子有 0 个电荷单位。夸克作为组成质子和中子的更基本粒子，具有 $\frac{2}{3}$ 和 $-\frac{1}{3}$ 个电荷单位。因此，这些特性都是以 −3、−1、0、2、3 作为基本单位的倍数，这个基本单位是各类夸克所具有的电荷数。为什么是整数倍呢？振动弦拥有相同的数学规律。每个振动都是一个具有特定波长的波（见第 $\sqrt[n]{2}$ 章）。闭环上的波在环闭合时必须恰好彼此吻合，因此，闭环必须被整数个波所环绕。如果波代表量子的状态，那么，这就能解释为什么一切都是整倍数了（图 127）。

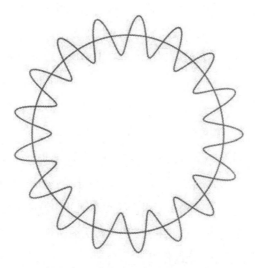

图 127　整数个波正好环绕一个圆

当然，事情并没有如此简单。但是，顺着把粒子看作闭环这一思路，物理学家和数学家们又想到了一些了不起的伟大概念。

额外的维度

一根振动的量子弦需要在某种空间**之内**振动。为了在数学上有意义，这不可能是一个普通的空间。它是一个额外的空间维度，必须有一个额外的变量，因为这种振动是量子的性质，而不是空间的性质。随着弦理论的发展，理论家们越来越清楚，为了让所有东西都有效，就需要一些额外的维度。一种名为"超对称性"的新理论认为，所有粒子应该有一个相关的"搭档"，后者是一种更重的粒子。如果存在这种对称，那么弦应该被超弦取代。而超弦只有在假设空间有 6 个额外维度时才成立。

这也意味着，弦不再是和圆类似的一条曲线，而必须是一个更复杂的 6 维形状。在适用的形状里，有一种被称为卡拉比 – 丘流形（图 128）。

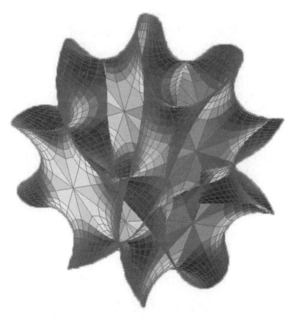

图 128　6 维卡拉比 – 丘流形在普通空间上的投影

这个观点并不像看上去那么奇怪，因为在数学里，"维度"只不过代表了"独立变量"。经典电磁学用普通空间里的电场和磁场描述电学。每个场都需要 3 个新变量，即描述电场所指方向的 3 个分量，磁场也是如此。尽管这些分量与空间的方向一致，但场在这些方向上的强度和方向无关。因此，经典电磁学需要 6 个额外的维度——电学和磁学各用 3 个。在某种意义上，经典电磁理论需要 10 维：4 个时空维度加上 6 个电磁学维度。

弦理论也类似，但它不用**那** 6 个新维度。在某种意义上，弦理论的新维度，即那些新变量，更像是普通的空间维度，而不是电学和磁学里的维度。爱因斯坦的伟大成果之一，就是把三维的空间和一维的时间合并成四维的时空。事实上，这是有必要的，因为根据相对论，当物体高速运动时，空间和时间变量会相互影响。弦理论也是如此，但如今，它使用了 9 个空间维度加上 1 个时间维度，即 10 维时空。

为了在数学上逻辑一致，理论学家们不得不接受这个观点。如果和以往一样，假设时间是一维、时空是 d 维的，那么计算会导致方程中所谓的异常，一般而言，这些异常是无限的。这是个大麻烦，因为在现实世界中不存在无限。然而碰巧的是，相关情况是 $d-10$ 的倍数。当且仅当 $d=10$，即结果是 0 时，那么异常会消失。因此为了避免异常，需要时空的维度等于 10。

在弦理论的构想中，$d=10$ 作为因数是固有的。选择 $d=10$ 可以避开所有问题，但它所产生的情况初看时会觉得更糟糕。减去代表时间的 1 维，我们会发现空间有 9 维，它不是 3 维的。但倘若这是真的，我们早就应该有所察觉。**额外的 6 维在哪里呢？**

一个吸引人的答案是，它们就在眼前，但是卷得太紧，以至于我们无法察觉。事实上，人们**没有能力**察觉。想象一根软管，从远处看，你不会察觉它的厚度——它看起来像一条一维曲线。软管的另外两个维度——它的圆形截面——被卷进了一个非常小的空间，以至于无法被观察到。弦也是如此卷缩的，而且要紧得多。如果说，软管的长度大约是其厚度的 1000 倍，那么弦的"长度"（在可见空间里的运动）是其"厚度"（振动所在的新维度）的 10^{40} 倍。

另一个可能答案是，新的维度实际上非常大，但绝大多数粒子的状态被限制在新维度里的固定位置上，就像漂在海面上的小船。大海本身有 3 个维度：经度、纬度和深度。但小船只能在海面上探测两个维度，即经度和纬度。有一些特征，比如说引力，可以探测时空以外的维度，这好比驾驶员跳下了小船，探测大海的深度。但大多数特征做不到这一点。

截至 1990 年左右，理论学家们设计了 5 种不同的弦理论，它们的主要区别在于额外空间里的对称性。这些理论分别被称为 I 型、IIA 型、IIB 型、HO 型，以及 HE 型。爱德华·威滕发现了统一 5 种类型的一个优雅的数学形式，他称其为 M 理论。该理论需要时空具有 11 维：10 维空间和 1 维时间。在 5 类弦理论之间相互变化的各种数学技巧，可被视为完整的 11 维时空里的物理性质。通过在这 11 维时空里选择特别的"位置"，我们可以推导出这 5 种弦理论。

尽管人们发现，弦理论并不是宇宙运行的方式，但它在数学上的贡献仍是巨大的。遗憾的是，这个话题太过技术化了，不适合在本书里讲述。数学家们将继续研究弦理论，并且他们认为是值得的，即使物理学家们觉得它并不适用于真实世界。

第 12 章

五连方

五连方是指由 5 个相同的正方形通过边连在一起的形状。如果不考虑反射对称，那么它有 12 种（图 129）。传统上，五连方以字母表上形状相像的字母命名。12 也是三维空间里的吻接数。

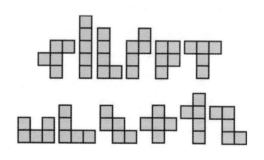

图 129　12 种五连方

多连方

更一般地，一个 n 连方（n-omino）是指由 n 个相同的正方形组成的形状。这些形状统称为多连方。有 35 种六连方（$n=6$），108 种七连方（$n-7$），参见图 130 和图 131。

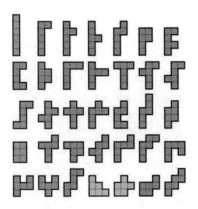

图 130　35 种六连方

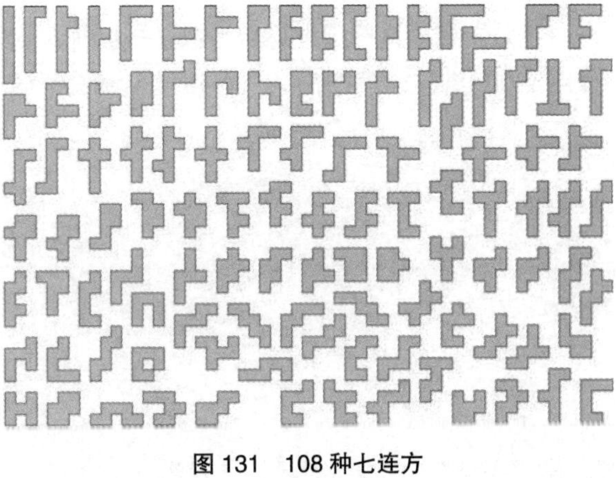

图 131　108 种七连方

一般化的多连方概念和名字是由所罗门·戈洛姆在 1953 年提出的，马丁·加德纳发表在《科学美国人》上的科普文章让它流行了起来。多连方（polyominoes）是单词"domino"的逆生构词 [1]，domino 表示两个连在一起的方形。这里的字母 D 可以巧妙地解释为拉丁语 di 或希腊语 do，它们都是"2"的意思。（实际上，domino 源于拉丁语 dominus，是"上帝"的意思。）

在许多文献里都记载了多连方的前身。英国趣题大师亨利·杜德尼在其 1907 年的著作《坎特伯雷谜题》里就讲述了一个五连方谜题。在 1937 年至 1957 年间的《灵仙象棋评论》（*Fairy Chess Review*）杂志里，也有许多关于六连方的文章，它们被称为"分割问题"。

多连方谜题

一般化的多连方和特定的五连方是众多娱乐谜题和游戏的灵感来源。比如，它们可以搭出许多有趣的形状。

如果每块正方形的面积是 1 个单位，那么 12 个五连方的总面积是 60 个单位。任何把 60 写成两个整数相乘的方式，都可以构成一个矩形。把五连方拼起来，组成这样的矩形，是一项有趣而公平的竞技益智游戏。如果有必要，通过翻面可以得到矩形的镜像图案。可实现的矩形包括 6×10、5×12、4×15，以及 3×20。很容易发现 2×30 和 1×60 是不可能的（图 132）。

---

[1] 逆生构词指去掉"被误认"的词缀构成新词。——译者注

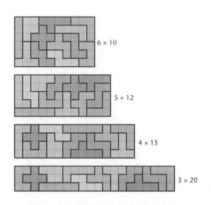

图 132　可能的五连方矩形大小

已知可以拼出这些矩形的不同方法数量如下（整个矩形旋转或反射后形成的图形被视为同一种方法，但在保持剩余部分不动的情况下，可以对较小的矩形做旋转或反射）：

$$6×10: 2339 \text{ 种方法}$$

$$5×12: 1010 \text{ 种方法}$$

$$4×15: 368 \text{ 种方法}$$

$$3×20: 2 \text{ 种方法}$$

另一种经典谜题源于等式 $8×8-2×2=60$，谜题是：用 12 块五连方密铺一个中间有 $2×2$ 的空隙且大小为 $8×8$ 的正方形，是否可行？答案是"可行"（图 133）。

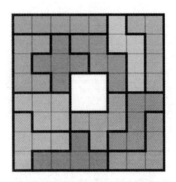

图 133 用五连方构造一个中空的正方形

一种有趣的六连方拼接方式是用它们构造一个平行四边形（图 134）。

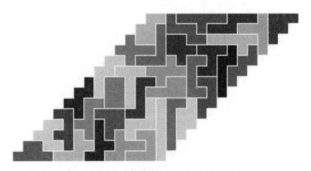

图 134 用六连方构造一个平行四边形

多连方的数量

数学家和计算机科学家已经针对许多 n 计算了其连方的数量。如果认为旋转和反射是相同的，那么连方的数量如表 11 所示。

表 11

n	*n* 连方的数量
1	1
2	1
3	2
4	5
5	12
6	35
7	108
8	369
9	1285
10	4655
11	17 073
12	63 600

球体的吻接数

　　圆的吻接数指的是在所有圆大小相同的情况下，可以与给定圆相接的圆的最大数量，这个数等于 6（见第 6 章）。球体也有吻接数，指的是在所有球体大小相同的情况下，可以与给定球体相接的球体的最大数量，这个数等于 12。

　　12 个球体可以与给定球体相吻接，证明这一点还算容易。事实上，因为这是可行的，所以接触点构成了正二十面体的顶点（见第 5 章）。在这些点之间有足够的空间来容纳球体，使它们彼此不接触（图 135）。

在平面上，与中心圆相接的 6 个圆没有多余的空间，其排列是严整的。但在三维空间里有许多富余的空间，相接的球体可以移动。在很长一段时间里，人们不知道如果把 12 个球体放在合适的位置上，是否还能空出空间，放置第 13 个球体。

两位著名的数学家牛顿和戴维·格雷戈里就这个问题展开过长期辩论。牛顿坚持认为正确结果就是 12，而格雷戈里则觉得应该是 13。在 19 世纪，人们试图证明牛顿是正确的，但没能实现。1953 年，人们首次给出了 12 是正确答案的完整证明。

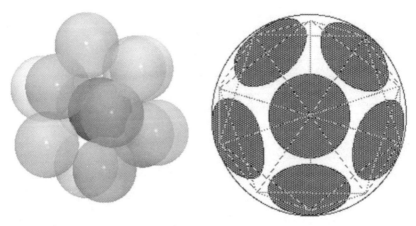

图 135　左图：12 个球体是如何与给定球体相接的。
　　　　右图：12 个球体的"阴影"以正二十面体的排列方式与给定球体相接

四维以及更高维度

四维空间的情况也是类似的。找到一种有 24 个吻接三维球面的排列相对容易，但它留下了太多的富余空间，或许还可以安置第 25 个球体。这项空白最终由奥列格·穆辛在 2003 年解决：和预期的一样，答案是 24。

在其他大多数维度里，数学家们知道，某个特定的球体相接数量是"可能的"，因为他们能找到这样的排列。而且，出于各种间接原因，他们也知道某个大得多的球体相接数量是"不可能的"。这些数量被称为吻接数的**下界**和**上界**。吻接数必然在这两个数之间，也可能就等于两者之一。

在四维以上的情况中，仅有 2 种情况的已知上、下界相等，因此，它们共同的数值就是吻接数。值得注意的是，这两个维度是 8 和 24，它们对应的吻接数分别是 240 和 196 650。在这两个维度里，存在 2 种高度对称的晶格，更高维度的晶格类似于正方形网格，或者更一般化的平行四边形网格。这些特殊晶格被称为 E_8（或戈赛晶格）和利奇晶格，而球体可以放置在合适的晶格点上。在这些维度里，有一种不可思议的巧合：可以被证明的吻接数上界正好与这些特殊晶格所给出的下界相同。

表 12 总结了人们当前对吻接数的研究情况，其中，黑体字表示已经知道确切吻接数的那些维度。

表 12

维　度	下　界	上　界	维　度	下　界	上　界
1	2	2	13	1130	2233
2	6	6	14	1582	3492
3	12	12	15	2564	5431
4	24	24	16	4320	8313
5	40	45	17	5346	12 215
6	72	78	18	7398	17 877
7	126	135	19	10 688	25 901
8	240	240	20	17 400	37 974
9	306	366	21	27 720	56 852
10	500	567	22	49 896	86 537
11	582	915	23	93 150	128 096
12	840	1416	24	196 560	196 560

第 17 章

多边形和图案

高斯在年轻时发现，可以用尺规作图构造正 17 边形——这是欧几里得从未想过的，这也让包括高斯本人在内的很多人感到惊讶。在此前 2000 多年里，从来没有一个人做到过。

对墙纸图案而言，有 17 种不同的对称类型。这其实就是二维晶体学，它被用作研究晶体的原子结构。

在粒子物理的标准模型里，有 17 种基本粒子（见第 11 章）。

正多边形

所谓多边形（polygon，在希腊语里表示"许多条边"），是指那些边是直线的形状。如果每条边的长度相同，且每对边组成的角度也相等的话，那么它就是正多边形。

正多边形在欧氏几何里扮演着重要角色，并且是许多数学领域的基础。在欧几里得的《几何原本》里有一个主要课题，就是证明恰好只存在 5 种正多面体，这些多面体的各个面都是相同的正多边形，并且每个角的排列也是一样的（见第 5 章）。为此，他必须考虑那些正 3、4、5 边形的面。更多边数的多边形不会出现在正多面体的面上（图 136）。

图 136 有 3、4、5、6、7、8 条边的正多边形。它们的名字分别是：正三角形、正方形、正五边形、正六边形、正七边形和正八边形

顺着这个思路，欧几里得需要构造出这些形状，构造时必须使用传统的直尺和圆规，因为他的几何技术依赖这个条件。最简单的作图可以构造出正三角形和正六边形。只使用圆规可以确定顶点的位置。画边则需要用到直尺，不过这也是直尺唯一的用途（图 137）。

画一个正方形略难，但倘若知道如何作出直角，那么事情就会变得容易（图 138）。

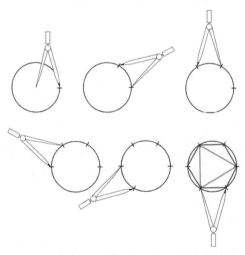

图 137 画一个圆，并在圆上任取一点。以相同的距离在圆上顺次得到各个点。这些点就是正六边形的 6 个顶点。每相隔一个顶点可以构成一个正三角形

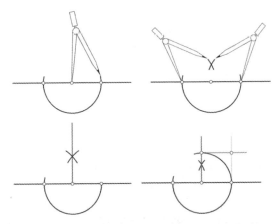

图 138 在直线上给定一点，圆规以该点为圆心作圆，并与直线相交于两点。将圆规的两脚距离变宽，分别以两个交点为圆心作两条弧并相交。第 3 幅图上的直线与初始的直线呈直角。重复步骤以得到正方形的其他边

画正五边形需要更多技巧。欧几里得是这样做的。正五边形中总有 3 个不同的顶点能组成一个角度为 36°、72° 和 72° 的三角形（图 139）。此外，你可以将这个过程反过来操作，从而得到正五边形，方法是作一个经过这三个顶点的圆，然后把两个 72° 角等分——欧几里得在《几何原本》比较靠前的篇章里说明了如何完成这类作图（见第 $\frac{1}{2}$ 章）。

于是，他只需要构造这个特殊形状的三角形，这部分工作被证明是最难的。事实上，这需要用到其他构造技巧，同时这些技巧又会反过来依赖此前的操作。因此，欧几里得直到他 13 卷书里的第 4 卷才给出正五边形，就一点也不奇怪了。

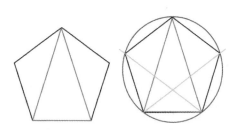

图 139 左图：正五边形的这 3 个顶点构成一个角度为 36°、72° 和 72° 的三角形。右图：给定这样的三角形，作过所有顶点的圆（深灰色），并且等分两个 72° 角（浅灰色），从而得到五边形的另外两个顶点

图 140 是一个更简单、也更现代化的作图方法。先作一个以 O 为圆心，CM 为直径的圆。作与 CM 成直角的半径 OS，并取中点 L。以 L 为圆心作经过 O 的圆，并与原先的圆相切于 S。作 ML 与小圆相交于 N 和 P。以 M 为圆心，作经过 N 和 P 的弧（灰色），并与大圆相交于 B、D、A 和 E。$ABCDE$（虚线）即为正五边形。

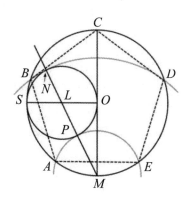

图 140 更简单的正五边形作图方法

大于六条边的图形

欧几里得还知道如何将任意正多边形的边数翻倍——只要在中心位置做二等分角就行。例如，图 141 表示了如何将正六边形转化成正 12 边形。

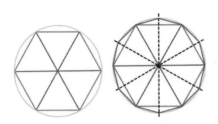

图 141　**左图：已知圆上的正六边形，画出它的各条对角线。右图：在中心位置做二等分角（虚线）。这些虚线与圆相交，得到正 12 边形的另外六个顶点**

通过组合正三角形和正五边形的作图方法，他还得到了正 15 边形（图 142）。这种方法行得通是因为 3×5＝15，且 3 和 5 没有公因数。

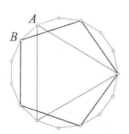

图 142　**如何得到正 15 边形。正三角形上的点 A 和正五边形上的点 B 是正 15 边形上两个紧挨着的顶点。利用圆规可以找出所有其他顶点**

利用所有这些技巧的组合，欧几里得懂得如何构造如下边数的正多边形：

3	4	5	6	8	10	12	15
16	20	24	30	32	40	48	

等等。它们是 3、4、5 和 15，以及对这些数字不断地翻倍后得到的新数字。但还是有许多数是缺失的，首当其冲的就是 7。

古希腊人没能找到这些缺失的正多边形的尺规作图方法。但这并不是说这些正多边形不存在，它只是暗示直尺和圆规不足以构造出这些正多边形。似乎没有人考虑过，在这些缺失边数的正多边形里或许有可以尺规作图的，甚至根本没人提出过这个问题。

正十七边形

高斯是有史以来最伟大的数学家之一，不过，他差点成为一名语言学家。然而在 1796 年，当时只有 19 岁的高斯意识到数 17 有两个特殊的性质，结合这两个性质就可以用尺规完成正十七边形（heptadecagon，有时也被称为 heptakaidecagon）的作图。

他并不是通过研究几何，而是用代数手段发现这一令人吃惊的事实的。对复数而言，方程 $x^{17} = 1$ 恰好有 17 个解，而这 17 个解可以在平面上构成一个正十七边形（详见《单位根》和本书第 i 章）。这在当时是众所周知的事，但高斯发现了别人都没有注意到的一些东西。和高斯一样，其他人都知道数 17 是质数，而且比 2 的指数次方大 1，即 17 等于 16+1，其中 $16 = 2^4$。然而，高斯证明了把这两个性质结合起来后，意味着方程 $x^{17} = 1$ 可以使用代数算符（加、减、乘、除和平方根）求解。而所有这些算符可以在几何上由直尺和圆规实现。简言之，一定可以用尺规作图法构造正十七边形。这在当年是一个大新闻，因为 2000 多年以来，人们做梦也没有想过这个问题。这一史无前例的发现大大出乎了人们的意料，也让高斯决定投身于数学事业。

高斯并没有给出详细的构造过程，但他在 5 年后的代表作《算术研究》里记录了如下公式

$$\frac{1}{16}\left[-1+\sqrt{17}+\sqrt{34-2\sqrt{17}}+\sqrt{68+12\sqrt{17}-16\sqrt{34+2\sqrt{17}}-2\left(1-\sqrt{17}\right)\sqrt{34-2\sqrt{17}}}\right]$$

他证明了，给定线段的单位长度后，如果可以构造出上述长度，那么就能做出相应的正十七边形。由于公式里只出现了平方根，因此有可能把它转换成比较复杂的几何作图。不过，人们在研究高斯的证明后，还想出了一些更加有效的方法（图 143 ）。

高斯意识到，如果把 17 替换成别的具有这两个性质的数，即比 2 的指数次方大 1 的质数，该证明也是成立的。这类数被称为费马数。用代数方法可以证明，如果 2^k+1 是质数，那么 k 本身必须是 0 或 2 的指数次方，因此 $k=0$ 或 2^n。而这种形式的数就是费马数。表 13 列出了前几个费马数。

表 13

n	$k=2^n$	2^k+1	是否质数
	0	2	是
0	1	3	是
1	2	5	是
2	4	17	是
3	8	257	是
4	16	65 537	是
5	32	4 294 967 297（它等于 641 × 6 700 417 ）	否

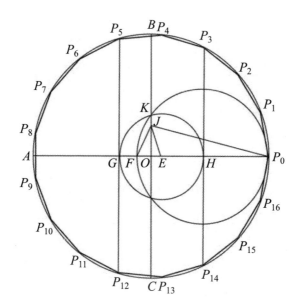

图 143　里士满构造正十七边形的方法。在圆上取两条相互垂直的直径 AP_0 和 BOC。作 $OJ = \frac{1}{4}OB$，$\angle OJE = \frac{1}{4}\angle OJP_0$。找到点 F 使得 $\angle EJF = 45°$。以 FP_0 为直径，作一个圆，与 OB 相交于点 K。以 E 为圆心，过点 K 作圆，并与 AP_0 交于点 G 和 H。作与 AP_0 垂直的 HP_3 和 GP_5

　　前 6 个费马数是质数。前 3 个数 2、3、5 对应着古希腊人已经知道的正多边形作图方法。紧接着的数 17 是高斯发现的。然后是两个更加令人惊奇的数——257 和 65 537。高斯洞见，用尺规作图**也**能得到边数为这两个数的正多边形。1832 年，F. J. 里什洛发表了正 257 边形的作图方法。德国林根大学的 J. 赫尔梅斯花了 10 年功夫研究 65 537 边形。在德国哥廷根大学可以找到他那些未曾发表的论文，但人们认为其中包含了一些错误。我们既然知道确实存在一个作图方法，因此，就不确定这一成果是否值得检验。这不仅需要大量计算，而且，找到这种作图方法只是一件按部就班的事儿。我想，这可能对计算机证明的验证系统而言是一个很好的测试。

在一段时期里，人们认为所有的费马数都是质数，但欧拉在 1732 年发现第 7 个费马数 4 294 967 297 是合数，它等于 641×6 700 417。（记住，当时所有的计算都不得不用手工完成。如今，一台计算机可以在刹那间算出这个结果。）迄今为止，再也没有被证明是质数的费马数。当 $5 \leqslant n \leqslant 11$ 时，这些数是合数，并且人们知道它们完整的质因数分解。

当 $12 \leqslant n \leqslant 32$ 时，费马数也是合数，但人们不知道它们的全部质因数，而当 $n=20$ 和 24 时，人们甚至连一个质因数都没找到。有一种非直接的测试可以用来检测费马数是否是质数，而这两个数都没能通过检测。状态不明的最小费马数出现在 $n=33$ 时，它有 2 585 827 973 位数字。这个数大得出奇！不过，巨大的数并没有让情况陷入绝境：已知最大的合数是 $F_{2747497}$，它可以被

$$57 \times 2^{2747499} + 1$$

整除。（发现者是马歇尔主教，2013。）

看起来，费马数里的全部质数很可能就是已知的这些了，但这尚未被证明。如果这一猜测不成立，那就可以做出一个正多边形，其边数是同样无比巨大的质数。

墙纸图案

一幅墙纸图案在两个不同的方向上（从上到下、从左往右，但可能略有倾斜）重复着相同的图形（图 144）。人们用旋转的圆筒把图案印刷在连

续的卷纸上，所以墙纸出现从上到下的重复。而从左往右的重复则是为了让墙纸可以横向延展整个图案，从而铺满整面墙。

墙纸的设计图案数量大得惊人。但除了图形不一样，各种图案的排列却是相同的。因此，数学家们用图案的对称性来区分它们在本质上的不同。有哪些方式可以移动、旋转图形，或者把它们翻面（就像通过镜子反射一样），使最终的结果和初始状态一样呢？

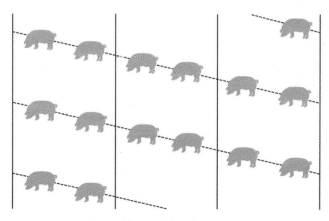

图 144 墙纸图案在两个方向上重复

平面上的对称

在平面上，设计图案的**对称群**包含了所有可以把设计图案恢复原状的平面刚体运动。最主要的刚体运动有 4 种（图 145）。

■ 平移（没有旋转的滑动）

- 旋转（围着某个固定点转动，该点称为旋转中心）
- 反射（按某条线反射，该线称为对称轴）
- 滑动反射（沿着对称轴反射并平移）

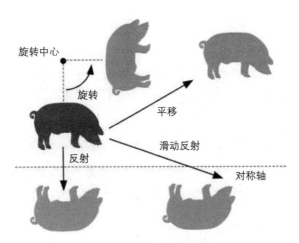

图 145　4 种刚体运动

　　如果设计图案的大小是有限的，那么只可能有旋转和反射对称。如果只有旋转，那么会产生循环群对称（图 146 左），而旋转加上反射则会得到二面体群对称（图 146 右）。

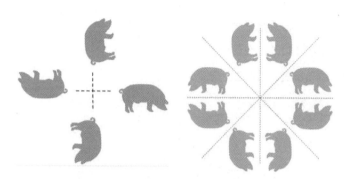

图 146   左图：循环群对称（以直角的整数倍旋转）。
右图：二面体群对称（虚线为对称轴）

　　大小无限的墙纸图案可以具有平移和滑动反射对称。例如，我们可以在一个正方形瓷砖上印制猪的二面体群设计图案，然后用它来密铺平面。图 147 只是无数瓷砖里的 4 块，图中包含了平移对称（如实线箭头）和滑动反射对称（如虚线箭头）。

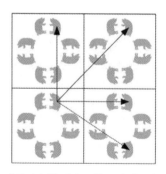

图 147   用一些正方形瓷砖表示的平移对称（实线箭头）
和滑动反射对称（虚线箭头）

墙纸的17种对称形式

对于我自家的鲜花图案墙纸而言，只有沿着图案不断重复的两个方向滑动，或一些交替出现的类似滑动，才能实现对称。这是一种最简单的墙纸对称形式。从数学角度看，所有墙纸的设计都具有这类晶格对称。我并不是说，所有墙纸都具有这类对称，有的墙纸就是一幅壁画，只能用枯燥的"保持不变"来呈现对称性。我只是把这种情况排除在本次讨论之外。

许多墙纸具有一些额外的对称，例如旋转和反射。1924 年，乔治·波利亚和 P. 尼格利证明了，对墙纸上的图案而言，恰好只有 17 种不同的对称形式（图 148）。

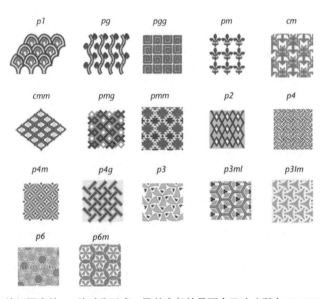

图 148　墙纸图案的 17 种对称形式，及其内部的晶面表示法（引自 MathWorld，它是 Wolfram 网站的资源）

在三维空间里，对应的问题变成了列出晶体原子晶格的所有可能对称形式——共有 230 种。奇怪的是，人们先找到的是三维空间的答案，而后才给出更简单的二维墙纸的结果。

第 23 章

生日悖论

在一场英式足球赛里，通常会有 23 个人在赛场上：两支参赛队伍各有 11 名球员，外加 1 位裁判。当然，在赛场外的 2 位边裁、距离更远的 1 位辅助裁判、抬担架的医护人员、冲入球场的球迷和愤怒的经理人，我都没算在内。在这 23 人里，2 人或 2 人以上具有相同生日的概率是多少？

可能性过半

这个答案出乎了人们的意料，除非你之前早就知道。

为了简化计算，我们假设只有 365 个不同的生日（平年没有人会在 2 月 29 日出生），并且每天的概率完全相等，即 $\frac{1}{365}$。不过，实际数据显示各天之间的概率还是有一些微小但又显著的差异的，一年里的某些日子或时段比另一些日子或时段的概率更大。这些差异因不同的国家而不同。即使你把这些因素都考虑进去，所求的概率也不会有太大变化，其结果也同样令人吃惊。

我们还假设每个人的概率是相互独立的。比方说，如果他们的生日被刻意选在不同的日子，那么结论就不成立了。或者说，假如在一个名叫

"努克斯·普莱姆"①的外星冰雪世界，情况会是什么样的呢？在那里，每一代外星怪兽都是同时从地下的冬眠管里诞生的，不同的一代不会出现在同一支队伍里。它们就像是地球上的周期蝉②和人的混合体。当两只努克斯兽在赛场上相遇时，它们具有相同生日的概率毫无疑问是1。

与此有关的另一个概率更容易计算：所有 23 个人的生日都**不同**的可能性。根据计算概率的规则，只要用 1 减去上一个概率，就能得到想要的答案。也就是说，某个事件不发生的概率等于 1 减去这个事件发生的概率。为了便于说明整个计算过程，我们假设每次只有一个人上场。

■ 当第 1 个人上场时，没有其他人在场。因此他"们"生日不同的概率（毫无疑问地）应该是 1。

■ 当第 2 个人上场时，他的生日必须与第一个人不同，因此只能从 365 个日子里选 364 个。它发生的概率是 $\frac{364}{365}$。

■ 当第 3 个人上场时，他的生日必须与前两个人不同，因此只能从 365 个日子里选 363 个。根据计算概率的规则，如果我们希望得到两个独立事件都发生时的概率，那么只需要把这两个概率相乘。因此，到目前为止，没有重复生日的概率是 $\frac{364}{365} \times \frac{363}{365}$。

■ 当第 4 个人上场时，他的生日必须与前 3 个人不同，因此只能从 365 个日子里选 362 个。于是，至此没有重复的概率是 $\frac{364}{365} \times \frac{363}{365} \times \frac{362}{365}$。

■ 现在，规律很清楚了。当第 k 个人上场时，所有 k 个人生日不相同

---

① 这是作者随便起的名字，大家不必费心猜测言下之意。——译者注

② 周期蝉是一种蝉，其生命周期一般为 13 年或 17 年。——译者注

的概率是 $P(k) = \dfrac{364}{365} \times \dfrac{363}{365} \times \dfrac{362}{365} \times \cdots \times \dfrac{365-k+1}{365}$

当 $k=23$ 时，它的结果等于 0.492703，比 $\dfrac{1}{2}$ 略小。因此，至少有两个人生日相同的概率是 $1-0.492703$，它等于 0.507297 比 $\dfrac{1}{2}$ 略大。

换句话说，当有 23 个人在场上时，至少有两个人生日相同的可能性超过一半。

事实上，23 是命题成立的最小数。当有 22 人时，$P(22) = 0.524305$，比 $\dfrac{1}{2}$ 略大。此时，至少有两个人生日相同的概率是 $1-0.524305$，它等于 0.475695 比 $\dfrac{1}{2}$ 略小。

图 149 为 $P(k)$ 和 k 的关系示意图，其中 $k = 1$ 到 50。水平线代表盈亏平衡值 $\dfrac{1}{2}$。

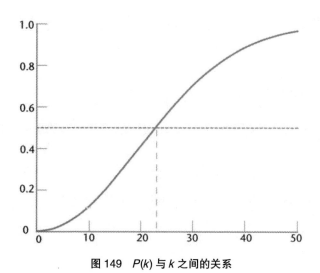

图 149　$P(k)$ 与 k 之间的关系

令人惊讶的是，23 如此之小。由于有 365 个日期可选，人们很容易臆断，如果要使可能性过半，那么会需要更多人。这个直觉是错误的，因为当我们引入更多人时，一个递减的可能性序列被乘在了一起，因此，其结果值下降的速度比我们预期的更快。

和你生日一样

我们会惊讶于这个数是那么的小，也许还有另一个原因。我们可能会把它和另一个问题混淆了，那个问题是：需要多少人，才能使这些人里有人和你生日一样的概率大于 $\frac{1}{2}$？

这个问题分析起来更简单。同样，我们还是先算出没有人和你生日一样的概率是多少。在考虑每个人时，他们的生日与你不同的概率是相同的，即

$$\frac{364}{365}$$

因此，如果有 k 个人，那么他们与你的生日都不一样的概率是

$$\frac{364}{365} \times \cdots \times \frac{364}{365} = \left(\frac{364}{365}\right)^{k}$$

在这里，乘数没有不断变小。乘得越多，它们的积就越小，因为 $\frac{364}{365}$ 小于 1，但变小的速度相对较慢。事实上，至少要 $k = 253$，才能使结果小于 $\frac{1}{2}$：

$$\left(\frac{364}{365}\right)^{253} = 0.499523$$

如果你现在还感到意外的话，那么这回应该是因为数太大了。

木星上的生日

我们算出 23，是因为一年里有 365 天。在这里 365 并没有特殊的数学意义，它源自天文学上的规定。就数学而言，我们应该分析一个更一般化的问题，在这个问题里，一年的天数应该是任意的。

让我们先算算泡泡猴 ① 的生日问题。这种外星生物的细胞里充满了氢气，因此漂浮在木星的氢－氦大气层中。木星比地球距离太阳更远，因此它的"一年"，即行星绕太阳转动一圈的时间，要比我们的一年长（4332.59个地球日）。同时，木星的自转也更快，因此它的"一天"，即行星沿着自转轴自转一周的时间，比我们的一天更短（9 小时 55 分 30 秒）。所以，一个"木星年"大约包含了 10 477 个"木星日"。

类似计算表明，假设有 121 只泡泡猴（每队 40 只，一共 3 个队，再加上 1 名裁判）参与射球赛时，至少有 2 只泡泡猴生日相同的概率会略大于 $\frac{1}{2}$。事实上，

$$1-\left(\frac{10476}{10477}\times\frac{10475}{10477}\times\cdots\times\frac{10357}{10477}\right)=0.501234$$

而当有 120 只泡泡猴时，生日相同的概率是 0.495455。

当一年的天数不同时，木星上的数学家们实在不想重复计算这一概率，于是，他们发展出一个通用公式。这个公式并不十分精确，却是一个非常好的近似。它回答了一个一般化的问题：如果可以选取 n 个日期，必须要有多少个实体，才能使其中至少两个实体具有相同生日的概率超过 $\frac{1}{2}$？

但木星生物不知道，从尼波布拉科特（Neeblebruct）星球来的一支隐

① 《泡泡猴打气球》（Bloons）是一种电子游戏。——译者注

形外星入侵者舰队已经绕着木星转悠了半个木星世纪。为了解开一个秘密，他们经年累月地绑架了尼波布拉科特组（一组等于 42 个）木星数学家。外星入侵者碰到的问题是：一个尼波布拉科特年恰好有 $42^4 = 3\ 111\ 696$ 尼波布拉科特天，但是没人能算出 121 该被哪个数替代才是正确的。

利用木星的秘密可以解决这个问题。数学家们证明了，当有 n 个日期可选，且有 k 个实体时，如果想使其中至少两个实体具有相同生日的概率首次超过 $\frac{1}{2}$ 的话，k 应该趋近于

$$\sqrt{\ln 4} \times \sqrt{n}$$

其中常数项 $\sqrt{\ln 4}$ 等于 4 以 e 为底取对数后再开平方根，它的值大约等于 1.1774。

让我们用这个公式试算一下如下三个例子。

- 地球：$n = 365$，$k \approx 22.4944$
- 火星：$n = 670$，$k \approx 30.4765$
- 木星：$n = 10\ 477$，$k \approx 120.516$

向上取整后，突破点分别是 23、31 和 121。这些数实际上就是正确结果。然而，当 n 很大时，这个公式就不那么精确了。当把它应用到尼波布拉科特年，即 $n = 3\ 111\ 696$ 时，根据公式可知

$$k = 2076.95$$

取整后得到 2077。但通过详细计算，这时

$$P(k) = 0.4999$$

它比 $\frac{1}{2}$ 略小。正确的结果应该是 2078，因为这样才会有

$$P(k) = 0.5003$$

这个公式还说明了，当生日巧合发生的可能性过半时，实体所需的数量为什么会那么少。这个数与一年里大数的平方根的大小相当。它远小于天数，例如，如果一年有 100 万天，但它的平方根只有 1000。

期望值

这个问题有一个常见的变体。

如果有 n 种可能的生日，实体的**期望**数量是多少时，才能满足他们中至少有两个的生日相同？也就是说，我们平均需要多少个实体？

当 $n = 365$ 时，答案是 23.9。它和 23 非常接近，因此这两个问题有时候会被搞混。同样，它也有一个很好的近似公式：

$$k \approx \sqrt{\frac{\pi}{2}} \times \sqrt{n}$$

在这里的常数 $\sqrt{\frac{\pi}{2}} = 1.2533$。它比 $\sqrt{\ln 4} \approx 1.1774$ 略大。

为了计算需要多少实体，才能使生日巧合发生的可能性过半，弗兰克·马西斯（Frank Mathis）找到了一个更精确的公式：

$$\frac{1}{2} + \sqrt{\frac{1}{4} + 2n \ln 2}$$

自学成才的印度数学家、公式天才斯里尼瓦瑟·拉马努金还找到了一个更精确的用于计算实体期望值的公式：

$$\sqrt{\frac{\pi n}{2}} + \frac{2}{3} + \frac{1}{12}\sqrt{\frac{\pi}{2n}} - \frac{4}{135n}$$

第 26 章

密码

说起密码，我们马上会想到詹姆斯·邦德或者《柏林谍影》。但是，几乎所有人都会在日常生活中用密码进行一些完全正常、合法的活动，比如使用网上银行的密码。我们和银行之间的通信是加密的，信息被编写成密码，因此犯罪分子无法读取，也不能接触到我们的钱——至少不那么容易。

在英语字母表里有 26 个字母，实际的密码也经会常用到 26。例如，德国人在第二次世界大战时使用的恩尼格玛密码机，这种机器采用的转子有26 个档位，档位和字母相对应。所以，这个数为密码学提供了一个合理的切入点。不过，26 在密码领域中并没有特殊的数学性质，类似的原理也可以用于其他数。

凯撒密码

密码的历史至少可以上溯到公元前1900 年左右的古埃及。尤利乌斯·凯撒在秘密信函里也使用过一种简单的密码，被用于传递军事机密。凯撒的传记作者苏埃托尼乌斯写道："如果他有什么秘密要说，就会把它写成密码。他会更改字母表上的字母顺序，令人无法看出它是哪个单词。如果有人想破译它们并得到本意，就必须把字母表上的第 4 个字母给换掉，那么 A 对应的就是 D，其他字母也类似。"

　　在凯撒生活的那个时代，字母表里没有字母 J、U 和 W。但我们仍使用现代字母表来解释，因为我们更熟悉它。凯撒的思路是，先按常规顺序把字母表写下来，然后在它下面写一个移位的字母表，有可能如下所示：

A B C D E F G H I J K L M N O P Q
R S T U V W X Y Z

F G H I J K L M N O P Q R S T U V
W X Y Z A B C D E

现在，你可以把每个常规字母表上的字母对应到移位字母表上相同位置的字母，从而加密消息。也就是说，A 变成 F，B 变成 G，以此类推。就像这样：

J U L I U S C A E S A R

O Z Q N Z X H F J X F W

想要破译消息，你只需看一下字母表之间的反向对应关系：

O Z Q N Z X H F J X F W

J U L I U S C A E S A R

为了制作一种将字母绕在环上的实用机械装置，我们把字母放置在一个圆环或圆筒上（图 150）。

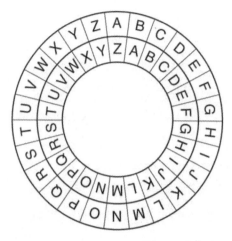 

图 150　绕在环上的实用装置

凯撒密码过于简单，因此并不安全，后面会解释其中的原因。但它包含了一些对所有密码（编码系统）都通用的基本概念（图 151）。

- 明文：原始信息。

- 密文：原始信息加密后的版本。

- 加密算法：用来把明文转换成密文的方法。

- 解密算法：用来把密文转换成明文的方法。

- 密钥：加密和解密文本所需的秘密信息。

在凯撒密码里，密钥就是字母表移位的步数。加密算法是"用密钥将字母表移位"。解密算法是"用密钥将字母表**反向**移位"，也就是减去相同方向的移位步数。

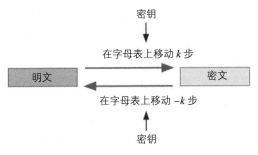

图 151　密码系统的一般特征

在这个密码系统里，加密密钥和解密密钥之间关系密切——一个是另一个的负数，也就是说，它们的移位步数相同，只不过方向相反。在这种情况下，知道了加密密钥实际上就知道了解密密钥。这类系统被称为**对称密钥密码**。

凯撒显然使用了更复杂的密码——幸好他是这么做的。

数学公式化

利用模运算，我们可以通过数学表示凯撒密码（见第 7 章）。在这里，模数等于 26，即字母表上字母的个数。计算和平时一样，但需要加上一条：任何 26 的倍数都可以替换成 0。这正是我们需要的，让移位的字母表"绕一圈"后从头开始。

现在，用数字 0~25 代表字母 A~Z，即 A=0、B=1、C=2，以此类推，直至 Z=25。把 A（位置 0）移动到 F（位置 5）的加密过程就是数学规则

$$n \rightarrow n+5 \bmod 26$$

请注意，U（位置 20）成了 20+5=25 mod 26，它代表 Z，而 V（位置 21）

成了 21+5=26=0 mod 26，它代表 A。这说明了数学公式是如何确保字母表正确地绕圈的。

解密过程也有类似的规则：

$$n \rightarrow n-5 \bmod 26$$

因为 $n+5-5=n \bmod 26$，所以解密把加密还原了。

更一般地，当密钥为 k 时，意味着"向右移动 k 步"，于是加密过程的规则成了

$$n \rightarrow n+k \bmod 26$$

而解密的规则是

$$n \rightarrow n-k \bmod 26$$

把密码转换成数学语言的优点在于，我们可以用一种精确的方式来描述密码，并分析它们的性质，同时还不必考虑字母本身。一切都是用**数字**表示的。我们也可以考虑其他符号，如小写字母 a、b、c……，以及标点符号，还有数字。只要把 26 换成某个更大的数，然后一次性确定如何分配这些数就行了。

破解凯撒密码

凯撒密码非常不安全。如前所述，它只有 26 种可能性，因此你可以穷尽所有可能，直到某个解密消息看起来有含义。还有一种名叫**替换码**的变体也很脆弱，虽然这种编码会打乱字母表，而不只是移动。这样一来，就产生了 26! 种编码（见第 26! 章），这个数非常大。然而，利用简单方法就可以破解所有这类编码。对某种给定的语言来说，某些字母会比另一些更常见（图 152）。

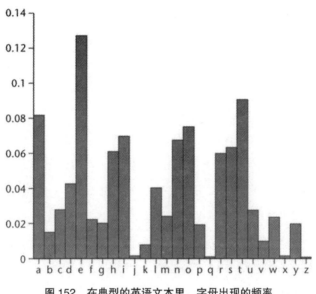

图 152　在典型的英语文本里，字母出现的频率

在英语里，最常见的字母是 E，它大约占全部出现频率的 13%；接下来是 T，大约 9%；再往下是 A，大约是 8%，等等。如果你截取了一段很长的密文，并猜测它是通过打乱字母表的方法生成的，那么就能计算所有字母的频率。由于文本各式各样，因此它们或许并不能和理论值精确地吻合。但是，比方说，如果在密文里的字母 Q 出现得比其他字母更频繁，那么你可以试着用 E 代替 Q。如果接下来最常见的字母是 M，那么试试看用 T 代替 M 结果会怎样，以此类推。当然，你还可以微调它们的顺序。即便如此，你需要尝试的可能性也会少很多。

例如，假设部分密文如下：

X J M N Q X J M A B W

你发现在整个密文里，频率最高的 3 个字母依次分别是 Q、M 和 J。用 E 代替 Q、T 代替 M、A 代替 J，并把其他地方留白后得到：

- A T – E – A T – – –

不难猜测这条消息实际上是

MATHEMATICS

如果有更多密文，你很快就会发现它的含义，因为你已经可以猜测 X 解码为 M、N 解码为 H、A 解码为 I、B 解码为 C，而 W 解码为 S。如果另一段密文是

WBAQRBQHABMALR

那么你可以试着把它解密成

S C I E – C E – I C T I – –

进而猜它应该是

SCIENCEFICTION

出现两次的 N 更加有助于确认你的猜测。现在，你知道 N、F 和 O 分别是由什么字母加密的了。整个过程很快，甚至通过人工处理也能快速破解编码。

编码方式有成千上万种。破解编码的过程就是在不知道算法或密钥的情况下，找到如何解密消息的方法。这一过程依赖于编码本身。在现实中，一些编码方法破解起来非常困难，因为密码学家们在拥有足够的信息进而尝试破解编码之前，密钥会保持不断变化。第二次世界大战期间，人们使用"单次密本"来实现这一点：从根本上说，它需要一本有许多复杂密钥的记事本，每个密钥只用于一条短消息，随后便马上被销毁。这类方法的最大问题是，间谍们必须带着密码本到处跑——如今某些电子小配件也有

相同的功能，而密码本可能会在他们的私人物品中被发现。

恩尼格玛密码机

在第二次世界大战期间，德军使用的恩尼格玛密码机是最著名的密码系统之一。在英国布莱切利庄园工作的数学家和电子工程师们破解了恩尼格玛的编码，而这些人中最出名的就是计算机科学先驱——艾伦·图灵。他们得到了一台可以使用的恩尼格玛密码机，为完成破解任务带来了极大的帮助。它是由一组波兰密码学家在 1939 年提供的，当时，这些波兰专家已在破译恩尼格玛编码方面取得了重大进展。

德国人还有一些别的编码也被破解过，其中包括更复杂的洛伦兹密码，但破解这个编码时并没有用到实体设备。当时，在拉尔夫·特斯特的领导下，一个密码分析小组从设备发送的消息里推测出了洛伦兹密码的可能结构。接着，威廉·图特灵光一闪，向破解编码走出了第一步：他推测出与设备运行方式有关的重要信息。此后，这项工作的进展大大加速。实际上，破解这种编码用到了一台电子设备，它就是由托马斯·弗劳尔斯领导的团队设计和建造的"巨人"计算机（Colossus）。事实上，"巨人"计算机是为某项特定任务而设计的早期电子计算机之一。

恩尼格玛密码机包括一个用于输入明文的键盘和一系列转子，每个转子都有 26 个档位，档位和字母表上的字母相对应（图 153）。早期的密码机有 3 个转子，后来被扩展成一组 5 个——德国海军甚至用到了 8 个，但使用者每天只选用其中的 3 个。转子的作用是，在每输入一个新字母时，打乱明文字母的方式就会改变。确切的方法很复杂，详见

http://www.codesandciphers.org.uk/enigma/example1.htm

图 153　恩尼格玛密码机

　　粗略地讲，整个过程大致是这样的。密码机根据转子所处的档位决定移位情况，转子就像凯撒密码一样把字母表打乱。当一个字母被传递到第一个转子时，产生的移位结果就会传给第二个转子，同时产生新的移位。而这一结果又会传给第三个转子，并产生第三个移位（图 154）。此时产生的信号会到达一面反射镜。这面反射镜实际是一组把字母连成对的 13 根线，它把结果字母与相连的另一个字母做交换。最后，结果再次返回到 3 个转子，从而生成与给定输入相对应的最终编码结果。

　　密文可以从识别灯盘上得到，灯盘上有 26 盏灯，每个字母背后都有一盏，每当灯亮起时，就说明这个密文字母与刚刚输入的明文相对应。

这种密码机最具独创性的地方在于，在每次连续击键时，明文字母和产生的密文字母之间的对应关系会以独特方式发生变化。在键盘上每敲击一个新字母，转子都会转到下一个位置，因此转子会以不同方式打乱字母表。右侧的转子每次都向前移动一格。当右侧的转子从 Z 回到 A 时，中间的转子才会移动一格。左侧的转子相对于中间的转子，也是这样的。

图 154　一组 3 个转子

因此，转子的运作很像汽车里（被电子化之前）的里程计。里程计的"个"位数码从 0 到 9，再回归 0，每次动一格。"十"位数码也一样，但只有从个位得到"进位"信号时才会动，这时，个位从 9 回归到 0。类似地，只有从十位得到"进位"信号时，"百"位数码才会加 1。因此，这 3 个数位从 000 到 999，每次加 1，最终再恢复到 000。

然而，恩尼格玛密码机的转子从 A 到 Z 共有 26 个"数位"，它比 10 更多。并且，转子的开始状态是可以任意设置的，一共有 $26 \times 26 \times 26 = 17576$ 种位置。在实际使用中，起始位置是在一天开始的时候设置的，并在使用 24 小时后被重新设置。

　　我是按照左、中、右的顺序来介绍转子的步进过程的，但实际上，密码机可以使用转子的所有 6 种排列顺序。将初始化的可能性乘以 6，于是一共有 105 456 种可能性。

　　在军事用途中，**插接板**为设备额外提高了一个安全等级：按不同方式在字母间插连接线，可以成对地交换字母（图 155）。这种连接线超过 10 根，因此提供了 150 738 274 937 250 种 [1] 可能性。同样，插接板的设置也是每天变化的。

　　对使用者而言，这个系统在实用性方面有一个很大的优点：它是对称的。相同的机器可以用作解密消息。给定日期的初始化设置必须传达给所有使用者，因此德国人使用一种单次密本。

图 155　插了两根连接线的插接板

---

[1]　计算式为 26!/(6! · 10! · 2^{10})。——译者注

破解恩尼格玛编码

但是，整个过程也导致了一些缺陷。其中最明显的就是，如果敌军（在这里指盟军）能推算出设置，那么当天发送的所有消息都能被解密。还有一些别的弱点，尤其是，如果连续两天使用了相同的设置——这是偶尔发生的错误，那么编码就会被破解。

通过利用这些漏洞，布莱切利庄园的研究团队于 1940 年 1 月首次成功破解了恩尼格玛编码。他们的工作依赖于一个波兰密码团队取得的知识和思路。波兰团队的领导人是马里安·雷耶夫斯基，自从 1932 年以来，他就一直在尝试破解恩尼格玛。通过研究把当天的设置传递给使用者的方式，波兰团队发现了一个缺陷，有效地把需要考虑的设置数量从一亿亿种降低到大约十万种。将这些设置进行编目，波兰人可以很快地算出哪天用的是什么设置。他们发明了一种名叫记转器的设备来帮助破解。他们还花了大约一年时间准备编目，不过当编目大功告成后，推断当天的设置和破解编码就只需要 15 分钟。

德国人在 1937 年升级了系统，于是波兰团队必须从头开始。他们发展了几种方法，并用其中最强大的方法制造了一种名叫密码逻辑炸弹（bomba kryptologiczna）的设备。每台设备都具备强大的分析能力，旨在推断由 3 个转子形成的 17 576 种初始化设置，以及每种设置因转子的不同排列而得到 6 种可能。

1939 年，图灵刚到布莱切利庄园不久就发明了英国人自己的"炸弹"，它被称为"炸弹机"。同样，该设备的功能也是推断初始转子的设置，以及所有转子的顺序。截至 1941 年 6 月，已有 5 台炸弹机投入使用。而在 1945 年战争结束时，设备数量达到了 210 台。当德国海军改用 4 个转子的设备时，改进的炸弹机也随之诞生。

当德国人将系统升级以提高安全时，破解密码的英国专家们也找到了使升级失效的方法。到 1945 年，盟军已经可以破解几乎全部的德军消息了，但德军最高统帅部仍然相信，所有通信是绝对安全的。他们的密码学家们还沉浸在安全的假象中，丝毫没有怀疑别人可能会花费极大的力气来破解编码。盟军虽然取得了极大的优势，但他们必须小心使用，以免暴露自己具有破解消息的能力。

非对称密钥密码

在密码学领域，最了不起的概念大概要算**非对称**密钥了。在非对称密钥里，加密密钥和解密密钥是不同的，因此，即使你知道加密密钥，也不可能真的计算出解密密钥。这似乎是不可能的，因为一个过程的逆过程就是另一个过程，但一些方法可以实现这一点，从而终结"反推加密方法"。RSA 编码就是其中一例（见第 7 章），它基于模运算里的质数性质。在这样的系统里，可以公开加密算法、解密算法和加密密钥——即便如此，人们也不可能推断出解密密钥。不过，合法的接收者是可以知道解密方法的，因为他们还有一个**私钥**，可以告诉接收者如何解密消息。

第 56 章

香肠猜想

人们已经证明，对球体而言，当其数量小于等于 56 个时，"凸包"体积最小的排列方式总是香肠形的，但从 57 开始就不再如此。

收缩包装

为了理解这一结论，让我们从相对简单的概念谈起：包装圆。假设你要把平面上相同的圆放在一起，并用尽可能短的曲线把它们"收缩"包装起来。从技术上说，这条曲线被称为这组圆的"凸包"。例如，对 7 个圆而言，你可以试着把它们包成一条长"香肠"（图 156）。

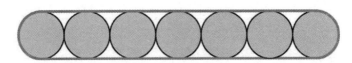

图 156　香肠形的包装

不过，假设你现在希望曲线内的总面积尽可能小。如果每个圆的半径是 1，那么"香肠"的面积是

$$24+\pi=27.141$$

但还有一种更好的排列方式，那就是把它们排成中间有一个圆的六边形，其面积更小（图 157）

$$12+\pi+6\sqrt{3}=25.534$$

图 157 六边形的包装。它的面积比香肠形更小

事实上，即使只有 3 个圆，香肠形也不是最好的排列方式。香肠形的面积是

$$8+\pi=11.14$$

但把圆排成三角形的面积是（图 158）

$$6+\pi+\sqrt{3}=10.87$$

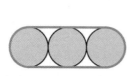

图 158 3 个圆的香肠形包装。三角形包装的面积更小

　　然而，如果你用相同的**球体**代替圆，并尽可能地压缩包装它们，使其**表面积**最小，那么对 7 个球体而言，长香肠形的**总体积**比六边形的更小。事实上，只要不超过 56 个球体，香肠模式包装出的体积都是最小的。如果球体数量大于等于 57 个，那么最小体积的排列方式应该更圆滚滚一些。

　　四维或以上的情况依然不直观。当四维球体的数量不大于 50 000 个（或许可以比这个数还大）时，用香肠形排列得到的四维"体积"是最小的。不过，当数量达到 100 000 个时，香肠形就不再是最好的方案了。因此，除非球体数量多得惊人，否则体积最小的包装总是非常细长的香肠形。但当四维香肠不再是最佳方案时，还没有人知道此时确切的球体个数。

　　真正吸引人的变化可能出现在 5 维。你可能会想，也许 5 维香肠对 500 亿个球体而言都是最好的方法，此后才是圆滚滚形状的天下，而对 6 维以上的情况也是如此。然而，拉斯洛·费耶什·托特在 1975 年提出了**香肠猜想**，他认为当维度大于等于 5 时，若要使球体形成的凸包体积最小，那么排列方式**永远**是香肠形的——无论球体有多少。

　　1998 年，乌尔里希·贝特克、马丁·亨克和约尔格·威尔斯证明了，当维度大于等于 42 时，托特的猜想是正确的。迄今为止，这仍然是我们所知的最佳结论。

第 168 章

有限几何

在好几个世纪里，欧氏几何是唯一的几何学。它被认为是空间真正的几何结构，而且，其他几何结构都是不可能的。如今，我们已不再认可这两种说法。根据不同的曲面，存在多种不同的非欧几何。广义相对论指出，在如恒星般的巨大天体附近，真正的时空是弯曲的，而不是平坦的（见第 11 章）。还有一种几何学——射影几何，源自艺术里的透视学。甚至还有一些仅有有限多个点的几何学。其中最简单的几何学有 7 个点、7 条线和 168 种对称，并由此引出了关于有限单群的传奇故事，其中有一个怪异的群，最终理所当然地被称为"大魔群"。

非欧几何

当人类开始在地球上航海旅行时，由于地球形状的更精确模型是一个球体，球面几何学（球体表面的自然几何学）就变得重要起来。其实，这个模型并不完全精确，地球更接近于两极稍平的扁球体，但导航并不需要那么精准。然而，球面是欧氏空间里的一种表面，因此人们觉得球面几何学并不是新的几何，而只是欧氏几何的一种特殊情况。尽管如此，没人认为其几何结构与欧氏几何完全相悖，哪怕在技术上，它的三角形并不是平的。

当数学家们开始更深入研究欧氏几何中的一条性质时，一切才开始改变。这条性质就是平行线的存在性。平行线是一组无论延长到多远，都不相交的直线。欧几里得一定已经意识到平行线有些微妙，于是为了足够谨慎，他把平行线的存在性作为发展几何学的基本公理之一。他一定察觉到，这里面有问题。

欧几里得的大多数公理简洁而直观，例如，"任意两个直角都相等"。与此形成对比的是，平行公理有些绕口："如果一条线段与两条直线相交，在线段的同一侧形成的两个内角之和小于两个直角，那么无限延长这两条直线后，它们会在内角和小于两个直角的一侧相交。"数学家们不禁怀疑，为什么需要这么复杂的描述。从欧几里得的其他公理中能证明出平行线的存在性吗？

数学家们设法用更简单、更直观的假设代替欧几里得那繁冗的表述方式。其中最简单的可能是普莱费尔公理：过平面上已知直线外的给定点，有且仅有一条直线与该已知直线平行。这条公理是以约翰·普莱费尔的名字命名的，他在 1795 年校订《几何原本》时提了出来。严格说来，普莱费尔要求，最多只有一条平行线，因为其他公理可以被用来证明平行线是存在的。许多人试图从欧几里得的其他公理中推导出平行公理，但都失败了。最后，失败的原因终于被找到了——因为这是不可能的。满足除平行公理以外的其他所有欧几里得公理的几何学模型是存在的。如果存在平行公理的证明，那么它在这些模型里也应该是有效的，然而情况并非如此。所以，不存在这样的证明。

事实上，球面几何学就提供了这样一种模型。"线"被重新解释为"大圆"，它是一种经过球心的平面与球体相交后得到的圆。任意两个大圆都是相交的，因此在这种几何学里，并不存在平行线。然而，这个反例并没有被注意到，因为任意两个不相同的大圆都会相交于两点，而这两点位于一条直径的两端。相较而言，欧几里得要求任意两条直线只能相交于一点，除此之外就是根本不相交的平行。

　　从现代观点来看，答案很简单：可以把"点"重新解释为"直径两端的一对点"。如今，这种几何称为椭圆几何学。但这对前人来说过于抽象，并且在排除这类几何学时，普莱费尔留下了一个漏洞。数学家们又发展了双曲几何学，这种几何让过已知点且与已知直线平行的平行线有无穷多条。庞加莱圆盘是其标准模型，它是圆的内部（图 159）。直线被定义为"与边界成直角的圆的任意一段弧"。人们花了大约一个世纪时间来吃透这些概念，令其不再具有争议。

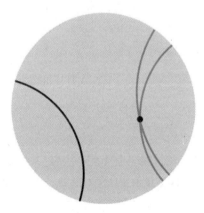

图 159　双曲平面上的庞加莱圆盘模型（阴影部分）。两条灰线都与黑线平行，并且都经过同一个点

射影几何

与此同时，还出现了欧氏几何的另一种变体。这种几何源于艺术和建筑，意大利文艺复兴时期的艺术家们在这些领域里发展了透视图。假设你站在平坦的欧几里得平面的两条平行线中间，就像站在笔直的、漫漫的长路中间一样，你会看到什么呢？

你看不到两条永远不相交的线。相反，你看到的是两条线在地平线处相交了。

怎么会发生这种情况呢？欧几里得说平行线不会相交，但你的眼睛告诉你，它们相交了。实际上，它们并不存在逻辑上的矛盾。欧几里得说平行线不会相交于平面上的一点。然而，地平线并不是平面的一部分；倘若是，那么它应该是平面的边缘，但平面是没有边界的。艺术家需要的不是欧几里得平面，而是额外带有地平线的平面。而地平线可以被认为是"在无穷远处的线"，它是由"无穷远处的点"组成的——这些点是平行线的交点（图 160）。

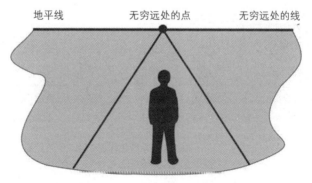

图 160　平行线相交于地平线

如果我们以艺术家的角度来思考问题，那么这一描述会更有道理。他们支起一个铺好画布的画架，然后通过**投影**把眼前的场景搬到画布上。他们用眼睛、数学方法或光学仪器来完成这项工作。在数学上，在某个点到艺术家眼睛之间连一条直线，然后在这条直线与画布相交的位置上画出一个点，可以把点投影到画布上。这就是照相机的基本工作原理：镜头把外部世界投影到胶片或数码相机的感光元件上。你的眼睛把景象投影到视网膜上，也是遵循类似的原理。

为了弄明白地平线是怎么来的，我们从侧面重新画一幅平行线图案（图 161 右）。在欧氏空间里的点（灰色）被投影到了地平线以下。在艺术家面前的平行线被投影为**终点**在地平线的线。地平线本身不是平面上的任何点。再假设，你想通过反向投影，试着找到原始点（如图中箭头所示）。由于该点平行于平面，因此永远不会与之相交。它能延伸到"无穷远"，并且不会碰到平面。所以，在平面里没有与地平线对应的实体。

 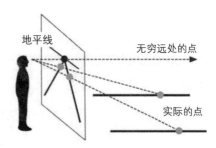

图 161　左图：为了说明投影，丢勒创作于 1525 年的版画。
**　　　　右图：将平行线投影到画布上**

基于这一思想，人们建立起一种在逻辑上一致的几何学。通过增加一条由"无穷远处的点"组成的"无穷远处的直线"，欧几里得平面被扩展了。在这种被称为"射影几何"的体系里，平行线是不存在的。任意两条不同的直线都会恰好相交于一点。并且，就像在欧氏几何里一样，任意两点可以由一条线连接。因此，射影几何具有一种讨喜的"对偶性"：如果我们把点和边互换，所有公理仍然是有效的。

法诺平面

顺着这个新思路，数学家们想知道是否还可能存在和射影几何类似的有限对象。也就是说，由数量有限的点和线组成的结构，其中：

■ 任意两个不同的点恰好只在一条直线上；

■ 任意两条不同的线恰好只相交于一个点。

事实上，这种结构是存在的——它不一定是平面或空间上的图形。通过构造一种射影几何的坐标系，可以用代数方法定义这些结构。与在欧几里得平面上通常使用实数对 (x, y) 不同，在这里，我们采用三元组 (x, y, z)。一般情况下，三元组定义的是三维欧氏空间的坐标，但这里需要一个额外条件：我们只关注坐标的比值。例如，$(1, 2, 3)$ 与 $(2, 4, 6)$ 或 $(3, 6, 9)$ 代表的点相同。

于是，我们**几乎**可以把 (x, y, z) 替换成 $\left(\dfrac{x}{z}, \dfrac{y}{z}\right)$，这样就又回到了具有两个坐标的欧几里得平面。不过，z 可以是 0。如果它等于 0，我们可以把 $\dfrac{x}{z}$ 和 $\dfrac{y}{z}$ 当作"在无穷远处"，而奇妙的是，比值 $\dfrac{x}{y}$ 仍然成立。因此，坐标为 $(x, y, 0)$ 的所有点都在无穷远，构成了无穷远处的线——地平线。除去一个例外的三元组后，上述内容都成立：我们认为 (0, 0, 0) 不代表任何点；倘若它代表点，那么它可以是任何点，因为 (x, y, z) 和 (0x, 0y, 0z) 是相等的，但后者等于 (0, 0, 0)。

我们在习惯了这些被称为齐次坐标的东西后，就可以做更一般化的处理。尤其，通过把坐标里的实数换成整数模 p（p 为质数），我们可以得到有限多种具有规定性质的结构。在最简单的情况下，当 $p = 2$ 时，坐标值只可能是 0 和 1。由此可以生成 8 个三元组，但由于 (0, 0, 0) 不符合要求，最终只剩下 7 个点，它们是：

(0, 0, 1)　(0, 1, 0)　(1, 0, 0)　(0, 1, 1)　(1, 0, 1)　(1, 1, 0)　(1, 1, 1)

"有限射影几何"的结果被称为法诺平面，是以意大利数学家吉诺·法诺命名的，他在 1892 年提出这个思想。实际上，法诺描述了一种有 15 个点、35 条线和 15 个平面的有限射影三维空间。该空间用到了四维坐标，它们是除了 (0, 0, 0, 0) 以外所有由 0 或 1 组成的坐标。每个平面的几何特征都与法诺平面相同。

法诺平面有 7 条线，每条线包含 3 个点，而对 7 个点而言，每个点也都属于 3 条线。在图 162 中，除了 BCD 是圆形以外，其他所有线都是直线。这是因为，要在传统的平面上表示整数模 2。事实上，所有 7 个点都被视为对称。构成一条线的 3 个点的坐标之和都等于 0。例如，图 162 最下面的那条线相当于

$(1, 0, 1) + (0, 1, 1) + (1, 1, 0) = (1+0+1, 0+1+1, 1+1+0) = (0, 0, 0)$

其中 $1+1 = 0 \bmod 2$。

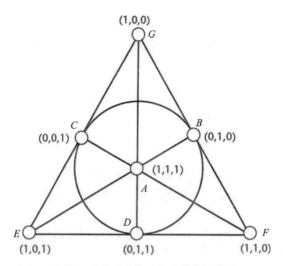

图 162　有 7 个点和 7 条线的法诺平面

法诺平面的对称性

到目前为止，我们还没有谈到 168 这个数，但已经很接近了。问题的关键是对称性。

数学对象或系统的**对称性**是指某种保持其结构的变换方式。欧氏几何里的自然对称都是刚体运动，这类运动不改变角度或距离。它们包括平移（将平面向四周滑动）、旋转（围着某个固定点转动）和反射（按某条固定的线反射）。

射影几何里原生的对称都不是刚体运动，因为投影会扭曲形状，缩小或放大长度和角度。它们是投影，变换不会改变关联关系，也就是说，某个点原来和直线是否相交，投影后也不会改变。如今，对所有数学对象而言，对称都是至关重要的特性。因此，人们自然而然地会问，法诺平面的对称性是什么。

这里的对称并不是指整个图案的刚体运动对称，就像一个等边三角形具有 6 种刚体对称。我所指的是 7 个点的排列，当 3 个点形成一条线时，重排后的点也总能形成一条线。例如，可以把图 162 中底部的线 EDF 变换成圆 CDB。我们把这个变换记作

$$E' = C \qquad D' = D \qquad F' = B$$

因此，这里主要说明了这 3 个字母是如何变换的。我们必须确定 A'、B'、C' 和 G' 应该是什么，否则就无法完成重新排列。它们必须不同于 C、D 和 B。我们假设

$$A' = E$$

来看看结果会怎样。因为 ADG 是一条线，因此 $A'D'G'$ 也必须是一条直线。但是，我们已经明确了 $A'=E$、$D'=D$。那么 G' 应该在哪里呢？为了找到它，我们发现同时包含 E 和 D 的直线是 EDF。因此，我们必须使 $G'=F$。以这种方式分析接下来的几条线，就可以得到 $B'=G$、$C'=A$。于是，重排图形 $ABCDEFG$ 得到的 $A'B'C'D'E'F'G'$，其实是 $EGADCBF$。

这些变换并不直观，但我们可以用代数方法求解。变换可能比你预期的要多——事实上，它们竟然有 168 种。

为了证明这一点，我们也采用上面的标准方法。先从 A 开始考虑：它会变换成什么呢？原则上，它可以变成 B、C、D、E、F、G 中的任意一点，因此有 7 种选择[1]。假设 A 被移到了 A'；然后，考虑点 B。在关联关系不变的前提下，可以把 B 变成剩下的 6 种。到目前为止，这将产生 $7×6=42$ 种可能的对称。当 A 和 B 变成 A' 和 B' 之后，作为线 AB 上的第三个点，E 没什么选择

---

[1] 这里加上了保持不变，所以有 7 种选择。——译者注

余地。它必须变换为 $A'B'$ 上的第三个点，因此不存在额外的可能性。不过，还有 4 个点的位置是待定的。选择其中之一，它可以变换为其余 4 个点中的任意一个。一旦选定，剩下的点都是由几何形状确定的。

可以验证，所有组合都能保持关联关系不变：相应的线总相交于相应的点，因此，一共有 $7×6×4=168$ 种对称。有一种高级的证明方法，是在全部整数模 2 的域上使用线性代数。相关的变换可以表示为元素是 0 或 1 的 $3×3$ 的可逆矩阵。

克莱因四次曲面

复分析里也有这样的群。1893 年，阿道夫·赫维茨证明了 g 个孔的复曲面（术语称为紧黎曼曲面）最多有 $84(g-1)$ 种对称。当孔的数量为 3 时，其结果也等于 168。费利克斯·克莱因构造了一种被称为克莱因四次式的曲面（图 163），其方程如下

$$x^3y + y^3z + z^3x = 0$$

这里的齐次坐标 (x, y, z) 是**复数**。该曲面的对称群被证明与法诺平面的相同，因此根据赫维茨定理，其最大阶也是 168。这种曲面与双曲平面三角形密铺有关，它的每个顶点都是由 7 个三角形相交而成的（图 164）。

图 163　克莱因四次曲面的 3 个实截面

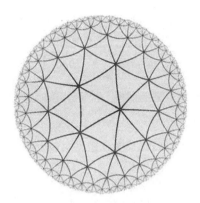

图 164　在庞加莱圆盘模型里的双曲平面密铺

单群和大魔群

任意数学对象或系统的对称可以构成一个**群**。在日常用语里，"群"意味着一个组或集合，但对数学而言，它是指具有一个额外特征的集合。集合里的任意两个元素**组合**后，可以得到集合里的另一个元素。这有点像乘法：群里的两个元素 g 和 h 组合后，得到积 gh。但是，我们可以随意选择这些元素，以及用于组合的运算。所有关于群的美妙性质都来自于对称性。

对称就是变换，而组合两个变换的方式，就是先完成其中的一个，再完成另一个。这种特殊的"乘法"记号遵循一些简单的代数规则。乘法具有结合律：$(gh)k = g(hk)$。它们都有一个满足 $1g = g1 = g$ 的单位元素 1。每个 g 都有一个逆元 g^{-1}，并满足 $gg^{-1} = g^{-1}g = 1$。（由于许多对称不满足 $gh = hg$，因此，交换律并**不是**必须的。）任何一个满足这三条规则的数学系统都称为**群**。

就对称而言，结合律是天然成立的，因为我们做的就是组合各种变换；单位元素相当于"什么都不做"的变换；而逆变换则是"还原它"。因此，任何系统或对象的对称组合构成了群。比如在法诺平面里这些就都成立。在这个对称群里的变换数量（即群的阶数）是 168。人们发现，它是一种非常独特的群。

有许多群都可以分成一些更小的群的组合——这有点像对数做质因数分解，但过程更加复杂，和质因子相对应的群被称为**单群**。单群是不能再分割的。这里的"单"并不是指"简单"，而是说它"只有一个组成部分"。

有限群（阶数有限）有无穷多个，而这种群只有有限个元素。如果你随机选取一个有限群，它几乎不太会是单群——与合数相比，质数也很少。不过，单群也有无穷多个，这和质数也很像。单群和质数还真有那么一点关系。对任意数 n 来说，通过用**加法**构成整数模 n（见第 7 章），可以构成一个群。这种群被称为 n 阶循环群。当 n 恰好是质数时，这种群就是单群。事实上，所有质数阶的单群都是循环群。

还有其他的单群吗？伽罗瓦在对五次方程的研究过程中，发现了一个60 阶的单群。它不是质数阶的，因此并不是循环群。这个群囊括了 5 个对象的所有偶排列（见第 2 章）。在伽罗瓦看来，他的目标是五次方程的 5 个解（见第 5 章），而方程的对称群包含了那些解的所有 120 种排列。由于这个群的核心是他发现的那个 60 阶的群，于是，伽罗瓦意识到因为这是一个单群，所以不存在代数公式解。对可以用代数公式求解的方程而言，这类方程的**对称类型是错误的**。

第二小的非循环单群的阶是 168，它是法诺平面的对称群。1995 年至

2004 年，大约有 100 位代数学家试着对所有有限单群进行分类——他们列出了很多。这一不朽的研究成果至少涉及 10 000 页论文，它表明，每个有限单群都可以归入一个内部密切相关的无限群族里，且不同的族共有 18 个。其中一个族，即射影特殊线性群，就是从 168 阶的单群开始的。

好吧，这还不是全部。此外还有 26 个例外，被称为零散群。这些群是令人着迷的大杂烩——它们是一些彼此偶有松散联系的特殊个体。表 14 列出了所有 26 个群的名称和阶数。

这些群绝大多数以其发现者的名字命名，但是，其中最大的群被称为"大魔群"——的确应该这么称呼，因为它的阶大约等于 8×10^{53}。其精确值为：

808 017 424 794 512 875 886 459 904 961 710 757 005 754 368 000 000 000

表 14 中的质因数分解对群理论专家更有用。我本打算针对这个数单写一章，但最终还是决定不再扩大篇幅，而把它放在了这第 168 章。

贝恩德·费舍尔和罗伯特·格里斯于 1973 年预言存在大魔群，格里斯在 1982 年完成了对它的构造。大魔群是一种古怪的代数结构对称群，这种代数被称为格里斯代数。大魔群与复分析里的模形式之间有着非同一般的关系，而这两者完全处于不同的数学领域。一些数字上的巧合暗示了这种关系，启发约翰·康威和西蒙·诺顿提出了"魔群月光"猜想，这个猜想在 1992 年被理查德·博赫德斯证明。证明的技术性太强，我无法在这里解释。此外，它还和量子物理的弦理论有关（见第 11 章）。细节详见：

http://en.wikipedia.org/wiki/Monstrous_moonshine

表 14　26 个零散有限单群

符号	名　　称	阶　　数
M_{11}	马蒂厄群	$2^4 \cdot 3^2 \cdot 5 \cdot 11$
M_{12}	马蒂厄群	$2^6 \cdot 3^3 \cdot 5 \cdot 11$
M_{22}	马蒂厄群	$2^7 \cdot 3^2 \cdot 5 \cdot 7 \cdot 11$
M_{23}	马蒂厄群	$2^7 \cdot 3^2 \cdot 5 \cdot 7 \cdot 11 \cdot 23$
M_{24}	马蒂厄群	$2^{10} \cdot 3^3 \cdot 5 \cdot 7 \cdot 11 \cdot 23$
J_1	扬科群	$2^3 \cdot 3 \cdot 5 \cdot 7 \cdot 11 \cdot 19$
J_2	扬科群	$2^7 \cdot 3^3 \cdot 5^2 \cdot 7$
J_3	扬科群	$2^7 \cdot 3^5 \cdot 5 \cdot 17 \cdot 19$
J_4	扬科群	$2^{21} \cdot 3^3 \cdot 5 \cdot 7 \cdot 11^3 \cdot 23 \cdot 29 \cdot 31 \cdot 37 \cdot 43$
Co_1	康威群	$2^{21} \cdot 3^9 \cdot 5^4 \cdot 7^2 \cdot 11 \cdot 13 \cdot 23$
Co_2	康威群	$2^{18} \cdot 3^6 \cdot 5^3 \cdot 7 \cdot 11 \cdot 23$
Co_3	康威群	$2^{10} \cdot 3^7 \cdot 5^3 \cdot 7 \cdot 11 \cdot 23$
Fi_{22}	菲舍尔群	$2^{17} \cdot 3^9 \cdot 5^2 \cdot 7 \cdot 11 \cdot 13$
Fi_{23}	菲舍尔群	$2^{18} \cdot 3^{13} \cdot 5^2 \cdot 7 \cdot 11 \cdot 13 \cdot 17 \cdot 23$
$Fi_{22}{}'$	菲舍尔群	$2^{21} \cdot 3^{16} \cdot 5^2 \cdot 7^3 \cdot 11 \cdot 13 \cdot 17 \cdot 23 \cdot 29$
HS	希格曼 – 西姆斯群	$2^9 \cdot 3^2 \cdot 5^3 \cdot 7 \cdot 11$
McL	麦克劳克林群	$2^7 \cdot 3^6 \cdot 5^3 \cdot 7 \cdot 11$
He	赫尔德群	$2^{10} \cdot 3^3 \cdot 5^2 \cdot 7^3 \cdot 17$
Ru	鲁德瓦里斯群	$2^{14} \cdot 3^3 \cdot 5^3 \cdot 7 \cdot 13 \cdot 29$
Suz	铃木群	$2^{14} \cdot 3^3 \cdot 5^3 \cdot 7 \cdot 11 \cdot 13$
O'N	欧南群	$2^9 \cdot 3^4 \cdot 5 \cdot 7^3 \cdot 11 \cdot 19 \cdot 31$
HN	原田 – 诺顿群	$2^{14} \cdot 3^6 \cdot 5^6 \cdot 7 \cdot 11 \cdot 19$
Ly	里昂群	$2^8 \cdot 3^7 \cdot 5^6 \cdot 7 \cdot 11 \cdot 31 \cdot 37 \cdot 67$
Th	汤普森群	$2^{15} \cdot 3^{10} \cdot 5^3 \cdot 7^2 \cdot 13 \cdot 19 \cdot 31$
B	小魔群	$2^{41} \cdot 3^{13} \cdot 5^6 \cdot 7^2 \cdot 11 \cdot 13 \cdot 17 \cdot 19 \cdot 23 \cdot 31 \cdot 47$
M	大魔群	$2^{46} \cdot 3^{20} \cdot 5^9 \cdot 7^6 \cdot 11^2 \cdot 13^3 \cdot 17 \cdot 19 \cdot 23 \cdot 29 \cdot 31 \cdot 41 \cdot 47 \cdot 59 \cdot 71$

第七篇
巨大的数

2

整数有无穷多。不存在最大的整数，因为只要对任意数加1就能得到一个更大的数。

由此可知，无论使用哪种记数法，多数整数都大得没办法写出来。

当然，你也可以作弊，定义符号 ʊ 为任意一个你要的大数。

但这并不是一个系统，它只是某个一次性符号。

幸好，我们很少真正需要很大的数。

但它们自身也是极具魅力的。而且在数学上，某一个大数会时不时地变得颇为重要。

第 26! 章

阶乘

26! = 403 291 461 126 605 635 584 000 000。这是按一定顺序排列字母表上字母的方法的数量。

重排

一个列表可以有多少种不同的重排方式呢？如果列表只有 2 个符号，比方说 A 和 B，那么就有 2 种方式：

AB   BA

如果有 3 个字母 A、B 和 C，那么有 6 种：

ABC   ACB   BAC   BCA   CAB   CBA

倘若有 4 个字母 A、B、C 和 D 呢？

你可以一步步地写出所有可能，其结果等于 24。你也可以用一种巧妙的方法来弄清这一结果为什么是正确的。让我们考虑一下 D 出现的位置：它必占据第一个、第二个、第三个或第四个位置之一。在这几种情况下，假设删除 D，那么你得到的列表就只有 A、B 和 C，它必然是上述 6 种情况之一。只要把 D 放在列表的合适位置上，所有这 6 种都是可行的。因此，我们可以通过一套各由 6 种排列组成的 4 个列表来写出所有可能的排列方式，

如下所示:

D 在第一个位置:

DABC DACB DBAC DBCA DCAB DCBA

D 在第二个位置:

ADBC ADCB BDAC BDCA CDAB CDBA

D 在第三个位置:

ABDC ACDB BADC BCDA CADB CBDA

D 在第四个位置:

ABCD ACBD BACD BCAD CABD CBAD

所有这些排列方式都不一样:要么 D 在不同位置,要么虽然 D 的位置相同,但 ABC 的排列方式不同。并且,ABCD 的每种排列方式都会在某个位置出现:D 的位置告诉我们,该关注哪个列表,而把 D 删除后的情况则告诉我们,该选 ABC 的哪种排列方式。

鉴于我们有 4 组排列,每组又有 6 种排列方式,因此排列方式的总数是 4×6=24。

我们也可以用相同的方法得到 ABC 的 6 种排列。先考虑 C 在哪个位置会出现,然后删除它:

CAB CBA ACB BCA ABC BAC

事实上,我们甚至可以用这个方法来处理 2 个字母 AB:

BA AB

这种列出排列方式的方法使人想起一个常见的规律:

排列方式的数量……

……2 个字母是 2=2×1;

……3 个字母是 6=3×2×1；

……4 个字母是 24=4×3×2×1。

如此一来，5 个字母 ABCDE 的排列方式有多少呢？根据上面的规律，答案应该是

$$5×4×3×2×1 = 120$$

通过考虑 E 有 5 个不同位置，每种位置都是把 E 删除后 ABCD 可能的排列方式，我们可以证明这个结果是正确的。这说明我们想知道的排列数量是 5×24，它等于 5×4×3×2×1。

出于相同的原因，*n* 个不同字母的重排数量为

$$n×(n-1)×(n-2)×\cdots×3×2×1$$

它被称为"*n* 的阶乘"，记作 *n*!。它代表从 1 到 *n* 的所有整数相乘。

前几项阶乘分别是：

1! = 1	6! = 720
2! = 2	7! = 5040
3! = 6	8! = 40 320
4! = 24	9! = 362 880
5! = 120	10! = 3 628 800

你会发现，结果增长得非常快——事实上是越来越快。

因此，字母表上全部 26 个字母的排列方式总数为

$$26! = 26×25×24×\cdots×3×2×1$$

$$= 403\ 291\ 461\ 126\ 605\ 635\ 584\ 000\ 000$$

按顺序对一副 52 张扑克做不同排列的数量为

$$52! = 80\ 658\ 175\ 170\ 943\ 878\ 571\ 660\ 636\ 856\ 403\ 766\ 975\ 289\ 505\ 440$$

$$883\ 277\ 824\ 000\ 000\ 000\ 000$$

伽马函数

就某种程度上而言

$$\left(-\frac{1}{2}\right)! = \sqrt{\pi}$$

为了使上面的式子有意义，我们引入了伽马函数，它把阶乘的定义域扩展到了全体复数，同时还保持了关键性质不变。伽马函数通常以积分形式定义为：

$$\Gamma(t) = \int_0^\infty x^{t-1} e^{-x} dx$$

它与阶乘之间的联系是，当 n 为正整数时，满足

$$\Gamma(n) = (n-1)!$$

利用解析延拓的技术，我们可以为所有复数 z 定义 $\Gamma(z)$（图 165）。

伽马函数

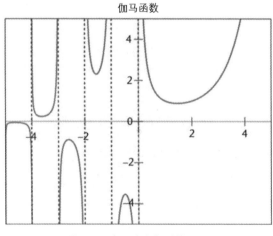

图 165　当 x 为实数时的 $\Gamma(x)$

当 z 等于负整数时，伽马函数 $\Gamma(z)$ 无穷大，但当 z 等于所有其他复数时，它是有限值。伽马函数在统计学方面有着重要应用。用于定义阶乘，是它的关键性质：

$$\Gamma(z+1) = z\,\Gamma(z)$$

不过，它只适用于 $(z-1)!$，而不是 $z!$。高斯通过定义派函数 $\Pi(z)=\Gamma(z+1)$，对它进行了整理，派函数在 $z=n$ 时，和 $n!$ 保持一致，不过如今伽马记号更常用。

伽马函数的倍元公式指出

$$\Gamma(z)\Gamma\left(z+\frac{1}{2}\right)=2^{1-2z}\sqrt{\pi}\,\Gamma(2z)$$

如果令 $z=\frac{1}{2}$，可得

$$\Gamma\left(\frac{1}{2}\right)\Gamma(1)=2^0\sqrt{\pi}\,\Gamma(1)$$

整理后有

$$\Gamma\left(\frac{1}{2}\right)=\sqrt{\pi}$$

这相当于 $\left(-\dfrac{1}{2}\right)!=\sqrt{\pi}$。

第 43 252 003 274 489 856 000 章
鲁比克魔方

1974 年，匈牙利教授艾尔诺·鲁比克发明了一种由移动立方块组成的益智游戏。如今，我们称它为鲁比克魔方，它在全球范围内的销售总量超过了 3.5 亿个。我还记得，英国华威大学数学协会曾成箱地从匈牙利进口这种玩具。直到后来，鲁比克魔方疯传得太厉害，众多企业都开始生产。标题上巨大的数字告诉我们，鲁比克魔方有多少种不同的状态。

鲁比克魔方的几何结构

这种益智玩具整体是一个立方体，总共由 27 个更小的立方体组成，每面可转动的小立方体是整体大小的三分之一。狂热的爱好者们称这些小立方块为"魔块"。魔方的每个面都有一种颜色。鲁比克的聪明之处在于，他设计了一种让立方体的每个面都能旋转的机械结构。经过不断旋转，魔块上的颜色会被搞乱。游戏的目标是把魔块还原成它们初始的状态，也就是让魔方的每个面重新变成同一种颜色（图 166）。

位于魔方中心的魔块是看不到的，它其实被替换成了鲁比克发明的巧妙机械装置。每个面中间的方块可以自旋，但不会移到其他面上，因此它们的颜色是不变的。据此，我们从现在起假设这 6 个**面魔块**除了自旋以外不会移动。也就是说，如果把鲁比克魔方摆成不同方向，只要任何一面没被真正地旋转，就视其为没有本质上的变化。

图 166　鲁比克魔方

可以动的魔块有两种：在角上的 8 个**角魔块**，以及在每条棱中部的 12 个**边魔块**。

如果你用尽所有方式把这些边魔块和角魔块的颜色都打乱，比如取下魔块上的颜色贴纸，再把它们以不同的排列方式重新贴回去，可能的颜色排列方式数量为

519 024 039 293 878 272 000

不过，这在鲁比克的益智游戏里是不允许的：你能做的只有旋转魔方的各个面。于是问题出现了：在这些排列方式里，哪些才是经过一系列旋转后可以得到的？原则上，它们可能只占一小部分。但数学家们证明，在上述众多排列方式里，恰好有十二分之一是可以通过一系列旋转后得到的。因此，可以在鲁比克魔方上出现的颜色排列方式数量为

$$43\ 252\ 003\ 274\ 489\ 856\ 000$$

如果全球 70 亿人每人每秒钟得到一种排列，那么需要大约 200 年的时间才能分配完这些排列。

如何计算这些数

8 个角魔块可以有 8! 种排列。回想一下

$$8! = 8 \times 7 \times 6 \times 5 \times 4 \times 3 \times 2 \times 1$$

之所以是 8 这个数，是因为第一个魔块有 8 种旋转方式，它可以和第二步可选的剩下 7 个魔块组合起来，而第二步选定的魔块又可以和第三步可选的剩下 6 个魔块组合起来，以此类推（见第 26! 章）。同时，每个角魔块又可以在三个方向上独立旋转，因此有 3^8 种方向可选。于是，角魔块总共有 $3^8 \times 8!$ 种排列方式。

类似的，12 个边魔块可以有 12! 种排列方式，其中

$$12! = 12 \times 11 \times 10 \times 9 \times 8 \times 7 \times 6 \times 5 \times 4 \times 3 \times 2 \times 1$$

每个边魔块可以摆 2 个方向，因此有 2^{12} 种方向可选。边魔块总计有 $2^{12} \times 12!$ 种排列方式。

把两个数相乘可以得到把这些排列组合起来的总数，即 $3^8 \times 8! \times 2^{12} \times 12!$。其结果等于 519 024 039 293 878 272 000。

正如我说过的，这些排列方式中的大多数是不可能通过一系列旋转魔方后得到的。每次旋转同时会影响到好几个魔块，并且整个魔方的某些特征是无法改变的。这些特征被称为不变性。在这里，不变性有三种。

魔块的奇偶性。排列分两种，奇排列和偶排列（见第 2 章）。一个偶排列交换了偶数对对象的顺序。如果通过顺次执行两个偶排列，把它们组合

起来，得到的结果也是偶排列。现在，每次转动鲁比克魔方都是一次对魔块的偶排列。因此，对旋转的任意组合得到的也是偶排列。这个情况使可能的排列方式减半。

棱切面的奇偶性。每次旋转对棱切面而言也是偶排列，因此一系列旋转也一样。这个情况使可能的排列方式再次减半。

角的三重对称性。用整数 0、1、2 对 24 个角切面编号，使每个角上的 0、1、2 按顺时针排序。同时，将前后两个相对的面上的编号都规定为 0，如图 167 的右图所示。将这些数字求和后模 3——即只考虑除以 3 后的余数，得到的结果在每次旋转魔方后是不会变的。这样，便需要对可能的排列方式数量除以 3。

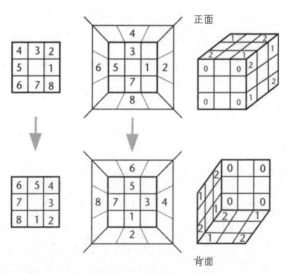

图 167　鲁比克群的不变性。左图：在鲁比克上转四分之一圈（顺时针）的效果。中图：标记棱切面。右图：标记角切面

综上所述，可能的排列方式总数必须得除以 $2\times2\times3=12$。也就是说，经过一系列旋转得到的排列总数为

$$3^8\times8!\times2^{12}\times\frac{12!}{12}=43\,252\,003\,274\,489\,856\,000$$

用于分析鲁比克魔方的数学技巧也可以拿来设计还原所需的系统化方法。不过，这些方法太复杂，因此无法在这里描述，而理解为什么方法可行则是一个漫长且略有技术含量的过程。

上帝数

我们定义对单独的一面旋转若干个直角为**一步**。无论初始状态怎样，我们把还原魔方所需的最少步数称为"上帝数"——也许是因为找到答案似乎超出了凡人的能力。然而，结果表明我们过于悲观了。2010 年，托马斯·洛克基、赫伯特·科切姆巴、莫利·戴维森和约翰·戴斯里奇利用一些巧妙的数学方法，辅以计算机的强大计算能力，证明了上帝数等于 20。这需要在许多台计算机上同时运行证明，倘若只用单台计算机，那得算上 350 年。

数独

在 2005 年，数独游戏开始全世界流行，但它的原型出现得非常早。数独需要把数字 1~9 填写到一个 9×9 的正方形中，而该正方形又被分成了 9 个 3×3 的子正方形。正方形的每行、每列和每个子正方形必须包含所有数字各一次，而格子中的某些数字在游戏开始时是已知的（图 168）。标题中的这个数是不同的数独网格排列方式的总数。它是用不完的。

5				7				
6			1	9	5			
	9	8					6	
8				6				3
4			8		3			1
7				2				6
	6					2	8	
			4	1	9			5
				8			7	9

5	3	4	6	7	8	9	1	2
6	7	2	1	9	5	3	4	8
1	9	8	3	4	2	5	6	7
8	5	9	7	6	1	4	2	3
4	2	6	8	5	3	7	9	1
7	1	3	9	2	4	8	5	6
9	6	1	5	3	7	2	8	4
2	8	7	4	1	9	6	3	5
3	4	5	2	8	6	1	7	3

图 168　左图：一个数独网格；右图：它的答案

从拉丁方到数独

数独的历史往往会追溯到欧拉研究的"拉丁方"(见第 10 章)。一个完整的数独是一种特殊的拉丁方:3×3 的子正方形引入了额外的约束条件。在 1892 年的法国《世纪报》(*Le Siècle*)上曾出现过类似的益智游戏,这份报纸把部分数字从一个幻方里去掉,而读者需要把整个幻方中的数字补全。不久以后,《法兰西日报》(*La France*)使用了仅包含数字 1~9 的幻方。在这些幻方的解答中,尽管 3×3 的区块里也包含所有 9 个数字,但并没有将之作为要求明确提出。

数独的现代形式很可能是由霍华德·加恩斯提出的,他于 1979 年发明了一系列"摆放数字"的谜题,并发表在《戴尔》(*Dell Magazines*)杂志上。1986 年,日本 Nikoli 公司在本土推出了数独游戏。起初,它被称作"只能出现一次的数字"(*Sūji wa dokushin ni kagiru*),但很快,人们就把名字改成了 *Sū doku*,即"数独"。2004 年,英国《泰晤士报》开始刊登数独游戏,到了 2005 年,这一游戏开始风靡全球。

本章标题中的巨大数字

$$6\ 670\ 903\ 752\ 021\ 072\ 936\ 960$$

是不同的数独网格排列方式的总数。9×9 拉丁方的数量大约是它的 100 万倍,即:

$$5\ 524\ 751\ 496\ 156\ 892\ 842\ 531\ 225\ 600$$

2003 年,USENET 新闻组的 rec.puzzle 频道出现了没有包含证明过程的数独网格排列方式的总数。2005 年,贝尔特拉姆·费尔根豪尔和弗雷泽·贾维斯基于一些看似合理、但未被严格证明的断言,在计算机的辅助下，解释了其中的细节。该方法涉及了数独的对称性。每个已完成的特定网格都有与其自身对应的对称群（见第 168 章），后者由网格在保持不变的情况下产生的各种变换（交换行列或改变记法）组成。但是，由所有可能网格构成的集合才是最关键的结构，这一对称群包括了从任意网格变换为另一网格（或许是相同网格，但不是必须的）的所有方式。

需要考虑的对称变换有几类。最简单明了的就是由 9 个数字构成的 9! 种排列。显然，系统地置换一个数独网格的数字，就可以生成另一个网格。然而，如果保持 3 块区域结构不变，也可以整体地变换行的位置。当然，你还可以对列做相同的变换，你甚至还能沿着对角线对已知网格做反射。这类对称群的阶为 $2 \cdot 6^4 \cdot 6^4 = 3\ 359\ 232$。在计算网格数量时，这些对称必须予以考虑。相关证明很复杂，因此还用到了计算机。如今，原始证明里的缺陷已被补全。想了解细节和进一步的信息，请参见：

http://en.wikipedia.org/wiki/Mathematics_of_Sudoku

在给定网格基础上做出的各种对称变体，在本质上都是同一个网格，于是，我们还能提出另一个问题：如果彼此对称的网格被视为等价，那么有多少**不同**的网格？ 2006 年，贾维斯和埃德·罗素计算出结果等于

$$5\ 472\ 730\ 538$$

它并不能被 3 359 232 整除，因为某些网格的对称性是独有的。

和鲁比克魔方一样，用于分析数独的数学工具也提供了解决数独游戏的系统化方法。然而，这些方法对本书而言太过复杂，并且，它们归结起来其实就是系统化地试错。

第 $2^{57885161}-1$ 章
已知最大的质数

最大的质数是几？早在公元前 300 年左右，欧几里得就证明了不存在这样的数，他说："质数的数量比任意给定的数都多。"也就是说，存在无穷多个质数。计算机可以把质数列表拓展得相当大，而计算机会停下来，也主要是因为内存被耗尽，或是输出大得离谱。标题中的数是目前已知的质数的最高纪录。[①]

梅森数

围绕寻找最大质数的问题，人们形成了一个小圈子。寻找这种质数的主要兴趣点在于打破纪录，以及测试新的计算机。截至 2014 年 4 月，已知最大质数是 $2^{57885161}-1$，这个数大到包含了 17 425 170 位数字。

形如

$$M_n = 2^n - 1$$

的数被称为梅森数，名字源于法国修道士马林·梅森。如果你决心要打破大质数的纪录，寻找梅森数是一个好方法，因为它们有一些特别的性质，

---

① 该记录在 2016 年、2017 年和 2018 年又被打破过三次。截至 2018 年 7 月，已知最大的质数有 23 249 425 位，详见本章最后的网站。——译者注

可以让我们确定其是否是质数。就算数变得非常大，通用方法都不管用的时候，它也是有效的。

　　运用简单的代数就能证明，如果 2^n-1 是质数，那么 n 也一定是质数。数学先贤们似乎认为，其逆命题也成立：只要 n 是质数，M_n 也是质数。然而，胡达里克斯·雷吉乌斯在 1536 年发现，尽管 11 是质数，但 $M_{11}=2047$ 并不是质数。事实上，

$$2^{11}-1=2047=23\times89$$

彼得罗·卡塔尔迪则证明了 M_{17} 和 M_{19} 都是质数。这一证明对今天的计算机而言是小菜一碟，但当时所有计算都得通过手工完成。卡塔尔迪还声称，当 $n=23$、29、31 和 37 时，M_n 也是质数。但是，

$$M_{23}=8\ 388\ 607=47\times178481$$
$$M_{29}=536\ 870\ 911=233\times1103\times2089$$
$$M_{37}=137\ 438\ 953\ 471=223\times616\ 318\ 177$$

因此，这 3 个梅森数也都是合数。M_{23} 和 M_{37} 的因数是费马在 1640 年发现的，M_{29} 的因数是欧拉在 1738 年发现的。后来，欧拉还证明了卡塔尔迪关于 M_{31} 是质数的论断是正确的。

　　1644 年，梅森在其著作《物理数学随感》(*Cogitata Physica-Mathematica*) 的前言里宣称，当 $n=2$、3、5、7、13、17、19、31、67、127 和 257 时，M_n 是质数。这个列表让数学家们孜孜不倦地研究了 200 多年。梅森是如何得到这些大数的结果的呢？最终，人们搞明白了，他只是根据某些信息猜测的。梅森的列表包含了一些错误。1876 年，卢卡斯独创了一种测试梅森数 M_n 质性的方法，证明了梅森对

$$M_{127}=170\ 141\ 183\ 460\ 469\ 231\ 731\ 687\ 303\ 715\ 884\ 105\ 727$$

的结论是正确的。1930 年，德里克·莱默对卢卡斯的测试方法做了些许改进。其中，莱默通过令 $S_2 = 4$，$S_3 = 14$，$S_4 = 194$，…，即 $S_{n+1} = S_n^2 - 2$，定义了一个数列 S_n。卢卡斯 – 莱默测试指出，当且仅当 M_p 能整除 S_p，M_p 是质数。就是这种测试为判断梅森数是否是质数提供了方法。

最终，人们发现梅森在几个地方出现了错误：在他提供的列表里，有两个是合数（$n=67$ 和 $n=257$），但他漏掉了 $n=61$、89 和 107，这几个都是质数。然而，考虑到当时手工完成计算的困难程度，梅森做得还算不错了。

1883 年，伊万·米歇耶维奇·佩尔武申证明了 M_{61} 是质数，这是梅森遗漏的。接着，R. E. 鲍尔斯证明梅森还漏掉了 M_{89} 和 M_{107}，它们也是质数。截至 1947 年，人们检查了 n 个大于 257 时 M_n 的质性。在这个范围内，梅森质数出现在 $n=2$、3、5、7、13、17、19、31、61、89、107 和 127 时。如今，梅森质数的列表如表 15 所示。

表 15

n	发现年份	发现者
2	—	古代人
3	—	古代人
5	—	古代人
7	—	古代人
13	1456	无名氏
17	1588	卡塔尔迪
19	1588	卡塔尔迪
31	1772	欧拉
61	1883	佩尔武申

（续）

n	发现年份	发 现 者
89	1911	鲍尔斯
107	1914	鲍尔斯
127	1876	卢卡斯
521	1952	鲁滨逊
607	1952	鲁滨逊
1279	1952	鲁滨逊
2203	1952	鲁滨逊
2281	1952	鲁滨逊
3217	1957	里塞尔
4253	1961	赫维茨
4423	1961	赫维茨
9689	1963	吉利斯
9941	1963	吉利斯
11 213	1963	吉利斯
19 937	1971	塔克曼
21 701	1978	诺尔与尼科尔
23 209	1979	诺尔
44 497	1979	纳尔逊与斯洛温斯基
86 243	1982	斯洛温斯基
110 503	1988	科尔基特与韦尔什
132 049	1983	斯洛温斯基
216 091	1985	斯洛温斯基
756 839	1992	斯洛温斯基、盖奇等
859 433	1994	斯洛温斯基与盖奇

（续）

n	发现年份	发 现 者
1 257 787	1996	斯洛温斯基与盖奇
1 398 269	1996	阿芒戈、沃尔特曼等
2 976 221	1997	斯彭斯、沃尔特曼等
3 021 377	1998	克拉克森、沃尔特曼、库罗夫斯基等
6 972 593	1999	哈吉拉特瓦拉、沃尔特曼、库罗夫斯基等
13 466 917	2001	卡梅伦、沃尔特曼、库罗夫斯基等
20 996 011	2003	谢弗、沃尔特曼、库罗夫斯基等
24 036 583	2004	芬德利、沃尔特曼、库罗夫斯基等
25 964 951	2005	诺瓦克、沃尔特曼、库罗夫斯基等
30 402 457	2005	库珀、布恩、沃尔特曼、库罗夫斯基等
32 582 657	2006	库珀、布恩、沃尔特曼、库罗夫斯基等
37 156 667	2008	埃尔韦尼奇、沃尔特曼、库罗夫斯基等
42 643 801	2009	斯特林德默、沃尔特曼、库罗夫斯基等
43 112 609	2008	史密斯、沃尔特曼、库罗夫斯基等
57 885 161	2013	库珀、沃尔特曼、库罗夫斯基等

　　人们把寻找巨大质数的希望都集中在梅森数上，原因有好几个。在计算机使用的二进制记数法里，2^n 是 1 紧接着一连串 0（*n* 个），而 $2^n - 1$ 则是一连串 1（*n* 个）。这会使某些计算的速度变快。更重要的是，卢卡斯 – 莱默测试比一般的质性检验方法更有效，因此，它在寻找非常大的数方面很实用。通过这一测试方法，人们找到了表 15 里的 47 个梅森质数。梅森质数表的最新更新，以及更进一步信息，请参见：

http://primes.utm.edu/mersenne/

第八篇
无穷数

正如我之前所说，数学家们从不会因为"不可能"而停下脚步。

只要事情足够有趣，他们就会想办法让它成为可能。

不存在"最大的整数"这种东西。

整数是无穷无尽的，这点人人都知道的。

但是，格奥尔格·康托尔决心弄清这种"无穷"究竟有多大，他想出一种新方法来搞清楚无穷大的数的含义。其中一个结果便是，某些无穷大会比另外一些更大。

与康托尔同时代的许多人都认为，他疯了。但在康托尔的"疯狂"里蕴藏了好方法，事实证明，他那崭新的超限数是合理的、重要的。

你只需要习惯它们。

不过，这并不容易。

阿列夫零：最小的无穷大

数学家们自由地、广泛地使用着"无穷"这个词。通常情况下，如果你不能用整数计数某样东西有多少，或者，无法用实数测量它有多长，那么你就可以称它是"无穷"的。这个数在传统意义上并不存在，因此，人们把"无穷"当作一个占位符号。无穷并不是常规意义上的数。打个比方，无穷大就是一个尽可能大的数——只要这种说法在逻辑上是有意义的就行。但这其实并不是一个数，除非你非常、非常小心地限定它所指代的意思。

康托尔发现了一种计数无穷集合的方法，从而使无穷成了真正的数。当我们把康托尔的想法应用到整数集合时，就定义了一种被他称为 $\aleph_0$（读作阿列夫零或阿列夫空）的无穷数。那么它是无穷的，对吧？好吧，就某种程度而言，的确如此。$\aleph_0$ 当然是一个无穷大——事实上，它是最小的无穷大。还有一些别的无穷大，它们更大。

无穷大

当孩子们学习计数，并开始熟悉诸如"一千"或"一百万"这样的大数时，他们经常会想：尽可能大的数到底是多少？也许，孩子们会认为这个数会是

$$1\ 000\ 000\ 000\ 000\ 000$$

但他们随后便意识到，可以通过在末位加上额外的 0，或者给这个数加上 1，使其变得更大，就像是

$$1\ 000\ 000\ 000\ 000\ 001$$

没有一个特定的整数可以是最大的，因为加 1 就能产生更大的数。整数是无穷无尽的。如果你一直计数，是不可能数到尽可能大的数后停下的，因为不存在这样的数。整数有无穷多个。

几百年来，数学家们对无穷非常警惕。当欧几里得证明存在无穷多个质数时，他并没有用"无穷"这个词。他说的是："质数的数量比任意给定的数都多。"也就是说，不存在最大的质数。

如果把谨慎二字抛在脑后，最简单的做法是遵循历史的先例，引入一种新的数，让它比所有整数都大。我们可称为"无穷大"，并为它分配一个记号。最常用的记号是 ∞[①]，这就像横过来的 8。然而，无穷大会引发麻烦，因为有时候，它的表现会自相矛盾。

∞ 肯定是尽可能大的数吗？根据定义，它的确比任何整数都大，但如果我们想对这个新数做算术的话，事情就没那么简单了。最明显的问题是：∞+1 是什么？如果它比 ∞ 大，那么 ∞ 就不是最大的数了。但如果它和 ∞ 一样大，那么就有 ∞=∞+1。两边减去 ∞ 后，会得到 0=1。而且，∞+∞ 又是什么呢？如果它比 ∞ 大，我们也会遇到同样的麻烦。但如果它们都是一样大，这样一来，∞+∞=∞。在两边减去 ∞ 后，就会得到 ∞=0。

从前拓展数系的经验表明，每当引入一种新的数时，我们可能不得不放弃一些算术和代数的规则。在这里，如果涉及 ∞，那么我们或许必须禁

---

① 英国数学家约翰·沃利斯引入了无穷大的符号。——译者注

止减法。出于类似的原因，除以∞恐怕也无法得到预期的结果。但是，如果这个数不能被用于减法或除法，那么它就无法算得上是一个真正的数了。

故事本可以就这样结束，但数学家们发现，处理无穷的过程非常有用。把一个形状无限地分割成越来越小的部分，就可以得到一些有用的结论。π 会同样出现在圆的周长和面积里，就是一个例子（见第 π 章）。公元前 200 年左右，阿基米德在研究圆、球体和圆柱体时，曾很好地利用了这一思想。他曾发现一个复杂却逻辑严密的证明，并且通过这种方法得到了正确结果。

17 世纪以来，人们迫切需要一种合理的理论，来处理这类过程，特别是在无穷数列方面。对这种级数而言，通过增加越来越多、逐渐变小的数，一些重要的数和函数可以近似到任意希望的精度。例如在第 π 章，我们曾看到

$$\frac{\pi^2}{6} = 1 + \frac{1}{4} + \frac{1}{9} + \frac{1}{16} + \frac{1}{25} + \frac{1}{36} + \cdots$$

在这个式子里，平方数的倒数之和被表示成了 π。然而，只有当这个级数无限累加时，上式才是正确的。如果中间停了，那么其结果将是一个有理数，它近似于 π，但不可能等于 π，因为 π 是无理数。在任何情况下，无论我们停在哪里，加上下一项一定会使和变大。

对这种无穷级数求和的困难之处还在于，有时候，它们似乎没什么意义。下面这个式子很具有代表性

$$1 - 1 + 1 - 1 + 1 - 1 + 1 - 1 + \cdots$$

如果把这个和式写成

$$(1 - 1) + (1 - 1) + (1 - 1) + (1 - 1) + \cdots$$

那么就成了

$$0 + 0 + 0 + 0 + \cdots$$

其结果等于 0。但如果运用常规的代数规则，将其写成另一种和式，就会变成

$$1+(-1+1)+(-1+1)+(-1+1)+\cdots$$

它等于

$$1+0+0+0+\cdots$$

显然，这个式子的结果应该是 1。

此时出现的问题是，该级数无法收敛，也就是说，它无法稳定在一个特定的数值上，当加上越来越多的数项时，和会越来越接近该数值。这个数列的和反复在 1 和 0 之间切换：

$$1=1$$
$$0=1-1$$
$$1=1-1+1$$
$$0=1-1+1-1$$

以此类推。这虽然不是潜在麻烦的唯一来源，但它为无穷级数的逻辑理论指明了方向。有意义的级数是会收敛的，在加上越来越多的数项后，它们的和会稳定在某个特定数值上。平方数的倒数数列是收敛的，其收敛的结果恰好等于 $\frac{\pi^2}{6}$。

哲学家们会区分"潜无穷"和"实无穷"。如果在原则上，无穷会无限持续下去，比如在某个级数加上越来越多的数项，那么它就是潜无穷。每个单独的和都是有穷的，但整个过程所产生的和不会在某个地方停止。当把整个无穷过程或系统看作一个对象时，那么这就是实无穷。数学家们发现了一种合理的方法，来解释无穷级数的潜无穷。他们使用各种不同的潜无穷过程，但在所有这些过程里，符号都被阐释为"在足够长的时间里持

续这样做，就会任意地接近正确结果"。

然而，实无穷完全是另一回事，数学家们想尽办法避免遇到它。

什么是无穷数？

我曾在讨论常规的有限整数 1，2，3，…，n 时问过这个问题（见引言）。当时，我讲述了弗雷格的思想，即所有类的类都与某个给定的类相对应。但我暗示过，这可能会碰钉子，所以没有就此讨论下去。

它的确会带来麻烦。

如果你习惯于按这种思路考虑问题，就会发现这个定义相当优雅，而它的优点就是能定义一个唯一的对象。然而，弗雷格著作上的油墨尚未干透，罗素就提出了异议——罗素并非针对弗雷格考虑的基本概念，而是针对他必须使用的那种类。对应于茶杯类的那个所有类的类是巨大的。随便拿出 3 个类，把它们聚成一个类，得到的结果一定是弗雷格的所有类的类的元素。例如，即便集合的元素是巴黎埃菲尔铁塔、一朵长在英国剑桥郡田野里的某种雏菊以及奥斯卡·王尔德的智慧，它也必须包含在内。

罗素悖论

这种海纳百川的集合有意义吗？罗素发现，在一般情况下，它们并没有意义。罗素提出的例子便是著名的"理发师悖论"。在一个村庄里，有一位理发师只为那些不帮自己刮胡子的男人刮胡子。那么谁帮理发师刮胡子呢？按照条件规定，村里的每个男人都由另一个男人帮他刮胡子，如此一来，这样的理发师是不存在的：如果理发师不为自己刮胡子，那么根据定义，他就必须为自己刮胡子；如果他为自己刮胡子，那么这将与他"只为那些不帮自己刮胡子的男人刮胡子"的条件冲突。

在这里，我们自然要假设理发师是男性，从而避免理发师是"他自己刮胡子"还是"她自己刮胡子"这类问题。当然，如今许多女士们也会剃毛，但她们通常不会刮自己的胡子。因此，"理发师是女性"这一假设，也不像有些人想的那样可以完美解决这一悖论。

罗素发现了一个类，很像弗雷格想用的那种类，其行为特征就如同理发师：**所有不包含自己的类组成的类**。这个类包括它自己，还是不包括？这两种可能都得排除。如果所有类的类**包含**它自己，那么这个类就应该和类里的其他成员一样，**不包含**自己。如果所有类的类**不包含**它自己，那么根据条件，它又应该属于所有类的类，因而包含自己。

尽管罗素的悖论并没有证明弗雷格关于数的定义在逻辑上是矛盾的，但它确实意味着，你不能在没有证明的情况下草率地假设"原命题"或"否命题"可以定义一个类，也就是定义出那些符合条件的对象。罗素的悖论破坏了弗雷格方法里的逻辑。后来，罗素和他的合作者艾尔弗雷德·诺思·怀特海一起试着通过发展一种关于类的复杂理论把这个缺陷给补上，而这种理论是可以在数学里被合理地定义的。他们二人的成果是一部三卷本的《数学原理》（*Principia Mathematica*，书名特意向艾萨克·牛顿致敬 ①），该书从类的逻辑属性出发，发展出了全部数学。全书用了好几百页来定义数 1，还用了更多篇幅定义"+"，进而证明 1+1=2。此后，该书的内容进度开始变快。

---

① 牛顿的名著《自然哲学的数学原理》（*Philosophiæ Naturalis Principia Mathematica*）。

——译者注

阿列夫零：最小的无穷数

　　几乎没有数学家使用罗素－怀特海关于类的方法，因为还有其他更简单、更有效的方法。如今，康托尔被视为形式化数学的逻辑基础领域里的关键人物。起初，康托尔和弗雷格类似，也尝试去理解整数的逻辑基础。但他的研究走向了一个新方向：将数对应到**无穷**集合。这些数被称为超限基数（"基数"是通常用于计数的数①），而它们最显著的特点就是，数量不止一个。

　　康托尔还研究了对象的集合体，他用德语称其为"集合"，而不是"类"，这是因为，在集合体里的对象比弗雷格所允许的（全部内容）更严格。和弗雷格一样，康托尔直观地认为，当且仅当两个集合是对应的，它们才具有相同数量的元素。和弗雷格不同的是，康托尔对无穷集合的处理方式也是如此。事实上，他可能一开始就认为，无穷大就应该这样定义。任何无穷集合都可以毫无疑问地与其他无穷集合相对应吗？如果是，那就会只有一个无穷数，而它比任何有限数都大——讨论就此结束。

　　但结果表明，这只是一个开始。

　　基本的无穷集合是所有整数。鉴于整数被用于计数，康托尔定义，如果集合的元素可以和整数集相对应，那么它就是可数集合。请注意，由于考虑的是整个集合，康托尔讨论的是实无穷，而不是潜无穷。

　　所有整数构成的集合显然是可数的——只需要将每个数与它自己对应（图 169）。

---

① 有时也称"基数"为"势"。——译者注

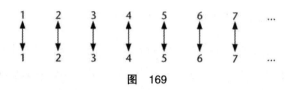

图 169

还有别的对应方法吗？当然有，不过比较古怪。比方说，图 170 里的方法。

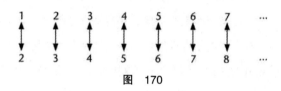

图 170

把 1 从所有整数构成的集合里拿掉，这个集合里元素的数量并没有减少 1，而是完全保持不变。

这是对的，如果我们停在某个有限的数上，那么就会在结束点的右侧出现一个剩余的数。但如果我们用的是**所有**整数，那么右侧是不存在终点的。每个数 n 都匹配了一个 $n+1$，在所有整数的集合与缺少了 1 的集合之间，还是有对应关系的——部分和整体的大小一样。

康托尔称这些无穷数为基数——在普通的算术计数里，这是一个奇妙的称呼。为了强调，我们将之都称为超限基数。因为整个概念本身十分不寻常，所以康托尔为所有整数的基数选了一个不常用的符号 $\aleph$，这是希伯来字母表里的第一个字母。他还为它添加了一个下标 0，从而得到 $\aleph_0$，我将在下一章解释其中的原因。

如果所有无穷集合都可以和计数数相匹配，那么 $\aleph_0$ 将是用来表示"无穷大"的一个奇特的符号。起初，情况看起来就是这样。例如，非整数的有理数有很多，因此似乎有理数的基数应该比 $\aleph_0$ 大。但是，康托尔证明了有理数可以和计数数相匹配。因此，有理数的基数**也是** $\aleph_0$。

我来大致说明一下为什么会这样。为此，我们只考虑 0 到 1 之间的有理数。窍门在于，要按正确的顺序列出这些有理数，而这个顺序并**不是**它们的数值顺序。我们要根据它们的分母，即分数的下半部分排序。在分母确定的情况下，接下来再根据分子，即分数的上半部分排序。这样一来，我们要把它们排成这样：

$$\frac{1}{2} \qquad \frac{1}{3} \qquad \frac{2}{3} \qquad \frac{1}{4} \qquad \frac{3}{4} \qquad \frac{1}{5} \qquad \frac{2}{5} \qquad \frac{3}{5}$$

$$\frac{4}{5} \qquad \frac{1}{6} \qquad \frac{5}{6} \qquad \cdots$$

这里没有出现像 $\frac{2}{4}$ 这类数，因为它和 $\frac{1}{2}$ 相等。现在，我们可以利用这种独特的顺序，把有理数和计数数相匹配。每个介于 0 到 1 之间的有理数总会出现在这个列表的某个位置上，因此不会有遗漏。

至此，康托尔的理论仅仅构造了一个无限基数 $\aleph_0$。我在下一章会向大家揭示，事情并没有这么简单。

连续统基数

康托尔最绝妙的智慧在于，他洞见了某些无穷大比另一些更大。他在"连续统"里发现了一些不同寻常的东西，所谓连续统，不过是实数系的花名。康托尔用 c 表示连续统的基数，它大于 $\aleph_0$。我并不是说，某些实数不是整数。某些有理数（事实上它们占多数）不是整数，但整数和有理数具有相同的基数 $\aleph_0$。正如伽利略意识到的，对无限基数而言，整体不一定大于部分。c 大于 $\aleph_0$ 的意思是说，无论怎样排列，你都不可能将所有实数和所有整数做一对一的匹配。

既然 c 比 $\aleph_0$ 大，康托尔想知道，在两者之间是否存在其他无限基数。他的连续统假设认为，不存在这样的无限基数。但康托尔无法证明或证否这个假设。库尔特·哥德尔和保罗·科恩分别在 1940 年和 1963 年证明了这个假设"既成立又不成立"——它依赖于你怎样定义数学的逻辑基础。

不可数的无穷大

回忆一下，实数是能被写成小数的，它的位数可以是有限位的，比如1.44，也可以是无限位的，比如 π。康托尔意识到（尽管他没有用这些术语表示），实数的无穷大肯定比计数数 $\aleph_0$ 大。

他的思想看起来很简单，这里用到的是反证法。为了得到逻辑上的矛盾，我们假设实数可以和计数数相匹配，于是存在如下面这样的无穷小数的列表

$$1 \leftrightarrow a_0.\boldsymbol{a_1}a_2a_3a_4a_5\ldots$$

$$2 \leftrightarrow b_0.b_1\boldsymbol{b_2}b_3b_4b_5\ldots$$

$$3 \leftrightarrow c_0.c_1c_2\boldsymbol{c_3}c_4c_5\ldots$$

$$4 \leftrightarrow d_0.d_1d_2d_3\boldsymbol{d_4}d_5\ldots$$

$$5 \leftrightarrow e_0.e_1e_2e_3e_4\boldsymbol{e_5}\ldots$$

$$\ldots\ldots$$

这样，每个可能的无限小数都会在右侧的某个位置出现。请先忽略列表里的黑体字，我会在后面再做解释。

康托尔的聪明之处在于，他构造了一个不可能出现的无限小数。它的样子如下

$$0.x_1x_2x_3x_4x_5\ldots$$

其中，

$$x_1 \text{ 与 } a_1 \text{ 不同}$$

$$x_2 \text{ 与 } b_2 \text{ 不同}$$

$$x_3 \text{ 与 } c_3 \text{ 不同}$$

$$x_4 \text{ 与 } d_4 \text{ 不同}$$

$$x_5 \text{ 与 } e_5 \text{ 不同}$$

$$\ldots\ldots$$

以此类推。它们就是找刚才标成黑体字的数码。

这里的要点是，如果你任意取一个无限小数，只要改变其中的**一位数**

码，不管这位数码是什么，小数的值就会随之改变。也许数值相差并不大，但这并不重要，最重要的是它变了。通过这个操作，我们在所谓的完整列表之外，得到了一个新的"遗漏的"数。

x_1 的条件意味着，这个新数字不是列表上的第一个数字，因为它们在小数点后的第一位就是不同的。x_2 的条件意味着，新数字不是列表上的第二个数字，因为它们在小数点后的第二位是不同的，以此类推。由于小数和列表都是无穷的，所以结论是新数字**不在**列表上。

但我们的假设是：新数字**必定**在列表上。这是矛盾的，因此我们的假设是错的，这样的列表不存在。

这里需要注意一个技术性问题：在构造新数时，要避免使用 0 或 9，因为小数记数法很容易引起歧义。例如，0.10000... 和 0.09999... 是同一个数，它们是把 $\frac{1}{10}$ 写成无限小数的两种不同的方式。这种歧义只有在小数是由无限连续的 0 或 9 结尾时，才可能发生。

这种思想被称为康托尔对角线方法，因为数码 a_1、b_2、c_3、d_4、e_5 等在列表上构成了右对角线。（请观察黑体出现的位置。）证明是精确的，因为无论是数码还是列表，都可以和计数数匹配。

能理解这个证明的逻辑非常重要。毫无疑问，我们可以处理构造出来的特定的数，只要把它放在列表最上面，同时把其他数往下移。但证明矛盾的逻辑是，我们已经假设了这并不是必需的。在没有进一步修正的前提下，我们构造的数本应在列表上了。然而，它并没在上面，因此不存在这样的列表。

由于每个整数都是实数，因而人们推导出康托尔所构造的所有实数的无穷大比所有整数的无穷大更大。通过改造罗素悖论，康托尔进一步证明了不存在最大的无穷大。因此，他想象存在一种由一些更大的无穷数所构成的无穷数列，而这些更大的无穷数也是无限（或超限）**基数**。

不存在最大的无穷大

康托尔认为，他的无穷数列开头应该是这样的：

$$\aleph_0 \qquad \aleph_1 \qquad \aleph_2 \qquad \aleph_3 \qquad \aleph_4 \qquad \cdots$$

其中每个无穷数都正好和"下一个"无穷数紧挨着，即它们之间不存在其他东西。整数对应于 $\aleph_0$，有理数也是。但是，实数和有理数不同。康托尔的对角线方法证明了 c 比 $\aleph_0$ 大，因此可以假定实数应该对应于 $\aleph_1$。但这对吗？

证明并没有告诉我们情况就是如此。结果表明，c 比 $\aleph_0$ 大，但这并不能排除它们之间还有其他东西的可能性。在康托尔看来，c 可能是某个 $\aleph$，比方说 $\aleph_3$，或更糟糕。

康托尔可以证明其中的一部分。无限基数确实可以按这种方式排列。此外，无穷整数下标 0、1、2、3、4、……也不会终止。当然，也会存在超限基数 $\aleph_{\aleph_0}$，例如，对任意整数 n 而言，它是大于所有 $\aleph_n$ 的最小超限基数。如果事情到此为止，那么就会和康托尔"不存在最大超限基数"的理论冲突，因此它们是不会就此结束的——永远不会。

然而，康托尔没能证明实数对应于 $\aleph_1$。也许它们的基数是 $\aleph_2$，并且中间还存在某个集合，而**这个**集合就是 $\aleph_1$。他拼尽全力，却还是既无法找到这种集合，也证明不了它不存在。实数应该是阿列夫几呢？他不知道。康托尔觉得实数应该对应于 $\aleph_1$，但这完全是一个猜想。因此，最后他用了另外一个符号——哥特体的 c，这个 c 代表"连续统"（continuum），随后，这个名字也被用于全体实数构成的集合。

包含 n 个元素的有限集合有 2^n 个不同的子集。因此，康托尔对任意基数 A 定义了 2^A，其中 A 为某个集合的基数，而 2^A 是这个集合的所有子集所构成的新集合的基数。接着，他证明了对任意无限基数 A，2^A 都大于 A。这也可以顺便推导出不存在最大的无限基数。他还证明了 $c = 2^{\aleph_0}$。似乎 $\aleph_{n+1} = 2^{\aleph_n}$ 也是正确的。也就是说，构造所有子集的集合可以得到下一个无限基数。但他无法证明。

康托尔甚至无法证明最简单的情况，即当 $n = 0$ 时，这种情况与 $c = \aleph_1$ 等价。1878 年，康托尔猜想这个等式是成立的，而猜想被称为连续统假设。1940 年，哥德尔证明了这个假设的"成立"与集合论的常规假设在逻辑上是一致的，这个结论很是鼓舞人心。但是，科恩随后在 1963 年证明了假设如果"不成立"，那么在逻辑上**也是**一致的。

糟糕！

这并不是数学里的逻辑矛盾。它的含义非常古怪，在某种程度上甚至令人不安——结果依赖于你所使用的集合论版本。构建数学的逻辑基础有好几种方法，不过，所有方法在基本要素方面是有共识的，虽然它们在一些高级概念上并不一致。就像沃尔特·凯利创作的卡通人物"波戈"[1] 常说的那样："我们遭遇的敌人就是我们自己。"我们所坚持的公理逻辑击中了我们的要害。

如今，我们知道无限基数的许多其他性质也依赖于所采用的集合论的版本。而且，这些问题和集合论的其他性质关系密切，尽管这些性质并未直接涉及基数。该领域对数理逻辑学家们而言是快乐的猎场，但不管采用的是哪种集合论版本，其他数学总体上似乎运转得还挺不错。

---

[1] 沃尔特·凯利是 20 世纪美国最受尊敬的创新漫画家之一。他创造的漫画人物"波戈"（Pogo）及其系列作品产生了深远影响。——译者注

第九篇

生命、宇宙和……

9

难道42真的是最乏味的数吗？

42，一点都不乏味

好吧，这早已不是秘密了。

我在前言里曾说过，这个数在道格拉斯·亚当斯的《银河系搭车客指南》里很重要，它是"关于生命、宇宙以及一切之终极问题"的答案。这一发现马上产生了一个新问题：什么才是真正的关于生命、宇宙和所有一切之终极问题？亚当斯说，他选择这个数是因为，他快速地问了一圈朋友们，大家都认为 42 是最乏味的。

在此，我想保护 42 不受这样的诽谤。就数学意义而言，42 毫无疑问无法和 4、π，甚至是 17 相提并论。然而，它也并不是完全无趣的。42 是普洛尼克数、卡塔兰数，也是最小的魔方幻方常数。当然，它还有一些其他特点。

普洛尼克数

所谓普洛尼克数（也叫长方形数、矩形数或 heteromecic 数）是指两个连续整数的积，因此它的形式是 $n(n+1)$。当 $n=6$ 时，我们可以得到 $6 \times 7 = 42$。由于第 n 个三角形数是 $\frac{1}{2}n(n+1)$，所以普洛尼克数是三角形数的

2 倍。它还是前 n 个偶数之和。数量是普洛尼克数的点可以排列成一个矩形，这种矩形的一条边比另一条边大 1（图 171）。

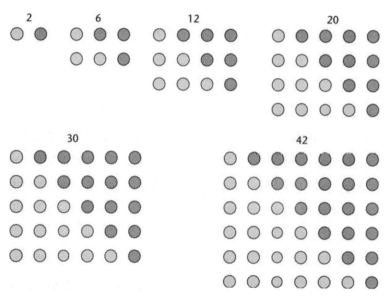

图 171　前 6 个普洛尼克数。阴影部分表示它们为什么是三角形数的 2 倍

这里有一个关于高斯的故事，在他还很年轻的时候，被老师要求完成一个一般形式的问题

$$1+2+3+4+\cdots+100$$

他很快发现，如果相同的和式以递减的顺序写出来，即

$$100+99+98+97+\cdots+1$$

其相应的数对之和都等于 101。因为有 100 对这样的数对，所以它们的总和

为 $100 \times 101 = 10\ 100$，这是一个普洛尼克数。老师提出的问题的答案是这个数的一半，即 5050。然而，我们实际上并不知道高斯的老师在课上提出的问题到底是什么，它有可能更难。如果是这样的话，那么高斯就更聪明了。

第6个卡塔兰数

卡塔兰数出现在许多不同的组合问题里，所谓组合问题是指对各种数学任务的完成方法进行计数。这个问题可以追溯到欧拉，他计数了一个多边形可以分割成多少种顶点相接的三角形。后来，欧仁·卡塔兰发现了这类问题和代数之间的联系：在加法或乘法算式里插入括号的方法有多少种。我很快就会做解释，但首先让我先介绍一下这类数。

对 $n = 0, 1, 2, \cdots$ 而言，前几个卡塔兰数 C_n 是

| 1 | 1 | 2 | 5 | 14 | 42 | 132 | 429 |

1430　　4862

利用阶乘可以得到如下公式：

$$C_n = \frac{(2n)!}{(n+1)!\,n!}$$

当 n 比较大时，它还有一个很好的近似公式：

$$C_n \sim \frac{4^n}{n^{\frac{3}{2}}\sqrt{\pi}}$$

这又是一个在看似和圆或球体无关的问题里出现了 π 的例子。

C_n 是把正 $(n+2)$ 边形分割成三角形的不同方法的数量（图 172）。

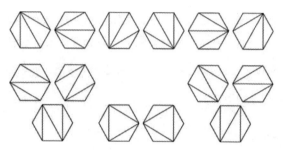

图 172　把六边形分割成三角形的 14 种方法

它也是生成有 $n+1$ 片叶子的二叉树的数量。二叉树源于一个根节点，然后从这个节点开始向两边分枝。每个分枝都以点或叶子结束。每个点必须继续分出两枝（图 173）。

图 173　5 棵有 4 片叶子二叉树

如果你觉得这个想法有点难懂，那么它和代数还有一个更直接的联系——计算在加法或乘法算式中插入括号的方法的总数，例如对 $abcd$ 而言，有 $C_5 = 5$ 种可能：

$$((ab)c)d \quad (a(bc))d \quad (ab)(cd) \quad a((bc)d) \quad a(b(cd))$$

一般而言，$n + 1$ 个符号有 C_n 种插入括号的方法。为了搞明白其中的联系，我们可以把这些符号顺次填在树的叶子上。如果一对叶子有相同的节点，那么就插入括号。如图 174 所示，我们先从左往右把 4 片叶子标上 a、b、c、d。然后，从下往上在连接 b 和 c 的节点旁标记 (bc)。它上面的节点连接了 a 和标记为 (bc) 的节点，因此新的节点对应于 $(a(bc))$。最后，顶上的节点连接了 $(a(bc))$ 和 d，因此，它是 $((a(bc))d)$。

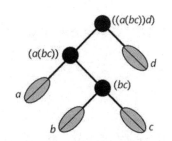

图 174　把二叉有根树转化成代数

　　许多其他的组合问题也会出现卡塔兰数；以上是最容易描述的一小部分。

魔方

　　一个 $3\times3\times3$ 魔方的幻方常数是 42。这样的魔方包含了 1、2、3……27 每个数各一次，平行于棱边的每行或经过中心的对角线中的数之和是相等的——这个和被称为幻方常数。所有 27 个数之和是 $1+2+\cdots+27=378$。这些数可以被分成 9 组不相交的三元组，而每个三元组相加后可以得到幻方常数，因此幻方常数必须是 $\dfrac{378}{9}=42$。

这样的排列是存在的，图 175 就是一个例子。

1	17	24
15	19	8
26	6	10

23	3	16
7	14	21
12	25	5

18	22	2
20	9	13
4	11	27

图 175　3×3×3 魔方的连续三层

其他特点

■ 42 是分拆 10 的不同方法的数量，拆分需按自然顺序把数写成整数之和，如

$$1+2+2+5 \qquad 3+3+4$$

■ 42 是第二个楔形数，所谓楔形数是指 3 个不同质数之积。在这里，$42 = 2 \times 3 \times 7$。前几个楔形数分别是

　　30　42　66　70　78　102　105　110　114　130

■ 42 是第三个 15 边形数，它和三角形数类似，但基于的是正 15 边形。

■ 42 是超级多重完全数：除数之和的除数之和（包括 42），这样重复 6 次之后的数字等于自己。

■ 在一段时期内，42 是已知最好的 π 的无理性度量值，即精确量化 π 有多"无理"的一种方法。特别是库尔特·马勒在 1953 年证明了对任意有理数 $\dfrac{p}{q}$ 而言，有

$$\left| \pi - \frac{p}{q} \right| \geqslant \frac{1}{q^{42}}$$

不过，V. 卡·萨利科夫在 2008 年将 42 修订成 7.60630853，因此 42 在这里又变回了无趣。

■ 42 是第三个本原伪完全数。所谓本原伪完全数需满足条件

$$\frac{1}{p_1} + \frac{1}{p_2} + \cdots + \frac{1}{p_K} + \frac{1}{N} = 1$$

其中 p_j 是可以整除 N 的不同质数。

前几个本原伪完全数分别是

2、6、42、1806、47 058、2 214 502 422、52 495 396 602

■ 42 是这样的一种 n，存在小于 n 的 4 个不同正整数 a、b、c、d，且 $ab-cd$、$ac-bd$ 和 $ad-bc$ 全都可以整除 n。它是仅有的已知具有这种性质的数，但人们尚不知道是否还存在其他这样的数。

■ 42 是被证明的香肠猜想里的最小维度（见第 56 章）。不过，人们猜想命题在大于等于 5 维时都成立，因此，42 在这里的意义依赖于当下掌握的知识。

看到了吗？ 42 一点都不乏味！

人名对照表

E. C. 蒂奇马什（E.C. Titchmarsh）

F. 施特默（F. Störmer）

H. 伦敦（H. London）

H.-T. 陈（H.-T. Chan）

M. 米尼奥特（M. Mignotte）

P. M. 格伦迪（P.M. Grundy）

P. 尼格利（P. Niggli）

R. S. 斯科勒（R.S. Scorer）

R. 芬克尔斯坦（R. Finkelstein）

S. 西克塞克（S. Siksek）

V. 卡·萨利科夫（V. Kh. Salikov）

W. 永格伦（W. Ljunggren）

Y. 比若（Y. Bugeaud）

A

阿道夫·赫维茨（Adolf Hurwitz）

阿道夫·凯特勒（Adolphe Quetelet）

阿德里安－马里·勒让德（Adrien-Marie Legendre）

阿德里亚努斯·杜伊杰斯廷（Adrianus Duijvestijn）

阿迪·沙米尔（Adi Shamir）

阿尔贝·吉拉尔（Albert Girard）

阿尔伯特·爱因斯坦（Albert Einstein）

阿尔布雷希特·丢勒（Albrecht Dürer）

阿尔弗雷德·肯普（Alfred Kempe）

阿克塞尔·图厄（Axel Thue）

阿丽西亚·布尔·斯托特（Alicia Boole Stott）

阿洛·格思里（Arlo Guthrie）

阿芒戈（Armengaud）

阿梅斯（Ahmes）

阿瑟·斯通（Arthur Stone）

阿耶波多（Aryabhata）

埃德·罗素（Ed Russell）

埃尔韦尼奇（Elvenich）

埃尔温·薛定谔（Erwin Schrödinger）

埃瓦里斯特·伽罗瓦（Évariste Galois）

艾尔弗雷德·诺思·怀特海（Alfred North Whitehead）

艾尔诺·鲁比克（Ernő Rubik）

艾伦·纽厄尔（Alan Newell）

艾伦·图灵（Alan Turing）

爱德华·华林（Edward Waring）

爱德华·威滕（Edward Witten）

安德烈亚斯·席夫（Andreas Schief）

安德烈亚斯·欣茨（Andreas Hinz）

安德鲁·格兰维尔（Andrew Granville）

安德鲁·怀尔斯（Andrew Wiles）

安德伍德·达德利（Underwood Dudley）

安东尼奥·菲奥尔（Antonio Fior）

奥古斯都·德摩根（Augustus De Morgan）

奥列格·穆辛（Oleg Musin）

奥托·纽格伯尔（Otto Neugebauer）

B

班尼亚米诺·色格（Beniamino Segre）

保罗·埃尔德什（Paul Erdős）

保罗·狄拉克（Paul Dirac）

保罗·科恩（Paul Cohen）

保罗·西摩尔（Paul Seymour）

贝恩德·费舍尔（Bernd Fischer）

贝尔纳·朗德罗（Bernard Landreau）

贝尔特拉姆·费尔根豪尔（Bertram Felgenhauer）

本华·曼德博（Benoît Mandelbrot）

彼得·博温（Peter Borwein）

彼得·古斯塔夫·勒热纳·狄利克雷（Peter Gustav Lejeune Dirichlet）

彼得罗·卡塔尔迪（Pietro Cataldi）

彼得罗·门戈利（Pietro Mengoli）

宾伽罗（Pingala）

伯特兰·罗素（Bertrand Russell）

不伦瑞克公爵鲁道夫（Duke Rudolph of Brunswick）

布恩（Boone）

布鲁斯·伯恩特（Bruce Berndt）

C

查尔斯·埃尔米特（Charles Hermite）

查尔斯·霍华德·辛顿（Charles Howard Hinton）

查尔斯·佩维（Charles Pevey）

D

达维德·丘德诺夫斯基（David Chudnovsky）

大卫·希尔伯特（David Hilbert）

戴维·贝利（David Bailey）

戴维·格雷戈里（David Gregory）

丹妮丝·施曼特－贝塞雷特（Denise Schmandt-Besserat）

丹尼尔·弗格森（Daniel Ferguson）

丹尼尔·桑德斯（Daniel Sanders）

丹尼尔·舍希特曼（Daniel Schechtman）

道格拉斯·亚当斯（Douglas Adams）

德里克·莱默（Derrick Lehmer）

丢番图（Diophantus）

E

恩斯特·海克尔（Ernst Haeckel）

F

法布里斯·贝拉尔（Fabrice Bellard）

菲利普·布利顿（Philipp Bliedung）

费迪南德·冯·林德曼（Ferdinand von Lindemann）

费利克斯·克莱因（Felix Klein）

芬德利（Findley）

弗朗索瓦·埃内卡尔（François Hennecart）

弗朗索瓦·维埃特（François Viète）

弗朗西斯·格斯里（Francis Guthrie）

弗朗西斯·培根（Francis Bacon）

J

伽利略（Galileo）

吉利斯（Gillies）

吉罗拉莫·卡尔达诺（Girolamo Cardano）

吉诺·法诺（Gino Fano）

加布里埃尔·拉梅（Gabriel Lamé）

加斯顿·塔里（Gaston Tarry）

贾姆希德·卡希（Jamshīd al-Kāshī）

K

卡尔·阿布索隆（Karl Absolon）

卡尔·波默朗斯（Carl Pomerance）

卡尔·弗里德里希·高斯（Carl Friedrich Gauss）

卡梅伦（Cameron）

卡斯帕·韦赛尔（Caspar Wessel）

开普勒（Kepler）

科尔基特（Colquitt）

克拉克森（Clarkson）

克里斯托夫·格里恩贝格尔（Christoph Grienberger）

肯迪（Al-Kindi）

肯尼斯·阿佩尔（Kenneth Appel）

肯尼斯·利伯瑞彻特（Kenneth G. Libbrecht）

库尔特·哥德尔（Kurt Gödel）

库尔特·马勒（Kurt Mahler）

库罗夫斯基（Kurowski）

库珀（Cooper）

L

拉尔夫·特斯特（Ralph Tester）

拉杰·钱德拉·博斯（Raj Chandra Bose）

拉斯洛·费耶什·托特（Laszlo Fejes Tóth）

拉乌尔·阿培里（Raoul Apéry）

莱昂哈德·欧拉（Leonhard Euler）

莱斯利（Leslie）

莱斯利·科姆里（Leslie Comrie）

雷德·奥尔福德（Red Alford）

里塞尔（Riesel）

里夏尔·安德烈－让南（Richard André-Jeannin）

理查德·博赫德斯（Richard Borcherds）

卢卡·宾迪（Luca Bindi）

卢卡斯（Lucas）

鲁滨逊（Robinson）

路德维希·施拉夫利（Ludwig Schläfli）

路易·德·布罗意（Louis de Broglie）

伦纳德·阿尔德曼（Leonard Adleman）

伦纳德·布鲁克斯（Leonard Brooks）

罗宾·托马斯（Robin Thomas）

罗伯特·格里斯（Robert Griess）

罗伯特·鲁梅利（Robert Rumely）

罗杰·彭罗斯（Roger Penrose）

罗兰·施普拉格（Roland Sprague）

洛伦佐·马斯凯罗尼（Lorenzo Mascheroni）

M

马丁·亨克（Martin Henk）

马丁·加德纳（Martin Gardner）

马克·德莱格利斯（Manc Deléglise）

马库斯·特伦修斯·瓦罗（Marcus Terentius Varro）

马里安·雷耶夫斯基（Marian Rejewski）

马里乌斯·奥夫霍特（Marius Overholt）

马林·梅森（Marin Mersenne）

马宁德拉·阿格拉沃（Manindra Agrawal）

马赛厄斯·赖斯（Matthias Rice）

马歇尔主教（Marshall Bishop）

麦塔庞顿的希帕索斯（Hippasus of Metapontum）

莫利·戴维森（Morley Davidson）

N

拿骚的莫里斯（Maurice of Nassau）

纳尔逊（Nelson）

尼尔·罗伯逊（Neil Robertson）

尼尔斯·亨德里克·阿贝尔（Niels Hendrik Abel）

尼科尔（Nickel）

尼科洛·丰塔纳（Niccolò Fontana Tartaglia）

尼科梅切斯（Nichomachus）

尼拉·卡亚勒（Neeraj Kayal）

尼廷·萨克塞纳（Nitin Saxena）

努克斯·普莱姆（Gnux Prime）

诺尔（Noll）

诺瓦克（Nowak）

诺伊斯·查普曼（Noyes Chapman）

让－马克·德苏耶尔（Jean-Marc Deshouillers）

S

萨尔瓦多·达利（Salvador Dalí）

萨米埃尔·德·费马（Samuel de Fermat）

塞德里克·史密斯（Cedric Smith）

塞缪尔·弗格森（Samuel Ferguson）

桑加马格拉玛的玛达瓦（Madhava of Sangamagrama）

沙拉达钱德拉·尚卡尔·什里坎德（Sharadachandra Shankar Shrikhande）

山姆·劳埃德（Sam Loyd）

施子和（Nicholas Sze）

史密斯（Smith）

斯里尼瓦瑟·拉马努金（Srinivasa Ramanujan）

斯洛温斯基（Slowinski）

斯彭斯（Spence）

斯特凡·杜阿迪（Stéphane Douady）

斯特林德默（Strindmo）

所罗门·戈洛姆（Solomon Golomb）

索菲·热尔曼（Sophie Germain）

T

塔克曼（Tuckerman）

坦吉·里沃阿尔（Tanguy Rivoal）

特德·里韦斯特（Ted Rivest）

托马斯·弗劳尔斯（Thomas Flowers）

托马斯·哈里奥特（Thomas Harriot）

托马斯·黑尔斯（Thomas Hales）

托马斯·洛克基（Tomas Rokicki）

W

瓦茨瓦夫·谢尔平斯基（Wacław Sierpiński）

瓦蒂姆·祖迪林（Wadim Zudilin）

威廉·高尔韦（William Galway）

威廉·霍夫迈斯特（Wilhelm Hofmeister）

威廉·罗恩·哈密顿爵士（Sir William Rowan Hamilton）

威廉·斯托里（William Story）

威廉·图特（William Tutte）

威廉·约翰逊（William Johnson）

韦尔什（Welsh）

维尔纳·海森堡（Werner Heisenberg）

沃尔夫冈·哈肯（Wolfgang Haken）

沃尔特·凯利（Walt Kelly）

沃尔特曼（Woltman）

乌尔里希·贝特克（Ulrich Betke）

X

西奥菲勒斯·威尔科克斯（Theophilus Willcocks）

西蒙·诺顿（Simon Norton）

西蒙·普劳夫（Simon Plouffe）

西蒙·斯蒂文（Simon Stevin）

西皮奥·德尔费罗（Scipio del Ferro）

夏尔·让·德·拉瓦莱·普桑（Charles Jean de la Vallée Poussin）

谢弗（Shafer）

Y

雅各布·伯努利（Jacob Bernoulli）

雅克·阿达马（Jacques Hadamard）

亚伯拉罕·夏普（Abraham Sharp）

扬尼克·萨乌特（Yannick Saouter）

耶若婆伕（Yajnavalkya）

伊夫·库代（Yves Couder）

伊万·米歇耶维奇·佩尔武申（Ivan Mikheevich Pervushin）

余智恒（Alexander Yee）

约尔格·威尔斯（Jörg Wills）

约尔延·格拉姆（Jorgen Gram）

约翰·W. 特德·扬斯（John W. Ted Youngs）

约翰·伯努利（Johann Bernoulli）

约翰·戴斯里奇（John Dethridge）

约翰·康威（John Conway）

约翰·兰贝特（Johann Lambert）

约翰·马钦（John Machin）

约翰·纳皮尔（John Napier）

约翰·普莱费尔（John Playfair）

约翰·维克·冯·瓦肯菲尔斯（John Wacker von Wackenfels）

约翰·沃利斯（John Wallis）

约瑟夫·路易·拉格朗日（Joseph Louis Lagrange）

Z

詹姆斯·格雷戈里（James Gregory）

詹姆斯·亨勒（James Henle）

朱塞佩·皮亚诺（Giuseppe Peano）

兹比格涅夫·莫龙（Zbigniew Morón）

推荐阅读

《数学史》，卡尔·B. 博耶著

《悠扬的素数》，马科斯·杜·索托伊著

《哈代数论（第6版）》，G.H. Hardy, E.M. Wright 著

《平面几何与数论中未解决的新老问题》，维克多·克利，斯坦·威根著

《费马大定理：一个困惑了世间智者358年的谜》，西蒙·辛格著

《数学万花筒》《数学万花筒2》《数学万花筒3：夏尔摩斯探案集》，伊恩·斯图尔特著

《数：科学的语言》，T·丹齐克著

《ϕ 的故事：解读黄金比例》，马里奥·利维奥著

《黎曼博士的零点》，卡尔·萨巴著

CONWAY J H, GUY R K. The Book of Numbers, Springer, New York, 1996.

CONWAY J H, SMITH D A. On Quaternions and Octonions, A.K. Peters, Natick MA, 2003.

CONWAY J H, BURGIEL H, GOODMAN-STRAUSS C. The Symmetries of Things, A.K. Peters, Wellesley MA, 2008.

DE MORGAN A. A Budget of Paradoxes (2 vols., reprint), Books for Libraries Press, New York, 1969.

DUDLEY U. Mathematical Cranks, Mathematical Association of America, New York, 1992.

GILLINGS R J. Mathematics in the Time of the Pharaohs (reprint), Dover, New York, 1982.

GLASER A. History of Binary and Other Nondecimal Numeration, Tomash, Los Angeles, 1981.

GULLBERG J. Mathematics from the Birth of Numbers, Norton, New York, 1997.

GUY R K. Unsolved Problems in Number Theory, Springer, New York, 1994.

HINZ A M, KLAVZAR S, MILUTINOVIC U, PETR C. The Tower of Hanoi - Myths and Maths, Birkhäuser, Basel, 2013.

JONES G A, JONES J M. Elementary Number Theory, Springer, Berlin, 1998.

JOSEPH G G. The Crest of the Peacock: Non - European Roots of Mathematics, Penguin, London, 1992.

LIVIO M. The Equation That Couldn't Be Solved, Simon & Schuster, New York, 2005.

MCLEISH J. Number, Bloomsbury, London, 1991.

NEUGEBAUER O. A History of Ancient Mathematical Astronomy (3 vols.), Springer, Berlin, 1975.

RIBENBOIM P. The Book of Prime Number Records, Springer, New York, 1984.

RUBIK E, VARGA T, KÉRI G, MARX G, VEKERDY T. Rubik's Cubic Compendium, Oxford University Press, Oxford, 1987.

SIERPIŃSKI W. Elementary Theory of Numbers, North - Holland, Amsterdam, 1998.

SWETZ F J. Legacy of the Luoshu, A.K. Peters, Wellesley MA, 2008.

TIGNOL J - P. Galois's Theory of Algebraic Equations, Longman, London, 1988.

WATKINS M, TWEED M. The Mystery of the Prime Numbers, Inamorata Press, Dursley, 2010.

WEBB J (editor). Nothing, Profile, London, 2013.

WILSON R. Four Colors Suffice (2nd ed.), Princeton University Press, Princeton, 2014.

互联网资源

特别的互联网资源都在正文中列出。所有其他数学信息可参见维基百科和 Wolfram MathWorld。

图片版权

非常感谢作者和出版社允许使用如下图片：

图 1：Wikimedia creative commons, Albert1ls;

图 3：Wikimedia creative commons, Marie-Lan Nguyen;

图 26：Livio Zucca;

图 27：Metropolitan Museum of Art, New York; gift of Chester Dale;

图 58：Wikimedia creative commons, Fir0002/Flagstaffotos;

图 73：Lessing Archive;

图 103：Allianz SE;

图 114：Kenneth Libbrecht;

图 125：thoughtyoumayask.com;

图 128：Jeff Bryant and Andrew Hanson;

图 148：Wolfram MathWorld;

图 154：Wikimedia creative commons;

图 155：Wikimedia creative commons, Matt Crypto;

图 163：Joe Christy.

尽管已经尽量联系插图的版权所有者，但有些图片仍然无法找到源头，作者和出版社将对提供针对这些图片的信息表示感谢，并且很乐意在下一个版本中做出修订。

版 权 声 明